机场鸟击防范系列丛书

民航局安全能力建设资助项目

机场鸟击现场
勘查与应急救援

施泽荣　　张　亮　编著
白文娟　　王　正

合肥工业大学出版社

内 容 提 要

随着航空事业的迅速发展，如何对鸟击事故进行防范，减控鸟击灾害的发生，是未来极其重大的研究课题之一。本书曾作为机场场务专业大专教材试用，实际应用效果比较理想。本次出版，是在此基础上结合作者长期从事鸟击防灾工作的经验进行了修改与完善。本书分上下两篇，上篇为鸟击现场勘查，包括机场鸟击灾害概论，鸟击现场勘查的目的、原则和方法，鸟击现场勘查工作的组织与工作内容，鸟击现场勘查的步骤与方法，鸟击现场特征采集与记录的制作，鸟击现场勘查后的工作，鸟击灾害调查报告的撰述，鸟击征候现场调查和失效分析等；下篇为鸟击应急救援，包括鸟击应急救援概述，民用运输机场应急救援计划，应急救援的组织结构与运行机制，航空器应急救援，消防救援，医疗救护及医学紧急事件，残损航空器搬移，自然灾害的应急救援，航空器事故水上救援，应急救援的现场指挥与管理，新闻媒介与信息的管理，应急救援培训与演练等。

本书可供民航专业大专及以上院校师生学习使用，也可供机场场务人员、航空公司员工参考、阅读。

图书在版编目(CIP)数据

机场鸟击现场勘查与应急救援/施泽荣等编著 . —合肥:合肥工业大学出版社,2014.8
ISBN 978 - 7 - 5650 - 1939 - 5

Ⅰ.①机…　Ⅱ.①施…　Ⅲ.①飞机—鸟撞击—现场勘查②飞机—鸟撞击—救援
Ⅳ.①V328.2

中国版本图书馆 CIP 数据核字(2014)第 191794 号

机场鸟击现场勘查与应急救援

施泽荣　张　亮　白文娟　王　正　编著　　　　责任编辑　权　怡

出　版	合肥工业大学出版社	版　次	2014 年 8 月第 1 版
地　址	合肥市屯溪路 193 号	印　次	2017 年 3 月第 2 次印刷
邮　编	230009	开　本	787 毫米×1092 毫米　1/16
电　话	总 编 室:0551 - 62903038	印　张	12
	市场营销部:0551 - 62903198	字　数	292 千字
网　址	www.hfutpress.com.cn	印　刷	合肥星光印务有限责任公司
E-mail	hfutpress@163.com	发　行	全国新华书店

ISBN 978 - 7 - 5650 - 1939 - 5　　　　　　　　　定价:30.00 元

如果有影响阅读的印装质量问题,请与出版社市场营销部联系调换。

目　　录

下篇　鸟击应急救援

上篇　鸟击现场勘查

一、机场鸟击灾害概论

自 1903 年 12 月 17 日，莱特兄弟设计的"飞行者一号"升空后，从此人类揭开了航空业发展的新纪元。一个多世纪以来，航空技术取得了令人瞩目的成就。航空业的迅速发展，极大地促进了人类社会的进步与发展。目前，在全世界的上空，大约有 65 万架飞机及其他飞行器在空中飞翔。然而，人们在享受着航空科技发展所带来的好处之时，又被迫承受着飞行事故和鸟击灾害带来的巨大压力与损失。100 多年来，全世界因飞行事故和鸟击灾害，造成了数以 10 万计次的飞行灾难，损毁飞机及其他飞行器数万架，人类因此付出了无数的生命和巨大的财产代价。航空安全走过了一道道坎坷和艰难的历程。

在现代社会生产和生活中，由于人际间的交往和大量的货物、信息流通，人们已经越来越离不开航空业，然而，大量的飞机和其他飞行器的迅速增加，增大了对空间的利用，同时也使得人与鸟类争夺空间"使用权"的矛盾日趋严重。据国际鸟击防范组织统计，每年全世界有 10 多万起鸟击征候和鸟击灾难发生，仅我国民航业鸟击征候率就占整个事故率的 45% 左右，且有上升趋势。全球每年因鸟击造成的直接经济损失为 15 亿～18 亿美元，间接损失为 60 亿～70 亿美元，并带来了严重的社会影响。

那么，一起鸟击灾害发生后，到底应该如何进行现场勘查？勘查什么？归结起来，鸟击灾害勘查主要着眼于三个方面的问题：一是飞行中发生了什么鸟击？二是为什么发生鸟击？三是如何避免同类鸟击灾害的发生。前面两个问题弄清了，可以说完成了鸟击灾害勘查的绝大部分工作。其中，在低空或高空中发生了什么鸟击，是鸟击现场调查的关键点，只有将发生了什么鸟击勘查清楚了，才能进一步调查和分析为什么发生鸟击。也就是通过结合调查和分析，查清鸟击灾害的原因，进而才能提出有针对性的、科学的防范鸟击灾害的安全建议。

机场鸟击灾害现场勘查有其自身的特点和规律，只有充分认识和深刻理解了这些特点和规律，才有可能查清导致鸟击征候和灾害产生的真正原因。

第一，鸟击灾害原因涉及面广，现场勘查时需要各方面协同配合。空中飞行是一项非常复杂的系统活动，由飞行员、飞机和飞行环境三个子系统构成。这三个子系统，一方面既独立，又相互影响、相互作用；只有各子系统配合良好、协调运作，才能安全完成飞行活动。另一方面，由于飞行员、飞机和飞行环境所构成的飞行系统，又是一个开放的系统，是更大的航空系统的一个子系统，它的行为还受到航空内外相关因素的影响，如飞行计划、飞行路线、飞行高度、飞行区域与鸟类迁徙活动、结群活动、种群扩散、气候影响及其他干扰活动等有直接的影响。这些因素一般通过对飞行子系统发生关系，在某一时间

或某一空间内影响飞行活动。其中，影响飞行安全的因素很多，这些因素相互关联、互相影响，直接和间接地造成鸟击征候或灾害的发生。任何一个环节出现不安全因素都会影响飞机正常飞行，严重的可能会对飞行安全构成直接威胁，或与其他因素相互作用，从而间接威胁飞行安全，导致鸟击征候和灾害的发生。

从国内外鸟击灾害发生的现象征候看，一次鸟击灾害的发生往往有若干因素，例如既有季节上的问题，也有线路上的问题，还有危险区的飞行高度问题等等，甚至还包括飞行器设计上的问题以及人为操作失误等。事实上，要在短时间内查清这些因素，并争取纠正和改进防范措施，的确是一件很不容易的事。随着飞机和各种飞行保障设备的改进以及鸟击灾害防范技术的不断进步，单一原因的鸟击灾害逐渐减少，现在多数鸟击灾害的发生一般都有两个以上的原因。例如，春秋季是鸟类迁徙季节，不同种群鸟类迁徙空间生态位不一样，而飞机在飞行过程中的飞行高度、路线若不及时调整和避免，则极易发生鸟击。鸟击灾害发生后的现场勘查和随后的调查中，对上述问题都要调查清楚，并分别提出改进措施和具体的防范建议。鸟击灾害的原因查找的准确与否，是鸟击灾害调查成败的关键。由于鸟击灾害的原因涉及面广，多种原因之间又互为因果或相互影响，现场勘查和调查中如得不到各有关部门、各专业人员的协同配合，鸟击灾害的真正原因就很难调查清楚，预防鸟击灾害的目的就很难达到。

第二，信息有限，技术复杂。鸟击灾害现场勘查和调查工作，必须取得物证和人证。人证易受主、客观因素的干扰和影响，不如物证可靠，况且有的鸟击灾害的发生根本找不到有用的人证。因此，现场勘查分析飞机灾害、鸟体等物证，是鸟击灾害现场勘查和调查的重点。飞机发生鸟击灾害，一般都是在高速接地或爬升阶段，这时的速度，大的超过1000km/h，如某些加力升空的飞机（图1-1）；速度小的也在200～300km/h。机上载有大量燃油，特别是载有一些易燃、易爆物的战机，一旦机体被鸟类击伤，尤其是高速的单

图1-1 飞机加力升空状态

发机，很容易引起燃烧或爆炸。有的鸟击灾害使得飞机在空中燃烧甚至解体，残骸散落几十平方千米的区域或大面积水域内，寻找残骸十分困难。所以，在鸟击灾害勘查中，物质痕迹往往会受到二次破坏，甚至找不到关键的残骸，这一特点十分突出。因此，在鸟击灾害现场勘查分析时，除了用常规方法之外，有时还必须使用一些独特的检查分析方法。例如，对飞机空中解体的鸟击灾害，可采用残骸轨迹分析计算的方法，求出飞机鸟击的高度、质量及速度等等参数；对空中失火的飞机，可拼凑残骸后，根据损失的情况评估各残骸所受温度，再按烧伤机体规律找出鸟击产生的火源点、鸟击点。当某一关键残骸无法回收或受到严重破坏而失去直接分析意义时，可以用各种间接的方法进行分析。例如，进行残骸拼凑，根据周围残骸的散落情况推断该残骸在飞机坠地时的状况；根据相邻残留构件的破坏、变形和断裂情况，推断出该残骸破坏时的受力情况；用痕迹分析技术，根据现有残骸上的痕迹，推断残骸的破坏顺序和破坏特征；用模拟试验的办法再现该残骸的特征等。

飞行客观记录系统（飞行和数据记录器、舱音记录器）的广泛使用与发展，为鸟击灾害的原因调查提供了重要的客观证据。但是，随着飞机性能的改进、飞机重量和速度的大增，以及复杂操纵装置的使用，如差动平尾、随动襟翼、前缘缝翼等，加上增稳系统、阵风缓解系统飞控计算机、线传操纵系统等，使飞机的结构更加复杂。现在的鸟击灾害的勘查和调查工作，不仅需要对飞机机体结构和发动机进行调查，还要调查各种机械、电子控制器件、系统软件等，在各个系统中被击伤而引起的故障。因此，在鸟击现场调查事故时，必须要有经过培训的专业调查人员、各种专门的技术和先进的实验设备，否则，要确定原因是一件十分困难的事。

第三，鸟击灾害现场勘查时间紧迫，很多调查工作不可逆。为了防范机场鸟击灾害的发生，在鸟击灾害的原因尚未查明时，在一定范围内的飞机，特别是在同一生态类型区域飞行的飞机都要进行严格的检查，并做好宣传；必要时还要做好飞行计划的调整，特别是航线和高度及进出该地区的时间调整等。这方面的教训特别多，如浙江某军用机场，在进行超低空飞行训练中，因存在侥幸心理，在鸟击高峰期未及时调整飞行计划，在鸟类迁徙高峰期一天鸟击 3 次，造成严重损失。因此，要求鸟击灾害现场勘查要迅速做出结论。民用机或军机一旦发生鸟击等严重事故都有严格的规定完成勘查的时间，一般根据不同情况为 5～10 天不等；难以在规定时间内查明原因的，可适当延长时间。国际民航组织对最终完成调查的时间目前还没有具体的规定，但是，如果其他事故涉及的航空器最大重量在2250kg 以上，则要求在 30 天内发出"初步报告"。

对于鸟击现场的实况而论，任何一个鸟击灾害或飞行事故的过程都是不可逆的，其具体过程无法完全再现。现成的客观记录设备，只能记录这一过程的部分表现形式（可观测到的因素或现象），任何模拟再现试验都不可能完全代替鸟击灾害或飞机失事的实际过程。

从鸟击灾害现场勘查和失效分析来讲，都需要对研究对象开展分析取证工作。所谓研究的对象即击伤失效件、鸟击现场、飞机和鸟类的残骸及残体等。鸟击产生后失效的失效件、被击系统损伤件、鸟击残体及大量的飞机残骸、鸟击现场等处于相对稳定的状态，勘查取证要进行分析、分解、测试、化验等一系列工作，而上述原始状态一旦被破坏，再想恢复是不可能的。从这一角度来讲，鸟击现场勘查重点分析过程也是不可逆的。

鸟击灾害及其他飞行事故的现场勘查与调查分析，均具上述特点，因此，这就决定了

鸟击灾害现场勘查与事故调查分析工作，必须有一套科学的管理体制和运行机制、一套科学勘查与调查分析的程序、有效勘查与调查的方法和计数手段，才有可能保证鸟类灾害现场勘查与其他飞行事故调查工作，能够在短时间内全面、客观、公正、准确地进行；才有可能实现查明鸟击产生的综合原因，提出改进措施的建议，达到预防同类灾害事故再次发生的目的。

（一）鸟击灾害事故征候的定义

鸟击事故征候，现在世界各国就此还没有具体的定义。目前，各国民用机场基本都依照国际民航组织的定义；而军用航空方面的定义总体原则也基本相似，只是细致之处有所不同，主要在发生鸟击事故时间段的定义、机上人员因鸟击事故受伤导致死亡的时间以及航空器损伤程度等方面有所区别。因此，我们对鸟击灾害事故的征候定义，是依照国际民航组织的定义进行介绍的。

1. 民用航空飞行事故定义

（1）国际民用航空公约的定义

《国际民用航空公约》附件13《航空器事故和事故征候调查》中对飞行事故定义如下：在任何人登上航空器准备飞行直至所有这类人员下了航空器为止的时间内，所发生的与该航空器的运行有关的事件，在此事件中：

① 由于下述情况，人员遭受致命伤（根据国际民用航空组织规定，凡从事故之日起30天内造成死亡的受伤，均作为致命伤）或重伤：

——在航空器内。

——在航空器的任何部分，包括与已脱离航空器的部分直接接触。

——直接暴露于发动机。

但是，由于自然原因，由自己或他人造成的损伤，或由于藏在通常供旅客和机组使用区域外的偷乘飞机者在此的受伤除外。

② 航空器受到损害或结构故障：

——对航空器的结构强度、性能或飞行特征造成不利的影响。

——通常需要大修或更换有关受损部件。

但是，当发动机故障或损坏，仅限于其整流罩或附件时除外，或当损坏仅限于螺旋桨、翼尖、天线、轮胎、制动器、整流片、航空器蒙皮的小凹坑或穿孔时，发动机故障或损坏除外。

③ 航空器失踪（在官方搜寻工作已结束，但不能找到残骸时，即认为航空器失踪）或处于完全无法接近的地方。

（2）美国民航的定义

美国运输部联邦航空局（FAA），对鸟击灾害和航空器事故（Aircraft Accident）定义如下：是指发生在任何人登上航空器打算飞行起到全部人员都已离机后的一段时间内与航空器运行有关的事件，其间发生了任何人员的死亡、受伤或者该航空器受到严重损坏。

（3）中国民航的定义

《民用航空器飞行事故等级》（GB14648—1993）第3.2条将民用航空器飞行事故（flight accident）定义为：民用航空器在运行过程中发生人员伤亡、航空器损坏的事件。

中国民用航空总局 1997 年 5 月颁发的《民用航空器飞行事故调查程序》中，将民用航空器飞行事故（Civil Aviation Aircraft Flight Accident）定义为：在任何人登上航空器准备飞行直至所有这类人员下了航空器为止的时间内，所发生的与该航空器的运行有关的人员死亡、航空器损坏的事件。

根据人员伤亡情况以及对航空器损坏程度，《民用航空器飞行事故等级》第 3 条将民用航空器飞行事故划分为如下等级：

① 特别重大飞行事故。人员死亡，死亡人数在 40 人及其以上者；或航空器失踪，机上人员在 40 人及其以上者。

② 重大飞行事故。人员死亡，死亡人数在 39 人及其以下者；或航空器严重损坏或迫降在无法运出的地方（最大起飞重量 5.7T 及其以下的航空器除外）；或航空器失踪，机上人员在 39 人及其以下者。

③ 一般飞行事故。人员重伤，重伤人数在 10 人及其以上者；或最大起飞重量为 5.7 吨（含）以下的航空器严重损坏，或迫降在无法运出的地方；或最大起飞重量为 5.7 吨～50 吨（含）的航空器一般损坏，其修复费用超过事故当时同型或同类可比新航空器价格的 10%（含）者；或最大起飞重量为 50 吨以上航空器一般损坏，其修理费用超过事故当时同型或同类可比新航空器价格的 5%（含）者。

（4）苏联民航的定义

飞行事故是指从企图完成飞行的任何人登机时刻到抱有飞行目的的所有机上人员离机时刻之间所发生的与飞机使用有关的，因为飞机、机组、飞行管制和保证勤务部门丧失正常能力和外界影响，而产生的具有以下后果之一的事件，这些后果是：

——机上人员中只有一人死亡或因健康状况受到损害，在事故发生后 30 天内死亡。

——飞机机体承力构件损伤或者迫降在技术上不可能或不适宜运输的地区。

——机上人员只要有一人下落不明且正式搜寻工作已告结束。

注：下述情况不属于飞行事故：

——飞机机上人员同飞机功能无关的自然死亡以及本人或他人蓄意造成的死亡。

——自行潜入飞机人员和旅客登机区外人员的死亡。

——仅伤及发动机自身的局部损坏；不破坏结构整体强度的螺旋桨、机体非柔力构件、整流罩、翼尖、玻璃、天线和其他凸出零件以及轮胎、刹车装置和其他构件的损伤。

——旋翼或尾桨破裂或损伤；传气装置断裂或脱开；通风装置破坏；未导致机身（尾梁）承力构件损伤或断裂的减速器损坏；没有损伤承力构件的机身（尾梁）蒙皮损伤。

2. 军用飞机飞行事故定义

从现有的资料分析看，各国各军种军用飞机飞行事故的定义都有区别，主要是以人员伤亡、飞机损坏及经济损失严重程度等来衡量，其标准有所区别，并包含因飞机机种不同带来的时间段上的差异。

（1）俄罗斯联邦军用飞机飞行事故的界定

《俄联邦武装力量航空兵飞行事故及事故征候调查条例》明确了俄联邦武装力量航空兵飞行事故的定义为："军用飞机在飞行中发生的，由于飞机动能失常，机组人员、飞行保证及飞行管理人员或外部地球物理诸因素的产生而导致的机载人员死亡，飞机严重损

坏，或失踪等事件是军用飞机飞行事故"。

"飞机执行任务未返回，且经过所有方法寻找后，仍不能确定其坠落地点也属于飞行事故"。

"飞行事故根据其后果，可分为严重事故（造成人员死亡）及失事（无人员死亡）"。

"严重事故为发生了飞机毁坏，其各系统功能损坏或外部地理因素作用，造成了机载人员一人或若干人死亡，以及上述人员由于飞行事故而在事故发生后 10 日内死亡的事故"。

"军用飞机执行任务未归，机载人员在搜索停止后无下落，也为严重事故"。

"失事是指无机上人员伤亡的飞行事故，但是，飞机在此类事故中受到的损伤不可修复"。

"飞机损伤是指由于迫降后不能或不适宜运出的飞机；但是，为了抢救机上人员而造成飞机损坏不计在内"。

以下不属于飞行事故：

——战斗损失，由于战斗而发生的飞机毁坏、机上人员死亡。

——在飞行中发生的，但是，并非由于飞机或其系统功能损害或外部地球物理因素造成的机上人员死亡。

——在劫机、试图劫机或未经批准飞行时飞机损坏，包括机载人员死亡。

——进行迫降的飞机上人员与飞机毁坏无关的，在已撤离飞机的条件下发生的死亡（由于饥渴、寒冷、外界环境作用等）。由于飞行事故而产生的飞机上人员死亡，飞机在地面（舰船甲板）上的损伤。

——由于紧急情况下，航空母舰被占用或该区域内无其他供飞机在海上降落的舰船而造成的飞机损失。

（2）美国军用飞机飞行事故的界定

1998 年美国空军《安全调查与报告》第 2 条明确规定，空军按事故发生的环境来划分事故的类别。航空事故是指那些涉及空军飞机的事故。航空事故进一步细分为飞行事故、与飞行有关的事故和无人机飞行事故。

飞机事故按损失的直接总费用和伤亡或职业病程度确定等级。

A 等事故 符合下列情况之一种或多种的事故：

——应报告的损失为 1000000 美元或以上。

——一人死亡或永久性完全致残（由于受到伤害或职业病，如毒物排放、隔离区或非医疗引起的昏迷）。

——一架空军飞机损毁，一架航天飞行器或一枚导弹在发射过程中损毁。

B 等事故 符合下列情况之一种或多种的事故：

——应报告的损失为 200000～1000000 美元。

——一人永久性部分致残。

——三人或三人以上住院治疗。

C 等事故 符合下列情况之一种或多种的事故：

——应报告的损失为 10000～200000 美元。

——导致失去工作的受伤或随时造成工作时间损失的职业病。

（3）我国军用飞机飞行事故的界定

我国军用飞机飞行事故按严重程度分为一、二、三等飞行事故。

一等飞行事故——机上有一人以上死亡或飞行事故中受伤后，在5天内死亡，飞机报废；飞机在飞行中失踪。

二等飞行事故——机上无人死亡，飞机报废或严重损坏，修复费用超过飞机价格的60%，或者修复费用虽未超过60%，但是，飞机修复后，未能达到规定性能的；飞机迫降后无法运出。

三等飞行事故——飞机损伤，但是，修复费用不超过飞机价格的10%。

3. 事故征候的定义

关于事故征候（Aircraft Incident）的定义，各国民用航空和军用航空基本是一致的。

国际民航组织的定义：不是事故，而是与航空器的操作使用有关，会影响飞行安全的事件。

俄罗斯的定义：事故征候是指从企图进行飞机任务的任何人员登机时刻到抱有飞行目的的所有机上人员离机时刻之间与飞机使用有关的，因飞机、机组、飞行管制和保证勤务的工作偏差和环境影响而产生的，可能危及飞机安全，但是，未酿成飞行事故的事件。

中国民用航空行业标准 MH2001—1996《民用航空器飞行事故征候标准》的定义：航空器运行的飞行实施过程中，发生严重威胁飞行安全的情况或发生航空器损坏、人员受伤，但是，其程度未构成飞行事故或航空器地面事故的，为飞行事故征候。

（二）鸟击灾害的影响与损失

发生鸟击灾害，特别是严重的鸟击灾害事故，会造成人员的伤亡和飞机及其他物资设备的损毁，其损失常常是巨大的，情形是惊人的，副作用是多方面的。因此，正确认识鸟击灾害产生的影响和损失，具有重要的现实意义。

1. 人员损失情况

鸟击灾害的突发性，常常造成飞行的危难情况，其乘员（含飞行人员和乘客）的救生、救护比在地面和水上复杂、困难得多，而且目前运输机、直升机乘员的空中救生问题，从技术装备上还没解决；战斗机、轰炸机乘员虽然可以利用火箭弹射座椅等设备从中逃生，但是，因种种条件限制，其最佳的成功也只能达到80%～85%，因而在高空中如发生严重鸟击灾害时，很容易造成比较高的人员伤亡率。

还应该看到，如果飞机在飞行中发生鸟击灾害，乘员需要弃机求生时，按飞行条令的规定和职业道德的要求，民用航空的飞行人员必须待乘客全部安全离机后，机上的飞行员、机组人员才允许离开飞机；军用飞机的飞行人员，也必须确实判明飞机无法挽救、弃机后飞机坠毁时不会给在地面上人员的生命和国家财产造成重大损失时才允许跳伞。因此，发生了严重鸟击灾害、造成人员死亡时，在大多数情况下，飞行人员是最可能死亡的。而培养一名能单独执行飞行任务（战斗值班）的飞行人员是要付出很大代价的。如20世纪80年代末，美国空军培训一名能单独执行作战任务的F—16型战斗机的飞行员需耗资20万美元，即培养一名飞行员所消耗的经费等于培训30多名地面军官；英国培训一名"海鹞式"垂直起降战斗机飞行员需耗资370万英镑（约合550万美元）；日本1990年培训一名F—4型战斗机飞行员需耗资4.5892亿日元（约合327万美元），培训一名F—15

型战斗机的飞行员需耗资 5.598 亿日元（约 400 万美元）。20 世纪 80 年代中期，我国培养一名运输机飞行员需 120 万人民币，培养一名民用航空客运飞行员需要 200 万元人民币，培养一名空军战斗机飞行员的费用远远超过这个数据。而同时期我国培训一名大学生，国家付出的教育费为 11302 元（五年制大学，不含基建费），即我国培训一名民航飞行员国家付出的教育费约等于培训 100 多名大学生。由此可见，牺牲一名飞行人员对国家的损失是不小的。国际航空医学会议曾指出，除宇航员的培训外，"现代社会没有一种职业教育能像飞行员教育那样需要大量的消耗。训练成熟的飞行员是人类最宝贵的国家资本"。而发生严重飞行事故，却常使宝贵的国家"资本"化为乌有。

2. 经济损失情况

飞机及其有关的设备，要适应飞行时必然会遇到各种严酷的环境和复杂的条件，特别是鸟击灾害，因此，产品的质量必须严格达到标准，必须具有高的可靠性、安全性。所以，绝大多数飞机的制作成本都很高，且市场售价也很高，有些机型的价格甚至高得十分惊人。目前，世界各航空公司普遍适用的波音 737、MD—82、A—310 等中短程喷气机式客机，其单价约为 3200 万～4000 万美元；波音 747 远程客机机身、大型喷气式客机单价为 1 亿多美元，空客 A—380 客机单价高达 3 亿美元。目前，外国空军装备的 F—16、F—15、苏—27、"旋风"、"幻影"—2000 等第三代喷气式战斗机，单价为 2700 万～4500 万美元。美国空军最先进的 F—117 隐形战斗机，单价约为 1.112 亿美元；B—1B 轰炸机单价约为 2.2 亿美元。即使是通用航空业中使用的小型飞机，其单价一般也在 20 万～100 万美元。相比之下，目前，国际市场上一辆普通小轿车单价为 1.5 万美元左右。也就是说，如果发生一起严重的鸟击飞机灾害，损失了一架中短程喷气式客机，就等于同时毁坏了 2000～3000 辆小轿车；如果毁坏一架远程宽体身大型喷气式客机，就等于毁掉 10000 辆小轿车；即使只是损失一架普通的小飞机，也等于同时报废了几十辆小轿车。可见鸟击灾害的经济损失是多么严重。

随着民用和军用航空业向高、新、尖的方向发展，新一代飞机的价格又有了大幅度的增长，如波音公司、欧洲空中客车公司正在预研的可乘坐 600 人～800 人的大型远程客机，其单价将在 1.5 亿美元以上；美国空军 F—22 战斗机单价约为 1.3 亿美元；而 B—2 隐形轰炸机，1993 年 12 月装备美国空军时的单价竟高达 22.2 亿美元，目前，该机型又涨了约 10%左右。有关鸟击可能产生的飞机直接损失见表 1—1。

表 1—1　飞机价格随年代变化情况

年代 项目	第一次世界大战	第二次世界大战	20 世纪 90 年代初 （比前项增长倍数）	2010 年前后 （比前项增长倍数）
战斗机	骆驼型 1782 英镑，折合 1 万美元	P—15 战机约 10 万美元（比以前增长约 10 倍）	F—15E 战机约 4000 万美元（约 400 倍）	F—22 战机约 1.3 亿美元（约 3.25 倍）
轰炸机	"汉德利伦奇"大型轰炸机，8245 英镑，折合约 4.2 万美元	B—29 约 110 万美元（比以前增长约 20 倍）	B—113 战机约 2.2 亿美元（约 200 倍）	B—2 隐形轰炸机 22.2 亿美元（约 10 倍）

（续表）

年代\项目	第一次世界大战	第二次世界大战	20世纪90年代初（比前项增长倍数）	2010年前后（比前项增长倍数）
运输机		DC—3（C—47）（比以前增长约20万美元）	波音737约3000万美元（约150倍）	C—172.2亿美元（约7.3倍）
备注	① 因飞机的升级，同一型号的飞机的价格逐年有所变化，本表以该机型前期的价格为准，不一定很精确，只是要反映价格变化趋势。 ② 为考虑美元贬值的因素，以上数据的计算以2010年中期美元兑换率为依据。 ③ 第一次世界大战中"骆驼"、"汉德利伦奇"战机价格，按当时的市值1英镑＝5美元计算。			

由此可见，一旦发生了鸟击灾害，仅损毁飞机造成的直接经济损失就是一个很大的数目。如果加上人员伤亡的赔偿、医疗费、事故善后处理费，不算间接经济损失，其直接经济损失就特别巨大。

除了造成巨大的直接经济损失外，航空公司一旦发生了严重鸟击灾害，还会带来许多相关的、间接的经济损失，且间接经济损失往往更大。例如1994年4月6日，我国台湾省中华航空公司的一架A—300客机，在日本名古屋机场降落时坠毁，除导致261人死亡、飞机完全损毁的直接损失外，还因许多乘客担心乘坐该公司的飞机人身安全无保证，而不买该公司的飞机票，使得该公司在一段时间内，甚至很长的时期内，飞机票的出售率下降30％～50％，造成很大的间接经济损失。除此以外，还应该看到，目前世界上有许多国家，为了保证飞行安全，还拒绝和禁止飞行安全状态不好的航空公司在其国内开辟航线，经营民用航空业务，如美国于1995年初就宣布禁止其他国家（地区）的飞行安全达不到规定标准的几个航空公司进入美国经营民用航空业务，对这几个公司也会带来不小的经济损失。当前，世界保险业还出现了一种新的趋势，即要求提交飞行安全标准；对投保的航空公司的保证飞行安全的状况进行严格的审定和评估，对那些飞行事故严重、飞行状况不好的航空公司，则拒绝予以担保。这样的航空公司就难以开展正常的经营，不仅造成很大的经济损失，还会失去生存发展的根基。

3. 社会心理影响

发生了严重的鸟击灾害，不仅会造成人员上、经济上的有形损失，而且还必然带来社会、心理上的"无形损失"，并因此引发乘客流失、任务推延或减少航班等情况的出现，这些都会加重鸟击灾害带来的危害，甚至还会出现飞行员心理上的恐慌。

当今世界处于信息快速传播的时代，某一国家、某一地区发生鸟击灾害，一般几个小时就会传遍全世界，鸟击灾害的现场很快就会出现在各国的电视或网络上；而且事故越严重，传播也就越广泛。现在世界上许多著名的通讯社、报纸、电视台每年年初列举上年度的十大重要新闻时，也常将重大鸟击灾害列在其中。如2009年1月15日美国一架客机遭鸟击后迫降在纽约哈德逊河中，当年年初许多通讯社、报纸、电视台都把它列为一年重大国际新闻之一，这样广泛迅速地传播，必然会给有关国家、航空公司等带来不良的社会影响。还应该看到，在特定条件下，个别重大鸟击灾害，还有可能引发很多的社会问题。

军用航空发生了严重的鸟击灾害，虽然不会像民用航空大型客机事故那样每起都得到迅速而广泛的传播，但是，在当今社会信息业高度发达的情况下，一些大的鸟击灾害也会在社会上迅速传播，同样会给有关部队带来不良的社会影响。如 1994 年 1 月 12 日，以色列一架军用直升机，在以约边界地区进行低空飞行时遭遇鸟击，机上人员全部遇难；1996 年 7 月，美国一架 NATO 飞机，装载导弹和指挥系统，在希腊的 Aktiom 空军基地起飞后不久，发动机被鸟击伤，飞机坠落在河边（图 1-2），机体严重损伤。这一事故当天晚上就出现在许多国家的广播、电视新闻节目里，这种信息的传播会给有关部队带来不良的社会影响，而且更主要的是会给军人特别是其直系亲属的思想上带来消极的影响。日本航空自卫队负责飞行安全管理的将军就指出："因飞行事故引起的战斗力损失，不单单局限于人和物两个方面的直接损失，它还影响着部队的士气和国民的信赖。"俄罗斯国防部负责飞行安全管理的官员也指出：现在军队发生严重飞行事故已经成为"全民关注的问题"，"严重事故的回声常常是很久不能平息"。20 世纪 80 年代末，印度空军一度飞行事故特别是鸟击灾害时有发生，不少议员在议会中对空军主管提出责难。印度空军随即采取多种措施，使飞行和鸟击灾害明显减少，才平息了这场风波。

图 1-2　遭群鸟鸟击的飞机

总之，发生鸟击灾害，特别是严重鸟击灾害，损失是巨大的、多方面的，有时鸟击造成的社会影响还大于经济损失，因此，不能不引起航空公司、航空兵部队及各类机场全体人员，特别是各级领导的高度重视。

二、鸟击现场勘查的目的、原则和逻辑分析方法

（一）现场勘查的重要性

毫无疑问，机场及相关部门，通过现场勘查弄清鸟击灾害发生的背景及全过程，查清鸟击发生的原因，采取有效综合防治措施，防止类似灾害再次发生，这是被全球航空界所公认的，也是被航空发展所证实的。因此，鸟击现场勘查工作十分重要。鸟击现场勘查鸟击的地点以及与鸟击有关的场所，既是进行实地调查研究工作，也是鸟击防灾工作中取得第一手材料的重要途径。实践证明，鸟击灾害的现场绝大部分都有痕迹。鸟击产生的结

果，必然在鸟击现场引起客观物体的变化，在现场往往留下鸟击的痕迹、物证，如鸟类残骸、羽毛及体液等（图1-3）。只要我们细致勘查现场，深入现场调查采样，就能对鸟击灾害的发生过程有比较准确的判断，从而为鸟击损伤等级评估和鸟击防范工作提供科学的依据，为减控鸟击灾害的发生率、避免类似的灾害发生、保证飞行安全、促进民航业的快速发展提供有力的保障。

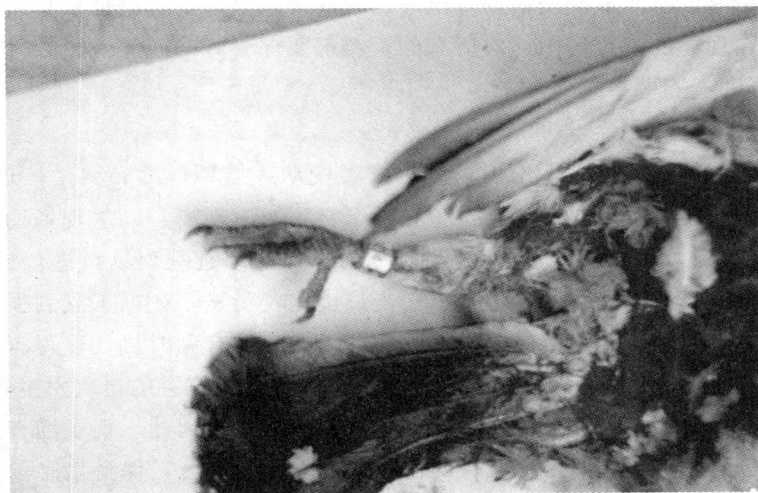

图1-3　被击的信鸽残体

　　鸟击现场勘查工作的好坏，对鸟击灾害的定性评估等工作有直接的影响。凡是现场勘查工作做得好的，就能为鸟击灾害的定性、灾害等级的评估等后续工作提供有价值的材料，用以判断鸟击性质、灾害等级，减少航空公司与机场因区域鸟击不清的矛盾，确定治理方向，从而达到标本兼治的目的；相反，现场勘查工作做得不好，鸟击痕迹、物证未能及时发现，使得因评估的物证不充分，而导致对后续的灾害等级评估带来很多困难，随着时过境迁，逐渐失去有利条件，就会给鸟击灾害的定性、灾害等级评估及责任的确定等工作造成实质性的影响。

　　当然，有些鸟击现场情况是很复杂的，它不仅容易受到自然条件的影响和人为的改变，而且我们的认识也常常受到主观条件的限制，特别是飞机升空期间的高速飞行，鸟击灾害发生后很容易毁灭现场物证等。但是，不管客观原因有多少困难，只要有鸟击征候，本身就是一个"痕迹"，因为鸟击征候或鸟击灾害的发生，肯定要和一定的鸟类、人、物及气候等相联系，必然要引起客观事物的变化。因此，鸟击和隐蔽这对矛盾是难以克服的。只要我们坚持实事求是，在现场勘查中，掌握技术要领，尊重客观，精益求精，可以肯定地说鸟击灾害发生的过程，总是可以被认识的；同时，鸟击防范和鸟击现场勘查工作也一定能做好。

（二）现场勘查的目的

　　鸟击现场勘查的目的是：了解鸟击的过程，收集鸟击的证据，判断鸟击灾害的性质，划分鸟击责任，制定鸟击综合防治措施，减控类似事件的发生，确保飞行安全。

　　通过鸟击现场勘查，全面、客观、公正地研究鸟击现场发生的一切相关内容，对于科

学评估鸟击灾害工作具有重要的现实意义。由于鸟击引起的多种变化情况，发现和采集有关鸟击的痕迹、物证以及对当事人和内场有关人员的询问，研究它们之间的相互关系，这样就能对鸟击的过程、鸟击形态、鸟击数量以及鸟的质量等问题有个大体的了解，并能根据以上的情况，判断鸟击的性质及鸟击的大体高度，从而比较准确地确认相关单位和人员的责任，为今后的鸟击防范工作提供科学的依据。鸟击现场上遗留的鸟击痕迹、物证以及依据现场实际情况，所作成的现场勘查记录、现场访问笔录，都是证实鸟击灾害的重要证据，相关人员在现场勘查过程中，对所有的资料都要保管好。

（三）现场勘查的基本原则

1. 及时、全面、细致、客观的原则

只要有鸟击征候的现场，不论现场是否已经变动或损坏，都必须坚持进行实地勘查。严重的鸟击灾害，有关部门的主要领导还必须亲自到第一现场。鸟击现场勘查人员，一旦接到鸟击灾害报告，不管是白天黑夜、刮风下雨都要立即赶赴现场，进行详细现场勘查。只有这样，才能抓住鸟击灾害发生不久，鸟击痕迹比较明显，证据未受到损坏，目击证人记忆犹新，鸟类或其他动物的血迹、绒羽、体液仍在的最有利时机，取得有效证据，了解鸟击灾害的过程（图1-4），这对采取紧急措施，防范鸟击灾害的再次发生具有重要意义。现场勘查是一项时间性很强的工作，机不可失，失不再来。因此，现场勘查技术人员，必须发扬高度负责的精神，树立雷厉风行的作风，建立规章制度，保持信息沟通，随时准备好交通和勘查工具，经常保持应急工作状态。在鸟击现场勘查过程中，从现场访问、实地勘查，一直到勘查后的研究和处理，都必须全面、细致、有秩序地进行，力求把现场上所有与鸟击相关的一切痕迹、物证都查清楚，并及时采集下来，把每个细节问题都查对清楚或得到正确的解释。特别对鸟击当天的气象情况和周边地区的生态环境，也必须了解清楚。同时，现场勘查要有实事求是的态度，对现场的情况要如实记载，要进行认真分析研究，必须从客观的事实材料入手，使我们的认识符合鸟击灾害发生的实际情况，切忌主观臆断或凭经验推断，甚至不经过科学分析而妄下结论。

图1-4 有关调查人员在现场勘查鸟击事故现场

2. 充分依靠广大群众的原则

现场勘查是机场管理部门掌握的一项专门工作之一。因为鸟击灾害发生后，会涉及多部门或很多人的责任和利益问题。因此，在鸟击现场勘查工作中，必须坚持依靠广大群众，切实建立在可靠的群众工作基础上，只有把专门工作同群众工作紧密结合起来，才能充分发挥作用。因为鸟击征候和灾害性事件，其牵涉面很广，直接危害广大旅客和飞行员的生命安全及国家财产的损失，特别是涉及机场与航空公司之间的责任问题。因此，广大群众很关心。而且机场及周边地区居民较多，鸟击灾害发生以后，总会有内场或外场的群众目击鸟击现场；对现场常见鸟类活动和生态环境等情况当地的群众也最了解，甚至有的鸟击灾害发生的那一刻都被场内外群众看见了。所以，鸟击灾害现场勘查工作，从保护现场，到现场访问、实地勘查、现场情况的分析研究等，每个环节都必须依靠群众，深入群众进行调查研究，听取群众的意见。只有这样，才更有利于信息的掌握，才能科学、合理地分清责任，才能制定有效防范鸟击的措施，才能避免类似的鸟击事故发生。

3. 严格技术规程的原则

在鸟击现场勘查工作中，访问群众、提取痕迹、采集物证等，都必须严格按技术规程操作，注意相关人员的政治、心理影响；坚决反对不按技术规程、见物不问事、分析不找因、单纯技术观点的行为，不准发生因为技术鉴定的需要而损坏飞行器的不良行为。

（四）现场勘查的逻辑分析方法

在鸟击灾害现场调查中，必须充分运用科学的认识论和方法论，在科学与逻辑分析方法的指导下进行。鸟击事故调查是一种从结果出发分析原因的逆向分析过程，得到广泛应用的逻辑分析方法主要是演绎法、归纳法和类比法。分析鸟击产生的机械损伤因素时，三种方法都能用，演绎法、类比法用得比较多；分析人的因素时，必须用归纳法，不能用演绎法；分析个人因素时，演绎法、归纳法都比较适用。

1. 归纳法

人类以个别性的或特殊性的认识为前提，推出一般性知识结论的间接推理就是归纳推理。它是由特殊事例推导出一般原理的逻辑思维方法，包括观察、实验、比较、完全归纳法、枚举归纳法、排除归纳法等多种方法。归纳推理是客观事物规律性的反映，因为客观世界的每一类事物，不但存在个性而且还存在着共性。因此，才有可能通过对一类事物进行的大量考察，概括出该类事物的一般性知识。这也就是归纳推理的本质。

由于归纳推理的前提是对一类个别事物的判断，而结论却为该事物的一般性推断，其推理结论已超过了前提的知识范围（完全归纳推理除外）。因此，归纳推理的结论具有或然性，前提真，结论可能真，也可能假。尽管如此，归纳推理仍是揭示客观事物的初步方法，是探求新知识的有力工具，在人们的思维中占有重要地位，不但在科学研究、社会活动、工程技术等方面有着广泛的应用，在鸟击灾害调查中也是经常要用到的最主要的逻辑分析方法之一。

归纳推理用于分析鸟击灾害时，主要是探求事物或现象之间的因果关系，而因果关系的外在表现为原因和结果之间的时间顺序性，即原因在先，结果在后；因果关系的内在表现为原因和结果之间存在决定与被决定的关系。

判明事物或现象之间是否存在因果关系，需要在占有一定经验材料的基础上，运用逻

辑方法进行分析。而判明因果关系的一般性的归纳法主要有求同法、求异法、求同求异并用法、共变法和剩余法等五种，也称为"穆勒五法"。在事故调查和失效分析中经常用到的是求同法、求异法和共变法，但是，更多的是几种方法的共同运用。

（1）求同法

求同法是指如果被研究的那类现象出现在几个不同场合中，而在不同场合中只有一个共同条件，于是推论出这一条件就是引起此类现象的原因，是"异中求同"。

求同法主要是建立在观察的基础上，通常只用于提出关于事物或现象之间因果关系的初步设想，然后，再根据有关事物或现象的其他知识，或根据其他判明因果关系的方法，进一步检验或证明设想的可靠性。

如在进行鸟击现场勘查中，有经验的鸟击现场勘查人员，一般会根据飞机残骸的损伤和分布情况及鸟类的残体等，判断飞机坠地时速度的过程，这就是归纳法的应用。

（2）求异法

求异法是指如果被研究现象出现的场合与它不出现的场合中仅有一个情况不同，此情况在一个场合中出现而在另一个场合中不出现，则此唯一不同的情况与被研究现象之间存在因果关系，是"同中求异"。

求异法考察的是被研究对象出现或不出现的两个场合，因而它通常被用于实验条件下。在实验条件下，可以人为地控制相关因素进行对比，从而可以很好地观察相关因素的存在与不存在，是否与被研究对象有直接的关联。运用求异法要注意：

① 对相关因素的考察要尽可能全面。

② 对正反两个场合中的相关因素，除了一个差异因素外，其他因素必须相同。

③ 要注意分析差异因素是否为唯一差异因素，是否存在复合原因。

在鸟击灾害现场勘查中，同时也应对失效进行分析，以更全面地掌握飞机的情况。对已经大批量装备的定型产品的故障，往往首先寻找的是该故障或失效件的特殊性，也就是故障或失效件与大批已长时间正常使用部件在制造、使用中是否存在特殊性。在这一思想的指导下，每次事故调查都要对发生事故的飞机近期故障及排除故障情况，近期做了哪些维护、改装等工作进行调查。

（3）求同求异并用法

求同求异并用法是根据被研究对象出现的一组场合中，都有一个相同因素；在被研究对象不出现的场合中，都没有这个因素，从而确定这一因素与被研究对象之间存在因果联系。求同求异并用法是结合求同法和求异法，其特点是既求同，又求异。它是分别在正反两个场合中求同，然后，在两个场合之间求异，进而确定因果联系的。

（4）共变法

共变性是判断现象因果关系的一种归纳推理方法。它是指被研究对象在一定程度上发生变化的各个场合中，若只有其中一个情况发生一定程度的变化，其他情况保持不变，则该唯一变化的情况即为被研究现象的原因（或结果）。

共变法是关于原因与结果共变的推理方法，有如下几种形式：

一是原因与结果同向共变。即当原因量不断增加时，结果量随着不断增加。如飞机遭鸟击坠毁过程中破坏程度与飞机触地速度之间的关系。

二是原因与结果异向共变。通常情况下，即当原因量不断增加或减少时，结果量随着不断减少或增加。

三是原因与结果既是同向又是异向共变，中间出现转折。对这种共变必须找出同向共变转为异向共变的转折界限，才能认清存在于原因和结果之间的规律。如易燃、易爆物质的体积浓度和被引燃的点火能量的关系，就是先异向又同向的关系。

共变法是通过事物或现象间在量的方面发生的共同变化来寻找事物之间因果联系的，其特点是由变量求变果，或由变果求变因。被研究对象变化的场合中，其他因素保持不变，而唯有一个因素存在量的变化，因而可以确定被研究对象的变化与这个因素的变化存在关联。

共变法类似于差异法，求异法可看做是共变法的一个极端的情况（量变从有到无），因此，也可以结合这两种方法使用。共变法由于可以具体从量的方面来考察事物或现象的变化，其可靠程度比单纯使用求异法的可靠性要高。

在鸟击现场勘查过程中，运用共变法要注意的问题：

第一，要保证一定数量的考察场合，否则，场合太少，无法确定事物或现象之间是否存在有规律的变化；

第二，在各个场合的相关因素中，只能有一个因素发生量的变化，其他因素必须保持不变；

第三，注意事故或现象之间的共变是有极限、有条件的，超出这个限度，这种共变关系就可能不存在。

在鸟击灾害现场勘查中，把发生事故时的情况与大量的、正常的、不发生事故的情况进行对比，观察两者之间有什么变化，根据这些变化来分析事故的可能原因。

分析过程有六个步骤：一是考虑事故的情况；二是考虑类似的但未发生事故的情况；三是将两者进行对比；四是列出所有的不同点；五是分析这些不同点对事故的影响；六是将其中有影响的不同点综合成事故的原因因素。

（5）归纳法在鸟击灾害调查中一个常用的推论

一架飞机同时或在短时间内连续发生两起或两起以上不相关鸟击征候或灾害的概率。这是归纳法在事故调查的原因分析中常用的一个推论。一架现代飞机虽然由上万个甚至几十万个零部件组成，但是这些零部件的可靠性一般都非常高，故障率很低，特别是危及飞行安全的重大故障的故障率更低。通常认为直接危及飞行安全的飞机操纵（飞控）系统和动力装置，大型喷气式客机操纵系统的故障率在 10^{-6} 以下（电传操纵系统都是多余度系统），发动机本身可靠性很高，且都是配置两台以上发动机，各台发动机的燃油和操纵控制系统都是互为独立的。因此，在事故或事故征候调查过程中，认为飞机同时或在短时间内连续发生两个或两个以上不相关故障是小概率事件，即通常认为是不可能出现的事件。多年统计规律也证实了这一点，虽然这一推论不是完全归纳，存在不严密之处，但是，在事故调查中对查找事故原因具有重要的指导意义。同样，尽管鸟类在迁徙期间，在空间的分布密度很高，但是，一架飞机在天空中，连续被鸟击两次或两次以上的概率也极小。当然，这种小概率也不能排除，如某架飞机在起飞时，离开地面时发生鸟击征候，当它升到 300～500 米高空时，又被飞鸟击伤。这类情况概率虽然很低，但是，偶尔也有发

生，因此，鸟击灾害现场勘查人员，在调查、访问和采集物证时，也要考虑这种小概率的发生。

2. 演绎法

演绎法是从一般到个别的推理方法，是从对事物的一般性认识达到对个别事故的更深刻认识，是机场鸟击现场勘查人员的重要思想武器。运用演绎法分析鸟击时，假定该系统已发生某种鸟击，试图找出是什么因素、什么模式造成了这种鸟击。这种分析方法又称为福尔摩斯法，就是根据给定的证据，分析犯罪发案的过程。对飞行事故调查来说，就是根据飞机残骸、鸟类残体、体液、证人或当事者的叙述，判断可能是发生了某种鸟击，然后，对造成此鸟击的各种可能原因进行分析。事故调查中最常用的演绎法是鸟击树分析法。

鸟击树分析法是由飞机故障树分析法演化而来的，它是美国拜耳试验室最早提出来的，后经波音公司发展，被美国国防部采用，作为预防和分析鸟击的方法。鸟击树是一种特殊的倒立树状逻辑因果关系图，它用表达各种鸟击的事件符号、逻辑门符号和转移符号描述系统中各种事件之间的关系。逻辑门的输入鸟击是输出事件的"因"，逻辑门的输出鸟击是输入鸟击的"果"，可参考 GB 4888—1985。

鸟击树分析是系统可靠性和安全性分析的工具之一，包括定性分析和定量分析。定性分析的主要目的是：寻找导致与系统有关的不希望事件发生的原因和原因组合，即寻找导致顶事件发生的所有鸟击模式。定量分析的主要目的是：当给定所有底事件发生的概率时，求出顶事件发生的概率及其他定量指标。建造鸟击树的基本规则、方法和鸟击树分析程序参见 GJB/Z 768A—1998 和 GB 7829—1987。

在鸟击调查或鸟击分析中，应用鸟击树分析的程序一般是：选择顶事件，建立鸟击树，定性或定量分析。事故调查中的顶事件就是事故的发生或已发生的导致事故的系统失效或某种失效模式，如操纵系统失效、发动机停车等。再用演绎法找出导致顶事件发生的可能的事件组合，它反映了由元件、部件失效或人为失误等鸟击引起顶端鸟击发生的逻辑关系，即建立鸟击树。分析时根据已建立的鸟击树，综合其他方面检查的结果，从上往下推，逐一分析判断每个事件在本次鸟击或事故中是否成立，从而得出鸟击原因或鸟击的原因因素。

3. 类比法

类比法是不同于演绎法和归纳法的另一种推理形式，是从两个或两类事物之间存在的某些属性的相同或相似，从而推出它们的另一属性也相同或相似的推理。虽然，类比推理结论的性质与归纳推理一样，都是或然性的，但是，从思维进程来讲，演绎法是从一般到个别的推理，归纳法是从个别到一般的推理，而类比法是从一般到一般的推理，或者从个别到个别的推理方法。

类比推理虽然是或然性推理，结论不完全可靠，但是，这种推理形式对推动认识的发展，其作用是十分突出的。正是由于类比推理具有把对一个事物的认识推及至对另一个事物的认识这样的特点，它也就成为人们进一步扩展知识、探索事物的因果关系的一种有效方法。借助类比，可以使人们的认识从一个领域过渡到另一个领域，可以启发思维、开拓思路，起到举一反三、触类旁通的作用。

类比推理具有引发联想、启发思维的作用。从这个意义上讲，类比推理意在启发，无所谓遵守规则。如果是要通过类比推理获得关于某个事物的认识，且要求能得出尽量可靠的结论，就应该注意以下几方面的问题：

① 应尽量增加考察进行类比的两个或两类事物的相同属性。因为类比推理是以两个或两类对象之间存在相同属性为推理根据的，因此，相同属性越多，则结论越可靠；相同属性越少，则结论可靠性越小。

② 进行类比的两个或两类事物已具有的相同属性与推出结论之间应该是相关的、有联系的。它们之间的关系越密切，则结论的可靠性越高。如果是本质性的联系，则结论就具有必然性。

③ 可能的情况下要进行反类比。就是在比较事物间的相同属性时，还要找出它们的不同属性，然后，分析这些不同属性与推出属性之间是否存在不相容。如果是这样，即使两个或两类事物之间存在许多相同属性，类比得出的结论也是不可靠的。

在鸟击灾害现场勘查中，运用类比推理法有助于确定调查方向。类比推理常常对一些问题给予推测性回答，这就为调查员提供了进一步调查研究的可能性，据此可确定调查的重点和着手的方向。例如，一起鸟击灾害发生后，调查人员会首先将本次事故的情况与历史上发生的鸟击灾害进行对比，寻找与本次鸟击灾害具有类似现象的鸟击灾害，如有则按以往导致鸟击灾害的原因进行重点调查，这样的例子很多。另外，有些证据调查方法的内存逻辑规律就是类比推理法。例如，调查中一些检查材料的鉴定，鉴定人员会根据检查材料的特性（宏观和微观、物理和化学等特性），与已知样本进行比较，寻找符合特征点，排除差异点，最终认定同一或不同一。鸟击灾害调查中经常遇到的痕迹鉴定、断口形貌分析，也是类比推理的具体应用。

4. 事件链分析法

事件链分析法是从很早以前的多米诺骨牌理论发展起来的。多米诺骨牌理论的要点是：每张骨牌代表一个事件，按时间顺序排列出一连串发生的事件，最后的事件就是事故。前一事件是后一事件的起因，后一事件是前一事件的后果。如果中间抽掉一张牌，后边的牌就不会倒，事故就不会发生（图1-5）。

20世纪70年代布尔德更新了多米诺骨牌理论，建立了事件链分析法。他把各种事件分为"人"、"机械"和"管理"三大类，每个事

图1-5　多米诺骨牌示意图

件是一个环。如果发生了第一个事件，第一环就与第二环套上；发生第二个事件，第二环就与第三环套上；最后一环就是发生事故。"机械"是指物，包括材料、零件、机件、设备等。"管理"包括制造、处理、使用中的各种规定、条例、规程、规范等，是人与机械的接口，管理失误包括规定本身不适当和操作者不执行、不会做。"人"是最复杂的一环。一大半的事故是人的差错造成的，人的差错又交缠在"机械"和"管理"之中。机械问题完全可以用现代化仪器测定，管理问题也可以用计算、试验等办法来确定，只有人的因素

很难确定，最难的是要找出为什么会发生差错。不同的人，对同样的事可能做出不同的决断，因为他们的知识、训练、心理和生理状态不一样。更困难的是当前调查鸟击灾害的人员中，大部分都缺乏专业素质和心理学等方面的专门训练。

应用事件链分析法时，先从许多事件中找出与事故原因有关的一些事件，按照事件发生的时间顺序和因果关系，一环一环地分析，列出事件链；然后逐个分析事件链上的事件，从中找出属于事故原因的事件（有些事件是前一事件的结果）（图1-6）。在事故调查中，事件链往往并不是一眼就能看出来的，而是隐藏在残骸和其他证据之中。这就需要由鸟击灾害调查员在扎实分析研究工作的基础上，用逻辑推理的方法逐步明确事件链。在确定事件链的过程中，还要不断地否定其他若干条实际上并不存在的事件链。

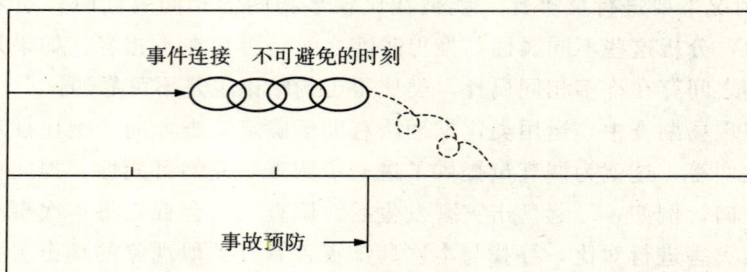

图1-6　事件链示意图

在鸟击灾害中，事件链分析法已经得到普遍应用，很多国家飞行事故调查法规中都明确要求按事件链法分析事故原因。事件链分析法具有以下优势：

① 有利于全面接受飞行事故的教训。20世纪70年代以前的鸟击或飞行事故的调查工作，倾向于每次事故一般只有一个事故原因。随着科学技术的发展，对飞机上的重要系统和地面保障系统都采用冗余系统，对人的差错也有了各种防护措施（机械上的防错设计、飞行上设置正副驾驶员、维修上建立检验复查制度等），从而单一原因的事故已经大为减少（只占事故总数的20%以下），绝大部分事故都属于鸟击或两个原因以上的事故。因此，在调查鸟击灾害时必须确定所有的原因，因为要想预防同类事故，必须消除所有安全隐患。

为什么不要在几个原因中区分"主要原因"和"有关原因"？这就是为了能全面地接受事故教训和更好地预防事故。根据过去多年的经验，定为"主要原因"的预防措施容易落实，而定为"有关原因"的预防措施却很不容易落实。而实际上"主要原因"和"有关原因"往往很难区分，即使区分了也是从责任上区分的。实践证明，这样做对预防鸟击灾害事故不利。

例如，2001年7月，一架空客A320飞机，在美国俄亥俄机场起飞时，一只埃及雁（Alopochen aegyptiaca）被吸入飞机发动机，因驾驶员处置不当，未及时关闭被击发动机，导致飞机发动机完全报废，所幸没有造成人员伤亡。如果用事件链法和多原因思想分析这次事故，将得出"发动机抗击力差"和"应急处置不当"两个原因。这次事故如果只把"发动机抗击力差"作为事故原因，那么同类事故还会再次发生。因为对其他原因如果没有研究和采取预防措施，则根据墨菲定律"如果任何事物能够发生差错，这种差错总是会发生的。"由此可见，多原因思想对飞行事故调查提出了更高的要求，它能使调查工作进行得更全面、更深入，对预防事故更加有利。苏联民航飞行事故调查条例规定："事故调查按多因素论进行，即按查出的全部的航空运输系统正常功能的偏差并评定这些偏差对飞行结局的影响的原理进行。"

② 有利于深入分析事故的原因。事件链必须按事件发生的时间顺序排列出全部与鸟击有关的鸟击情况，某些鸟击的发生时间可能追溯到发生鸟击之前的若干年。例如，仅仅找到事故原因是发生了某种鸟击，这个鸟击链是不完整的，还必须查清在发生该鸟击之前有哪些促成因素。因此，正确地排列出事件链就能引导鸟击调查工作深入一步，就能获得确实有效的预防措施。

英国的一位著名飞行事故调查专家曾说："事故调查员要能认识到由于飞机设计上的局限性才使飞行员处在危险状态之中，这样才能从调查中得出改进设计，改进维修，改进规程、规范、大纲等规定的建议。"也就是说，即使事故原因是鸟击或飞行员操纵错误，而在分析其促成因素时，往往也会找出其中还有飞机设计上的缺陷。

找准产生鸟击的真正原因的促成因素对预防事故发生至关重要。过去，民航飞机的撞山（撞地）事故相当多，因而在 20 世纪 80 年代初飞机上加装了近地告警系统（GPWS），但是，在加装近地告警系统之后的几年中，每年仍然平均发生 5 次撞山（撞地）事故，其原因是飞行员的训练没有跟上。据调查，当时有 50％的飞行员不能对近地告警做出正确的反应。如果改进训练，使 99％的飞行员都能做出正确的反应，此种事故就可以减少到每 10 年才发生 1 次。同样，鸟击灾害的发生与处置也有类似的情况。

一次鸟击灾害的几个原因之间往往是有内在联系的，如果在调查中能全面地、深入地分析，就能得出这次鸟击灾害的深层次的原因，也就是管理上存在的缺陷。

③ 便于检验事故调查的结论是否正确。检验鸟击灾害调查的结论是否正确的最简便办法，就是检查所排列的事件链是否正确。如果事件链本身就不正确，那么，鸟击灾害调查的结论也不会正确。检查事件链的方法：首先，检查事件链上的各事件是否应该在事件链上。检查时根据前后鸟击灾害之间的逻辑关系，符合因果关系的事件可以列在事件链上，不符合因果关系的或后面没有后果事件的事件就不能列在事件链上。例如，检查飞机残骸时发现平尾操纵系统有一个连接点未装开口销，但是，既找不出平尾操纵系统在飞机中已经断开的物证，也没有飞行中平尾操纵失常的证据，也就是找不到紧随其后的后果事件。因此，平尾操纵系统未装开口销这个事件就不应该列在这次事故的事件链上（虽然是安全隐患）。其次，检查整个事件链是否符合这次鸟击灾害的全过程。如果某些与鸟击灾害发展有关的事件或情况，并未排列在事件链上，则说明事件排列上有遗漏。

三、鸟击现场勘查工作的组织与工作内容

（一）鸟击现场保护工作

鸟击灾害发生后，有关部门必须及时、严密地保护现场，尽可能使鸟击灾害现场保持鸟击初期或飞机降落的原样，这样就能为做好鸟击灾害现场勘查、采集鸟击物证和研究鸟击灾害的全过程等创造有利的工作条件。机场公安部门、地面保障部门及场务管理部门等

都负有保护现场的职责，一旦得知发生鸟击灾害事件，必须按鸟击防范应急方案要求，迅速赶到现场，采取适当有效的方法，对现场加以妥善保护，确保现场免受损坏，特别是二次损坏，这样才能更有利于鸟击灾害现场的勘查。

1. 保护现场人员的具体任务

（1）快速了解鸟击前后的有关情况，查证属实后，应以最快的方法，及时报告有关领导、机场管理部门、机场公安局及当地派出所（被击飞机如迫降在围界外，必须要当地公安部门积极配合）等。

（2）划定现场保护的范围，维持秩序，不允许任何无关的人进入现场。保护现场的人员也不得无故进入现场，更不能移动或采集任何物品。

（3）遇到有危及人的安全现象，如易爆、易燃物等，首先应采取急救措施，抢救旅客，扑灭火险，排除交通障碍等措施；同时，必须使现场少受破坏，变动的范围越小越好；并要证明现场变动前的情况，如机体上的血迹（图1-7）、液体，鸟羽及鸟类残体等姿势及原来的位置等。

图1-7　鸟击前风挡留下的血迹

（4）在现场及附近若遇到死鸟、羽毛或飞机被击损的部件等物质，应记录具体位置，并及时捡拾起来，妥善保管好。

2. 保护现场的方法

对发生鸟击灾害的地点与鸟击有关的痕迹、物证的场所要划出一定范围，绕以警戒带，或用白灰加以标记，并布置力量保护；对内场外的鸟击事故现场还要做好维持秩序的工作，保持车辆、行人畅通，保证现场及周边地区的群众生活不受太大的影响。国外一些国家鸟击飞机后，现场未得到妥善保护，周边的群众在现场捡拾飞机散落物（图1-8），这种情况将严重影响鸟击现场的勘查工作，对查清鸟击灾害的责任和总结鸟击灾害、避免类似鸟击灾害的发生都十分不利。

现场维护人员对发现的鸟击物证，均要特别加以保护。露天场所中的一些鸟击血迹、液体，以及一些很容易被刮风下雨等自然条件破坏的痕迹及鸟类残体等，可以用面盆、塑料薄膜等遮起来，但是，不能用重物压，以免对以后的测定产生影响。

图 1-8 飞机散落物

3. 做好保护现场的宣传工作

机场场务人员应利用各种机会，运用各种形式，经常向机场周边地区广大群众进行保护现场的常识教育和养鸽放飞的危害教育（图 1-9）等，让他们懂得在鸟击灾害发生后，要及时帮助保护秩序，并采取有效措施帮助保护现场。

图 1-9 鸟击危害宣传栏

（二）现场勘查的组织领导

鸟击灾害现场勘查必须有领导、有组织、有秩序地按程序进行。只有这样，才能充分发挥每个现场勘查人员的作用。全面细致地勘查，发现和搜集鸟击灾害的痕迹、物证，了解全部鸟击灾害发生的情况，使勘查工作达到既好又快的目的。同时，也才能保证在鸟击现场勘查的时候，防止各行其是，顾此失彼，勘查不细，或由于忙乱无序而自身在无意中破坏现场问题，甚至出现走过场的现象。

（1）参加机场勘查的人员综合素质要高，要求参加现场勘查的人员，一般是中级职称

以上的专业技术人员和机场中层管理人员。重大的鸟击灾害，还应该有领导干部、高级技术人员参加。领导干部亲自参加勘查现场，有利于做好勘查工作，取得第一手材料，能够比较准确地判断鸟击事件的实际情况，抓住关键，有力地组织协调各部门工作和指挥调查工作的深入。为了研究现场上某些疑难问题，同时，还可以邀请具有专门知识的专家，参加鸟击现场的勘查工作。

（2）参加现场勘查的人员，必须统一领导。领导重大鸟击灾害现场勘查的人员，一般应由负责调查工作的临时组长担任；对一般鸟击灾害，由领导指定的人员担任；对于有两个以上单位参加勘查重大鸟击事件，应由直接参加调查的主要领导干部担任。负责领导指挥现场勘查的人员，要全面安排、合理使用各方面的力量，使现场勘查工作从始至终有条不紊地进行。

（3）现场勘查人员的分工，应根据每次鸟击灾害现场的实际需要确定。对重大的鸟击事件灾害，一般可以从以下四个方面分头进行工作：一是负责访问当事人和知情群众，了解鸟击事件发生前后的情况；二是负责勘查现场，采集痕迹、残体及其他物证工作；三是进行查对当天的气候、鸟类集群及常见鸟种活动情况等；四是负责保护现场，维护秩序。所有参加勘查现场的人员，都必须在现场指挥人员的统一领导下，各负其责，并主动联系配合，共同努力完成现场勘查鸟击的任务。

（三）现场勘查人员的素质要求

（1）要有高度的政治责任感和专业业务能力。鸟击现场勘查人员，要有高度的事业心、责任心，在任何特殊的环境中，都能保持旺盛的情绪，不分散注意力，专心致力于现场勘查工作。

（2）要密切依靠群众，多听取群众的意见。鸟击灾害现场勘查时，要注意多听取广大群众的意见，特别要听取专家和机场职工的意见或见证人的陈述；但要做好综合分析，不要盲目听信。由于种种原因，有的是亲自看到、听到的，有的则是听到的传闻；也有反映情况的人就与鸟击灾害有利害关系的，甚至有的可能就是责任的当事人，他们反映的情况可能与实际情况有些差异，所述情况不一定全面，甚至会有意夸大或缩小。

（3）要有细致的工作作风，在鸟击灾害发生现场勘查中，注意对每个细节的调查与研究。要做到不忽略任何微小的物证，如鸟类残体、羽毛、血迹、擦伤痕迹（图1-10）等，对每个细小的情节，必须仔细地观察、勘查，认真地采集、研究，以便从中发现更多的有价值的线索，以判断鸟击事件的真实情况，为鸟击的责任鉴定和击伤等级评估等提供科学的依据。

（4）要用辩证唯物主义观点分析和判断问题，反对书本主义和形而上学。事实上，在现实

图1-10　鸟击擦伤痕迹

生活中，鸟击灾害的发生与多种自然、人为、生态及季节等多种因素有关，甚至一次偶然的刮风或地面上突然产生的旋转气流等都有可能改变鸟类的活动，从而产生鸟击征候或鸟击灾害。因此，有些鸟击灾害的事件是错综复杂的，要通过现场仔细勘查进行综合分析，才能正确地判断鸟击灾害发生的真实状况。故在鸟击灾害现场勘查过程中，必须周密、客观、全面地研究现场上的各种事物，研究它们与鸟击灾害之间的关系，分析事物的本质及形成的原因，注意现场的物证有无异常情况。在鸟击灾害的判断中，要有根据地提出鸟击发生、发展、变化的一切可能的推断，绝不能只凭勘查人员的主观想象或书本上的某些鸟击灾害的推理下结论，这样势必会将鸟击灾害的勘查工作引向错误的道路，甚至做出违反客观实际的判断，给机场或航空公司一个并不准确的结论；同时，也给鸟击灾害勘查工作带来负面的影响。更为严重的则是不科学的结论，会给领导的工作决策带来错误的信息。

（四）现场勘查的纪律要求

（1）服从统一现场指挥，严格按鸟击灾害现场勘查的步骤进行工作；非采集人员，不得随便触摸鸟击遗留下来的痕迹、物证等实物。

（2）对于重大鸟击灾害，要做好保护公共和私人财物工作，任何人，未经现场指挥人员批准，不得捡拾或损坏现场上的任何物品。

（3）严格遵守民航及空军方面的有关规定，根据鸟击灾害发生的程度，起动不同等级的应急预案，并采取相应的措施。

（4）严格保守秘密，在调查尚未对鸟击灾害做出结论之前，任何人不得以任何方式泄露有关现场情况、发现的物证及其他相关的材料信息。

（5）严格遵守国家政策和有关法律、法规及制度，依法办事。

（五）现场勘查中的应急措施

有的鸟击灾害现场的情况十分严重，在现场勘查或勘查过程中，遇到某些紧急情况时，如有人员伤亡，现场调查人员应当机立断，在现场指挥人员的领导下参加救援工作，不失时机地采取相应的紧急措施，及时、有效地进行处置。

1. 以人为本，抢救人员

在出现重大鸟击灾害之时，遇到有人员受伤时，应立即采取急救措施，以抢救人的生命为第一要务。救护工作应指定专人负责，以免造成现场混乱，并尽量保证鸟击现场的其他方面不受到破坏。同时，鸟击散落在地面上的鸟类残体痕迹等物证如有散失，要有材料证明由于救护而变动的情况。

2. 保护飞机，扑灭火险

对鸟击灾害发生后起火的飞机，飞机落地后，应先扑灭火险，保护飞机不因起火而发生爆炸等，以防造成更大灾害；在救火过程中，要注意观察火势、火焰、火烟颜色和风向等，并详细记明现场的变动情况。

3. 做好现场保护，及时进行勘查

当飞机遭遇鸟击灾害后，飞机降落或迫降在机场周边地区，除做好救人、救火工作外，还要及时保护好现场。在做好上述工作的基础上，要及时查看鸟击部位（图1-11），以便勘查时取得更多的有价值的物证等。

图 1-11　抢救人员现场

（六）现场访问

鸟击灾害现场访问工作，是鸟击灾害现场勘查过程中一项重要的工作。在一般情况下，现场访问应在鸟击现场勘查之前，也可以与现场勘查同时进行，但是，必须抓紧在鸟击灾害发生不久之后进行，这时是有关目击者、塔台导航人员和当天在内场区的驱鸟人员及地面其他人员对鸟击灾害的发生记忆犹新的最佳时机，及时访问，能迅速获得鸟击灾害的有关物证和气候等资料及鸟类的个体或群体活动等信息，确定鸟击灾害调查的范围，并为鸟击灾害的正确结论创造条件（图 1-12）。把访问情况与实地勘查所得到的材料结合起来，互相印证，互相补充，这样就可以使鸟击现场勘查工作顺利进行，步步深入，从而达

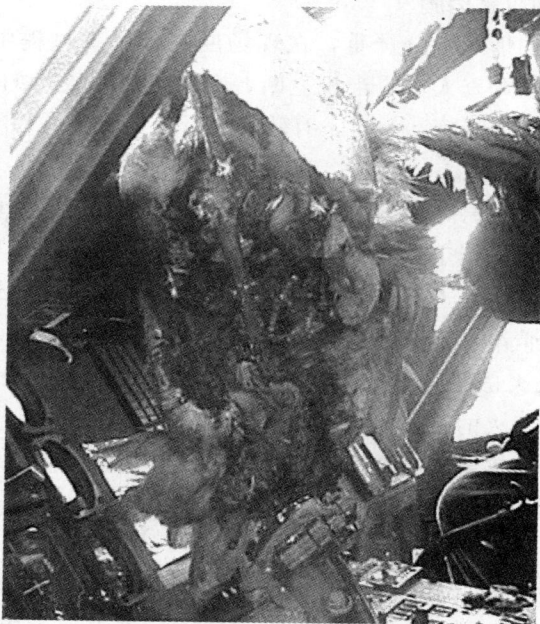

图 1-12　一只大型鸟类击穿前风挡

到了解鸟击现场的全面情况、正确判断鸟击灾害发生的全过程的目的。通过详细的访问，有时还可能找到直接揭示鸟击灾害产生的具体目击者或物证等等。因此，在鸟击灾害现场勘查中，一定要深入细致地做好访问工作。然而，目前鸟击灾害现场勘查访问工作，在实践中没有引起现场地勤人员的重视，因此，在今后的实际工作中要倍加关注，方能获得全面、准确的第一手资料。

1. **现场访问的方法**

（1）对目击者和发现人及机组人员、乘客等进行访问。鸟击灾害现场勘查人员在到达现场后，首先应访问机组人员和目击者，访问时应提出以下几个方面的问题：一是发生鸟击灾害的时间、地点和当天的气候情况；二是发生鸟击灾害的详细经过，对飞机发生的异常声音及声响之后的情况尤为重要；三是当天及当时该区域鸟类活动情况；四是发生鸟击灾害后，飞机着陆的状况及着陆的现场情况与现状有无变动，以及变动的原因和变动后的情况；五是鸟击发生后飞行员在空中的处置情况等等。

（2）对飞行员和机组人员或乘客的访问。在各类鸟击灾害中，飞行员、机组人员或乘客，常常是访问的重点；在访问时，可根据各种鸟击灾害发生的具体情况，来确定提出的具体问题，一般问及的内容有：首先，了解飞机发生鸟击灾害的详细过程；其次，对当时飞机飞行的状态进行了解，如飞行高度、航速、云层、能见度及其他天气状况等；同时，对鸟类的飞翔、集群、体型、羽色等情况进行初步的了解。一般情况下，在正常飞行时飞行员可以对正前方 8000m 左右的鸟类集群飞行看得比较清楚。例如，在四川成都飞西藏拉萨机场过程中，当飞机在降至 3500～5000m 时，不借助望远设备，可以看清前下方集群飞行的赤麻鸭（*Tadorna ferruginea*）、斑头雁（*Anser indicus*）、渔鸥（*Larus ichyaetus*）及黑颈鹤（*Grus monacha*）等大、中型鸟类，并对鸟击灾害发生后，其他鸟类离去的方向等等进行详述。此外，对机上乘客及飞机造成的伤害及飞机的损失情况进行了解。这方面的情况了解的越详细越好，因为这对以后机场与航空公司划分责任、损失赔偿等都有重要的意义，切勿忽视调查中的每一个细节。特别是军机鸟击后，了解各方面的情况要更加细致，因为它涉及各级人员的责任问题。

访问上述人员或目击者时，访问人员首先要安定被访问人的情绪，然后，再慢慢问话。为了帮助被访问者回忆，有时可以采取适当的方式进行启发和提问。如果机组人员受伤，现场勘查人员应赶至医院，待其清醒以后再进行访问；对于因鸟击灾害造成的伤害、对生命有威胁、正在医院急救过程中的受伤人员，应取得医生的协助，抓紧时机，作简短的了解，如受伤部位、受伤的程度，以获得受伤人员相应的资料参考。对于访问目击灾害发生的证人，调查人要有耐心，先听其说，后提问细节，但是，不要过多地提出疑问或质疑，以免打乱目击证人的思路。过多的疑问很容易让受访者产生压力，因而不配合访问。

（3）对机场当日在班的驱鸟人员、塔台指挥人员及机场周边地区的群众和可能知情人员的访问。在鸟击灾害发生地及周边地区 5～8km 和有关交通沿线，分片分段地到群众中搜集反馈信息或开座谈会。首先，要了解一般情况，摸出群众中的可能知情者；然后，访问者要有目的访问重点人员。访问时提出的问题一般是：①鸟击灾害发生后，耳闻目睹机场方面的有关情况，如何看到飞机起降，听到驱鸟声或鸟击灾害发生时的异常声响；②当地群众对鸟击灾害发生的反应；③有关航空公司或被鸟击伤的飞机的情况，如飞机机种、

型号、机型以及飞机运行时间等等信息；④了解机场气象部门发布的当天和前面一周的气象情况，如风、雨、云量、气压及温度信息等。

访问人员要根据不同的访问对象，采取不同目的的访问方法，对不愿参与的群众和机场有关人员，访问时要善于说服教育，打消其顾虑，让其说出真情；对记忆力差、所谈问题模糊不清的群众进行访问，要耐心的启发回忆。

对于机组人员中青年女士的访问，最好由女同志进行或由岁数较大的女士陪同，使其减缓心理压力，尽量使其在不受拘束的情形下如实地说出所知道的一切。对学生访问时，最好请家长或教师在场，一起进行询问，这样容易鼓励他们勇敢的说话，向访问人员反映真实的情况。对机场内场区的管理人员、职工等进行访问时，应请单位负责人参加，说明鸟击灾害调查的重要性，请大家协助。对机场当日在班的驱鸟队相关人员的调查，应从了解整个鸟击过程人手，切勿说鸟击灾害产生后的责任问题，使一线驱鸟人员卸下思想包袱，减轻精神压力，共同摸清鸟击灾害发生的过程，为今后的鸟击防灾与综合治理工作提供科学的依据。

2. 鸟击灾害现场访问中应注意的事项

（1）了解清楚被访问对象所谈问题的来源。对谈话中提到的所见所闻，要了解清楚当时的情况和自然条件，如时间、距离、光线、能见度、风向、鸟类数量等；有可能的情况下要请其说出鸟种，或对所见鸟类的外部形态进行简单的描述等，能否看得见、听得清，是否符合当时的实际情况。

（2）在对机场场务人员访问中，要详细问明与鸟击灾害有关的主要情况，如鸟类的形状、体形大小、飞行的高度和飞行的特征等具体的情况和细微的特征。机场场务驱鸟人员一般对常见鸟类都比较熟悉，因此应对他们做详细的了解。

（3）注意了解被访问人员所反映的情况中前后有没有矛盾。为了甄别被访问人员的陈述是否符合实际情况，应结合现场勘查结果和其他方面的调查材料进行详细的对照、分析研究，从而得出比较正确的结论。

（4）鸟击灾害发生的高度、区域不同，其机场的责任也不一样，因此，访问人员必须了解清楚被访问人员与飞机机组人员、机场场务人员和该航空公司之间的关系，如有无利害关系；更重要的是还要了解清楚他们之间是否是一家航空公司的职员等，这样更有利于鸟击灾害发生后调查访问所获资料的客观、公正性。

（5）现场访问人员不得有先入为主的思想，要耐心地听取被访问人的叙述，不要在中间打断被访问人的讲话；如被访问人员说话走题，访问人员宜善意提醒，不要轻率地表示看法；严禁指名指事提问，更不准深追某些涉及个人方面的问题；提问中也不要说出访问人已获得的相关资料，以防止泄密，避免造成鸟击灾害的鉴定与处理过程中的一些不必要的矛盾。

3. 现场访问笔录的要求

现场访问后，访问人员要及时制作访问笔录，把被访问人所谈的主要情况，详细如实地记录下来。笔录内容应包括被访问者的姓名、性别、年龄、职业、住址、电话或其他联系方法，反映的情况，所述情况的来源，当时的条件，还有谁知道上述所反映的情况等等。最后，访问人员把笔录读给被访问者听或交给他（她）看后，待认为无误，再请被访问人员在笔录上签名。总的要求是，现场访问笔录必须做到客观、公正、详细。

四、鸟击现场勘查的步骤与方法

对鸟击灾害现场的实地勘查，要求做到全面细致。第一，在实际勘查前，勘查人员应根据鸟击所发生的程度，正确划定勘查的范围，把所有鸟击灾害发生的过程场所，都毫无遗漏地划进勘查范围之内。第二，突出勘查重点，抓住各类鸟击灾害现场的重点部位，进行仔细勘查，注意寻找容易忽略的细小痕迹、体液、血迹等物证；对于变动，或在救人、灭火时被破坏的证物，也要注意发现与鸟击灾害有关的物证材料。第三，边现场勘查边进行研究，步步深入，必要时进行现场实验，力求把关键性的问题研究透彻。

（一）现场勘查的步骤

1. 判断飞机的接地状态（图 1-13、图 1-14）

飞机接地瞬间的飞行状态，是分析接地前飞机的动态、运动轨迹、飞行员意图和飞机、发动机状态等信息的重要依据之一，主要通过飞机的航向、俯仰角（α、β、γ）、航迹角（θ）、坡度（ψ）、飞行速度（v）、升降速度等参数来描述。飞机的接地状态是现场调查需要确定的重要内容。

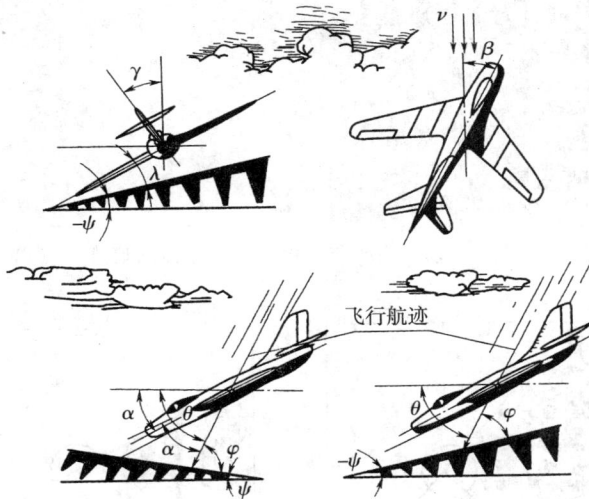

图 1-13 描述飞机状态的几个角度关系

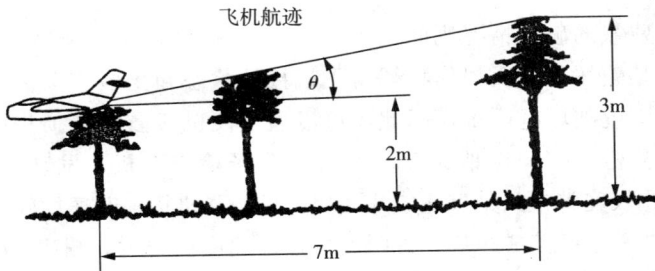

图 1-14 飞机与障碍物碰撞示意图

在鸟击灾害现场，可以通过下述方法判断飞机接地瞬间的飞行状态。现以战斗机为例进行证明。

（1）通过飞机与障碍物和地面碰撞的痕迹判断

飞机坠地前，往往与障碍物（树木、庄稼、电线杆、建筑物等）发生碰撞，因此根据障碍物和飞机残骸上的痕迹及接地处的地形，就可以判明当飞机接地角不大时在主残骸区的后方一定会有飞机接地的擦痕，根据这些擦痕的方向以及长度变化，就可以确定飞机接地的航向、坡度和接地角等（图1-15）。根据近地平面处树木（灌木、草）的切割平面（图1-16）可直接测量（用量角器）切割倾斜角。

图1-15　飞机与地面障碍物碰撞的痕迹

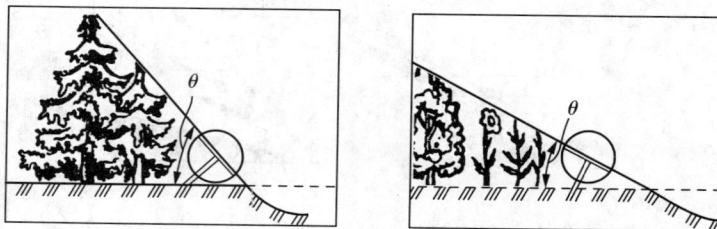

图1-16　由树木或灌木（草）的切割平面测量角θ

（2）根据飞机残骸的破坏情况判断

飞机坠地时，其破坏程度及损伤特征与飞机接地状态和土质有关。通常飞机接地速度越大、地面越硬，飞机破坏越严重，因此，可以通过飞机残骸的破损程度，结合失事现场的地理条件，定性分析飞机的接地速度。在失事现场检查飞机、发动机残骸的破损情况，如果飞机残骸相对比较完整或只是破坏成几大块，说明飞机接地时速度较小（图1-17）；如果飞机发动机残骸几乎全部碎成小块，说明飞机接地速度比较大，图1-18为飞机大速度接地时残骸破碎情况。而且，飞机最先接地的部位一定比其他部位破坏得严重。因此，有经验的事故调查员根据飞机、发动机残骸破坏情况，可以大致判断出飞机的接地速度。

图 1-17　小速度接地时飞机残骸为大块

图 1-18　大速度接地时飞机残骸为小块

飞机各部分损伤的程度和特征，从另一方面反映了飞机的接地状态，如图 1-19 中飞机副油箱沿纵向压缩变形严重，说明副油箱接地时，主要沿纵向运动；副油箱没有爆破，说明

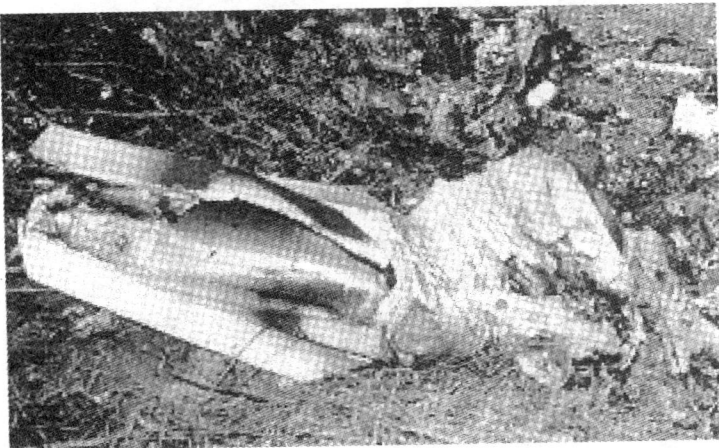

图 1-19　副油箱沿纵向压缩变形严重

触地时副油箱内部基本没有油，否则油箱会爆裂开。图1-20中飞机发动机喷管延伸段径向压扁，说明飞机接地时飞机纵轴与地面夹角不大，且飞机下降率很大，发动机喷管受到均匀径向力的作用而被拍扁；如果再根据喷管吊挂等周向定位点与压扁方向的相对位置，还可以分析确定飞机接地时的坡度。

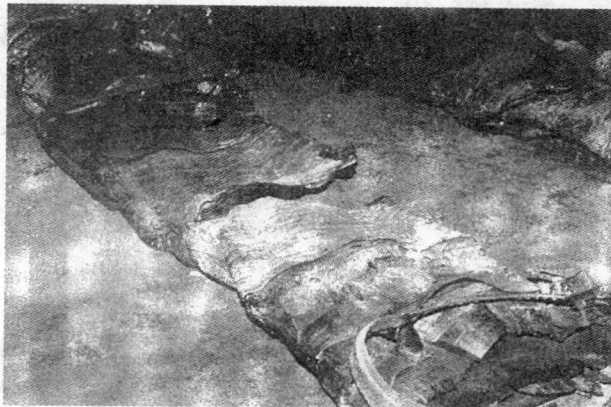

图1-20　发动机喷管延伸段径向压扁

（3）根据飞机残骸分布情况判断

飞机以各种状态接地，形成的残骸分布情况也有所区别。因此，可以根据飞机残骸的分布情况判断飞机的接地状态。

一是飞机以大接地角（50°～80°）、大速度坠地时，残骸大部分集中在坠地坑中，重量比较大的发动机、航炮等残骸在坑的最下层。部分碎片散布在接地点前方45°～60°的扇形区域。飞机坠毁时接地角越大，空中的残骸插得越深，地面散布的残骸越少，垂直俯冲坠地时只在坑的四周不远处有少量残骸（图1-21）。当坠地点的土质较松软时，坑深可达5m～10m，甚至更深。当坠地点的土质坚硬或有岩石时，则坠地坑可能不深，但是，大部分残骸在坠地坑周围成圆形分布，沿航向的前方残骸较多。

图1-21　飞机以大接地角、大速度坠地残骸分布

二是飞机以大接地角、中小速度坠地时，前部机身残骸在坑中，尾部机身露在坑外且比较完整。地面残骸散布面比大速度接地要小（图1-22）。飞机接地速度约400km/h。

图1-22　飞机以大接地角、中小速度坠地残骸分布

三是飞机以小接地角、大速度坠地时，残骸呈带状或扇形散布在坠地坑的前方。有的残骸第一接地点甚至向前飞越山丘；比重大的残骸在最前方，残骸可向前抛出300m～400m（图1-23），飞机接地速度为600km/h。

图1-23　飞机以小接地角、大速度坠地残骸分布

四是飞机以小接地角、小速度坠地时，残骸从第一接地点起，沿航迹成带状散布。从飞机第一接地点开始，残骸沿飞机在地面运动轨迹散落，直至飞机停止运动处的主残骸区，一般在几米到一百多米的范围内（图1-24）。

（4）典型飞行状态接地点

①俯冲接地的特点：坑深、散布面小（图1-21）、薄壁构件严重失稳和压缩变形（图1-25）。

②平飞接地的特点（小接地角坠地）：地面上留下一条或间断的几条沟槽，残骸一般呈带状分布，速度比较大时残骸呈扇形分布，且破损严重（图1-23）。如果速度较小则飞

机残骸相对完整。

③ 螺旋（尾旋）接地的特点：飞机或残骸平放在地上，比较完整；临近飞机的障碍物往往没有被碰撞的痕迹，看不出飞机有向前运动的痕迹，但会有旋转的迹象（图 1-26）。

图 1-24　飞机以小接地角、小速度坠地残骸分布

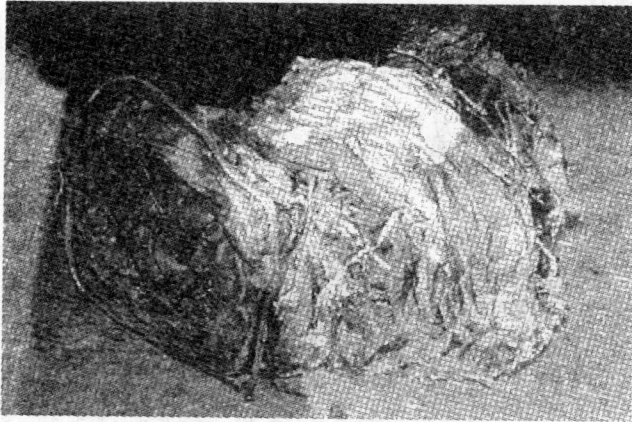

图 1-25　薄壁构件严重压缩变形

图 1-26　飞机螺旋桨接地的典型残骸

（5）根据仪表指示和力臂调节器臂值判断

根据有关仪表残骸，可以判断飞机的接地状态。地平仪和转弯仪可以判明飞机的俯仰角和坡度，罗盘可以判断航向（图1-27、图1-28），空速表、Ma数字表和力臂调节器可以判明速度（图1-29、图1-30），升降速度表可以判明下降率。此外，如果力臂调节器没有故障，也可以根据力臂值推算出飞机接地时的速度范围。

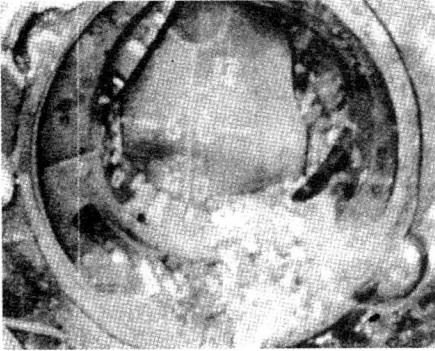

图1-27　地平仪残骸

图1-28　罗盘残骸

图1-29　空速表

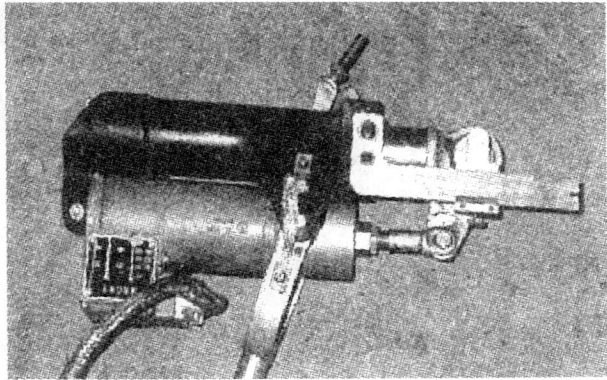

图1-30　力臂调节器

2. 坠水飞机接水姿态的判断

在鸟击使飞机坠入水中的调查中，现场和残骸分布的情况与坠地的情况有较大区别，必须通过其他方法进行判断。飞机最先触水部位通常破坏较重，该部位的蒙皮比其他部位更为破碎。通过勘查这些部位，可以判定飞机最先触水点，进而推断飞机接水的姿态。也可根据发动机延伸管、副油箱、机身的变形情况，分析确定飞机接水时的姿态。如发动机延伸管沿径向被拍扁或沿轴向严重压缩，分别说明飞机是以大迎角或小迎角坠水。如果是大迎角坠水，还可以通过径向受压变形的方向结合喷管吊挂及在飞机上的安装角，确定飞机接水时的坡度。

3. 划定勘查现场范围

对鸟击现场进行勘查时，首先划定勘查范围。勘查人员到达现场后，应该先向当事人、目击证人、乘客及保护现场人员等了解鸟击发生、发现的简要情况，并查明鸟击发生

后何人到过现场、接触过哪些物体；随即勘查现场，对飞机外围勘查一遍，这样做的目的是以便划定勘查范围。划定鸟击灾害现场的范围，勘查者要抓住中心，照顾全面。但是，各类不同种类、不同质量的鸟类或其他动物撞击飞机的情况不同，可根据具体环境、条件划定，不需要太机械。一般现场包括鸟击发生地点和鸟体残留物区和飞机击伤痕迹、物证的一切场所。鸟击发生的地点是指鸟击的第一场所，如鸟击空域对应下的地面地点等。所谓残留物与鸟击痕迹、物证的场所，是指除鸟击发生地以外，飞机返航的路线和降落跑道、降落地等一切可能遗留下痕迹物证的地方。所有这些地方都应当划入勘查范围之内。有时发现鸟击或其他动物的残留体、羽毛及血迹等地点，不一定是鸟击的地点。遇到这种情况，不仅要勘查发现鸟类或其他动物的地点，而且要勘查鸟击地点和鸟类或其他动物栖息场所。例如，2011年7月7日10时44分，一架波音757客机在执行乌鲁木齐至南京航班任务时，在飞机离地时被由北向南穿越跑道上空的鸽群击伤，飞机于11时10分返回乌鲁木齐机场，飞机雷达罩、右前风挡玻璃及机身被击损伤（图1-31），机场场务部门在鸟击处跑道上发现10只家鸽残体，据此调查，大约还有30多只家鸽返回巢中，且有受伤的，从而查出具体养鸽户。

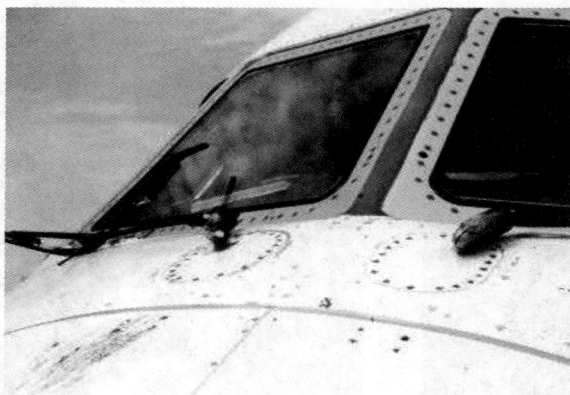

图1-31　右挡风玻璃被鸟击

4. 现场初步勘查

初步勘查就是对现场所能引起的一切变动、变化情况，特别是飞机外壳和发动机部位进行观察研究，找出鸟击点、鸟击痕迹和残留物等；然后，找飞行员、机组人员或有关人员进行了解，查明鸟击声响、位置和现状，找出鸟击点及可能对飞机产生的破坏性影响，弄清鸟击后飞机的飞行的状况，如鸟击飞机的具体位置、大约在什么飞行高度被击以及鸟群的大小等等，以便从这些部位去发现鸟击的痕迹。如果发现痕迹物证，可用粉笔、水彩笔等加以标明。勘查人员可以通过初步勘查，达到对鸟击现场中心区域的变动、变化及种类等主要信息有一个大概的了解，并从中找出勘查的重点。

5. 现场详细勘查

即对鸟击地点的有关物件、环境等，采用各种光线角度进行勘查；对鸟击飞机所产生的变动、变化和可能发生的暗伤等进行多方面的勘查，采取各种技术方法去发现痕迹、物证等。仔细研究每个痕迹形成的原因、轨迹、击力，以及与鸟类的行为关系，分析判断哪些是一次鸟击痕迹、哪些是二次鸟击痕迹、哪些是主痕迹和次痕迹以及机体外部的鸟击痕迹，它们可能对机体内部结构产生的损伤和影响等。并根据已找出的鸟击痕迹去研究鸟类在同等气候条件下的活动情况，把现场各种信息与鸟击有关的事物、现象、气候、生态环境等综合因素联系起来，客观地判断鸟类及其他动物发生撞击的一切行为。再根据某些鸟类和其他动物的活动规律，进一步寻找鸟击发生的痕迹。这样由此及彼，由表及里，反复研究，步步深入，从根本上查清勘查重点的一切细节。如果由于光线或其他客观条件影响导致出现可能勘查不细、不准或鸟类集群撞击等比较复杂的情况，勘查的重点内容一时未能弄清细节的，均应保留现场（可保留未勘查清楚的部分现场），采取相应的技术措施后，再进行反复勘查。在详细勘查过程中，勘查人员对主要痕迹、物证等，要先进行细目（有关化合物的细度不低于 60 目）拍照、摄像。

从勘查实践看，现有实地勘查工作的步骤一般是按照上述次序进行，它是互相联系的，不能机械地把它分开。当然，在实际勘查工作中，因飞机种类不同、用途不同、速度不同及不同地区鸟类与其他动物不同等，勘查人员应根据鸟击灾害发生的实际情况灵活运用，科学分析，准确勘查，保证勘查的质量。

（二）现场勘查的方法

在鸟击灾害的勘查工作中，勘查人员应该根据每次鸟击现场的具体情况，决定采取不同的勘查方法。常用的有以下几种方法：第一，由内向外法，即从鸟击的中心区域向外围勘查。这种方法现场勘查范围通常不会太大，而且飞机被击伤的痕迹、物体相对比较集中，鸟击的中心点十分明确。对于这种情况的现场勘查，可以从现场中心开始向外围进行勘查，视飞机的大小、机型及起降时的速度及风向等综合性因素而定，一般范围在 100～200m。鸟击现场采取这种方法比较多。第二，由外向内法，即从鸟击的外围向中心点进行勘查。这种勘查方法适用范围大，主要针对鸟击灾害比较严重的现场勘查，通常多为比较大的鸟群撞击飞机，其产生的鸟击痕迹分散的现场。通常划定的勘查范围在 300～500m（这里所指的范围多为围界外产生的鸟击现场勘查范围，如鸟击发生在内场区，其勘查范围可因地制宜划定）。勘查时规定假设范围，从外围向中心点勘查。第三，沿线调查法，即鸟击飞机后，沿飞机起、降的路线进行勘查。这种主要针对飞机与大群鸟击后的现场勘查（图 1-32），鸟击地点的痕迹（如地面土的死鸟残体、羽毛）反映得清楚，容易把鸟击飞机的飞行路线、高度等辨别出来；或经过访问查明鸟类在本区内的飞行路线、飞行高度以及飞行的活动强度等。第四，分片分段调查法。这种勘查方法适用于范围较大，狭长地带或风较大的鸟击现场。为了细致地去寻找鸟类的残留体、羽毛和全面发现细小的痕迹、物证，勘查人员也可分片、分段地进行勘查。第五，沿地形、地物勘查法。这种方法多以地面地形、地物的界线进行勘查。如山丘、河沟、林缘及人工建筑等以自然界线划分的现场勘查。此外，有些时候，为了正确判明鸟击现场发生的实际情况，如确定被鸟击的时间、鸟击的声响、鸟击后产生的火光、烟雾（通常较大的鸟类进入发动机后，发动机会出现烟雾，甚至出现喷火现象）等，机内及地面人员有否听到，在当时的光线、高度条件下，地面人员或飞行员能否看清鸟类个体或群体等等。有条件时应在现场进行实验，以求得出正确的答案，为分清相关责任和今后在同一生态区域鸟击灾害的防范等具有重要的现实意义。

图 1-32　群鸟与飞机相击图

五、鸟击现场特征采集与记录的制作

（一）鸟击残体、痕迹及物证的采集

在鸟击现场勘查中，全面发现和采集各种鸟击残体、痕迹及物证，是现场勘查的重要任务之一。首先，通过现场勘查，发现鸟击残体、痕迹和鸟类残体、羽毛等及体液等物证，利用采集到的各种物证鉴定出击伤飞机的鸟种，确定鸟击时飞机与鸟类的空间高度，从而推测出鸟击可能产生的直接与间接危害，进而通过研究各种痕迹、物证的形状、特征、形成（残留）的条件，找出鸟击相关信息；然后，采取科学的方法采集鸟击后遗留下的鸟类残体、痕迹及其他物证等，作为鸟击灾害鉴定和鸟击损伤等级评估的重要依据。

1. 体印

体印，就是鸟类撞击飞机后留在飞机上的痕迹，如血迹、体液痕迹（图 1-33）及卵液痕迹等。

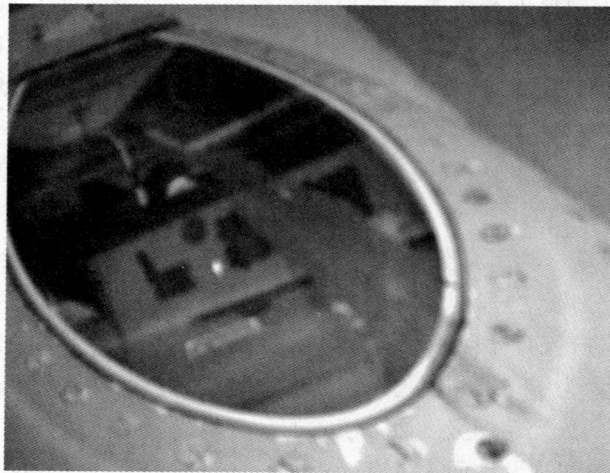

图 1-33　鸟击飞机产生的体液痕迹

（1）寻找鸟击体印的重点：飞机的雷达罩、前风挡玻璃、发动机、起落架、机翼、尾翼以及飞机可能触及鸟类的部位等。

（2）鸟击空域场所：由于鸟击发生在瞬间飞机起降速度都较快，鸟击后大多数鸟类的残体、羽毛都会在空中随击力方向飘离去，然后慢慢落地，落地的远近还受风力大小的影响。鸟击体印的勘查，对判断鸟击发生的高度、飞行的速度和鸟击的空域场所具有十分重要的意义。因此，现场勘查人员应该在机体上仔细寻找鸟类的体印。

（3）鸟击物证在机体上的残留：鸟击的血迹、羽毛（图 1－34）等，可能残留在机体、发动机、机翼等部位上。

图 1－34　云雀群鸟撞击歼－7 留在飞机上的血迹和羽毛

2. 寻找和发现体印的方法

（1）直接观察：一般有色的血迹、体液和粘有羽毛等鸟击体印，用肉眼在正常光线下，只要仔细观察就可以发现。

（2）借助设备观察：由于飞机外壳比较光滑，又具反光特性，群鸟撞击比较轻的体印，需要借助一定的光照进行观察，可以用自然光或灯光。光照角度和方向，应根据飞机外壳不同的部位而改变。勘查透明物体时，如风挡玻璃、飞机前大灯等，让光线通过透明物体，并上下左右移动物体或在物体前、背及左右仔细观察；勘查不透明物体时，让光线由侧面照射从正面观察，或者让光线直射物面从侧面观察，都可以发现比较隐形的体印。在勘查飞机发动机时，可以借助窥视镜（图 1－35），查看发动机内有无异物和鸟类的残留物等。

（3）利用温差观察：勘查有光泽或透明部位上的体印时，还可用嘴对着物体轻轻"哈气"，用这种方法，能使鸟击印迹周围凝固一层水蒸气，借以发现鸟击体印。使用"哈气"方法发现的体印，需要待水分干燥后，才能进行鸟击痕迹的显现（用粉笔标出鸟击位置和鸟击面积的大小）和采取其他技术措施。

（4）物化呈现观察：对于没有光泽的飞机外壳或内部结构的外表部分，如本色金属表面、仿木塑料、座椅皮套面等物体上的体印，必须用物理或化学的专门方法，染上一定的色彩，才能被发现（所用化学品，不得有损伤或污染机体）。

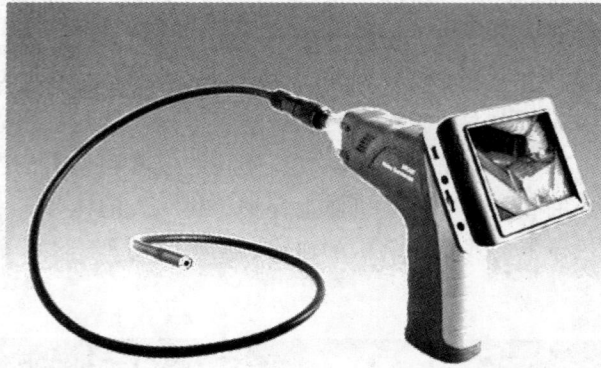

图 1-35　飞机发动机内窥镜

3. 现场推断体印是什么鸟类留下的痕迹

（1）从研究鸟击体液在物体上的分布位置、方向等信息，来推断鸟类飞行的动作、速度及避让形态等相关信息，以此可以判断鸟击的种类、数量、击力及可能对飞机外部结构和内部结构造成的损伤（暗伤）程度等。这里需要说明的是，鸟类的体液可以从其味和外观进行大概的鉴别。从笔者多年的实践看，不同食性的鸟类体液，其特性有明显的差异：如以觅食鱼类（Pisces）为主的鸟类体液，其味有鱼腥味，摸在手指间比较滑；以觅食鼠类（Rodentia）及其他中小型动物为主的猛禽，其体液有尿酸味，摸在手指间有轻微的黏性；以觅食昆虫类（Insecta）为主的食虫鸟类，其体液带有明显的草腥味，摸在手指间没有黏性；以觅食谷物、浆果为主的鸟类，其体液带有淡淡的鲜酵母酸味，摸在手指间感觉很淡。从色泽上看，觅食动物的鸟类体液呈微黄色，而以觅食谷物、浆果的鸟类的体液呈淡淡乳白色。

（2）从研究体印形成的附着物质去判断鸟击过程中撞击数量、具体种类、鸟类的食性、鸟类的生态类型等信息。近年来，笔者对在民用及军用机场采集到的有关资料进行分析，利用体印，可以判断出哪种鸟类撞击飞机，进而推断出其撞击高度等相关信息。例如：鹭科（Ardeidae）鸟类撞击飞机后，多残留有含有鱼腥的黏液体；杜鹃科（Cuculidae）鸟类撞击后，就多残留下细小的肉状纤维；鸠鸽类（Columbidae）撞击后，残留液体有消化粉状物质。燕科（Hirundinidae）鸟类撞击后，食道或胃的残留液体中时可见到有消化昆虫残渣，甚至有光泽碎甲壳物质等等。可以肯定，只要产生鸟击，不可能不留下体印，如血迹、体液、羽毛（图 1-36）等物证。值得一提的是，以觅食动物性为主的鸟类的血液呈红褐色，血较浓厚；而以谷物、浆果为主食的鸟类，其血液呈鲜红色，且较淡。

（3）从研究现场鸟击残留物去判断鸟击残留下的各种物证，常常是判断鸟击高度的重要物证之一。因此，仔细观察研究鸟击遗留下来的残留物，是打开鸟击隐藏信息的金钥匙，也是科学推论的重要依据。

（4）勘查专业人员必须了解鸟击发生前后有哪些人触摸过体印的部位，怎样触摸和移

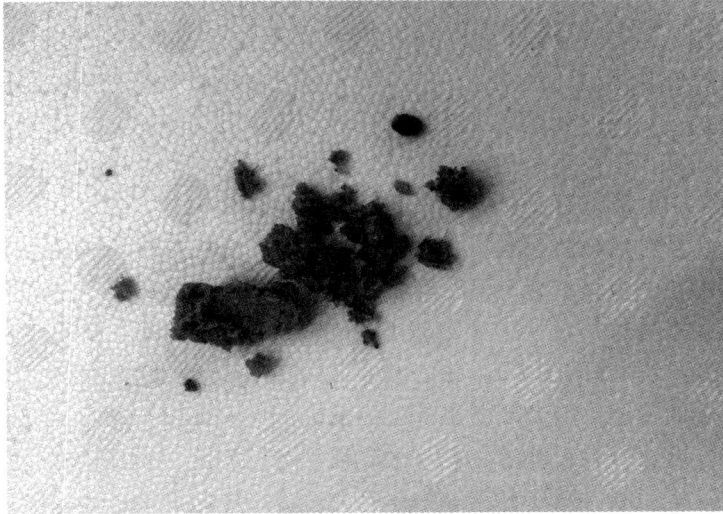

图1-36　鸟击遗留下的食物残渣

动的，弄清是否拍过照片等等。因为，截至目前这方面的工作一直被机场相关人员忽视。这一问题民航和军用机场都比较普遍。必须说明的是，在现场勘查鸟击体印时，勘查人员必须尽可能地获得更多的鸟击资料；在实际工作中，切勿放弃每一次鸟击物证、体印的采集。只有掌握大量的资料，做出科学、合理的判断，从而通过综合的分析研究，才能为鸟击防灾工作提供科学的现场依据。为便于深入研究鸟击灾害问题，通常情况下，对于轻微的鸟击体印，如果需要消除，要有严格的限制措施，必须经过主管领导批准，在完整采集相关信息后，再进行消除。

4. 呈现体印常用的四种方法

(1) 粉末染色法：一般常用的粉末有：铝粉（Al）、氧化铜（CuO）、四氧化三铅（Pb_3O_4）、氧化锌（ZnO）、铬酸铅（$PbCrO_4$）（也称铬黄）等，具体应用要根据物体的不同情况来确定（表1-2）。呈现时，用软毛刷沾上粉末，轻轻弹击刷柄，使粉末均匀地洒铺在有鸟体体液的物体表面上，再抖净毛刷，刷去多余的粉末，体印就会呈现出来。根据不同情况，在勘查中也有先撒上粉末，后抖动物体，使粉末均匀散布，再倒去多余粉末，即可呈现出体印。对于鸟击体印分布在飞机的机身各处，可对印记进行人工呼气；然后，再撒上有关染色粉末，其体印就会体现出来。

表1-2　各种粉末适用物体条件一览表

化学名称	色泽	适用物体条件
铝粉（Al）	银色	玻璃、油漆、瓷器、镀镍、喷漆等物体
氧化铜（CuO）	黑色	金属、瓷器、喷漆等物体
氧化锌（ZnO）	白色	玻璃、瓷器、塑料、皮革等物体
四氧化三铅（Pb_3O_4）	红色	瓷器、光滑木质、竹子等物体
铬酸铅（$PbCrO_4$）	黄色	镀镍、喷漆等普通金属物体

采用粉末呈现体液、体印时，应该注意操作方法。如呈现驾驶室内某种制品上的体液、体印，撒上粉末后，轻轻抖动纸张就可以了，不能使用毛刷，否则，就会刷掉体印。遇到气候湿度大时，物体上比较潮湿，必须先干燥处理后再进行撒粉；在天气寒冷的情况下，最好先将鸟击区域用东西覆盖十几分钟，然后再进行体液呈现。对于从风挡玻璃处撞击进来的情况，如要获得机内物体上的体液、体印，在遇到温度极低的时候，可以将物体搬进较暖的室内，存放十几分钟后，再进行体印呈现，效果就比较好。

（2）熏染法：熏染一般有两种，即碘熏染法和烟熏染法。碘熏染法是将碘放入铝或铁锅内加热，使碘迅速蒸发呈紫色气体，再将有体液、体印的物体，置于蒸气上方，不断移动，使碘均匀吸附在物体上，待体印显现出为止。对于在外面停放的飞机，可用喷碘器（一种专门呈现体液、体印的工具），喷洒碘的气体，从而达到呈现体液、体印的目的。采用碘熏染方法呈现的体印，因为碘易于挥发而消失，应立即进行拍照、摄像，也可以用粉末、氯化钯溶液、碘化钾淀粉溶液、联苯胺胶纸等进行固定。碘熏染法适用于呈现普通纸质、本色木制品、竹制品、塑料制品等物体上的体液、体印。

烟熏染法：此法比较简单易学，常用煤油灯灯烟、松香烟、樟脑烟等熏染物体，使烟附着在体液、体印上；然后，用软毛刷去多余的烟灰，体液、体印即可显出来。这种方法适用瓷器、塑料和潮湿物体上面的鸟击液体体印。

（3）硝酸银呈现法：用医用棉球或毛刷沾上 $1\% \sim 5\%$ 的硝酸银溶液，轻轻涂在物体表面上；如果物体较小，也可以将物体浸入溶液中，浸泡 $1 \sim 2$ 分钟后取出，放置暗处阴干，再置太阳光或较强的灯光下曝光显现。体印呈现出来以后，如需保存，必须进行避光保存。硝酸银溶液适用于呈现浅色物体、纸质物体、潮湿的纸质以及竹制产品等物体上的鸟击体印。

（4）宁西特林呈现法，俗称水合三酮氢茚呈现法：用棉球或用软毛刷沾上宁西特林溶液涂在物体表面上，置于通常室温下（室外的自然温度基本相同）大约 $30 \sim 60$ 分钟后，鸟击体印即呈现粉紫色，时间越长颜色越深，$4 \sim 6$ 小时可以全部显出。必要时可适当加热（在温度低至零度时，可以用加温的方法进行处理），促使其加速显现。

宁西特林溶液的配方：宁西特林（$C_9H_6O_4$）0.5 克加丙酮 99.5 毫升。

上述两种药品，在常温条件下配制即可。

宁西特林溶液适于呈现普通浅色的液体残留体印，特别是呈现一些鸟击时间较长的体印效果比较好。

5. 鸟击体液、体印的采集

（1）拍照：拍照设备适用中档数码相机，采取拍照方法获取鸟击体液、体印，能如实地反映现场体印的位置与周边事物的关系。拍照的要求：保持鸟击体液、体印不变形，按原体液、体印大小拍照，而且可以放大。如果一只鸟发生鸟击后同时留下几个印痕，还可以一次将其全部拍照下来，为鸟击鉴定分析和评估等提供科学依据。

（2）摄像：摄像设备用较好的 DVC 数码摄像机（Digitul video），也可以用较好的数码相机进行录像。采用摄像方法采集体印资料，对鸟击的记录、鉴定、分析和评估更方便、准确。

（3）采用胶纸采集：一种方法是用指纹胶片采取，即将指纹胶片剪成一块比体印较大的胶片，揭下涂胶的一面，贴在显出的体印上，加力按压后取下（加力按压一定要用力均匀），体印被粘到胶上，再将另一面胶片盖上，加盖时要注意排除空气。另一种方法是用透明胶纸采取其体印，即把透明胶纸贴在体印上，然后，取下贴在不同颜色衬纸上——银白色粉末贴在黑色纸上、深色粉末贴在白纸上，以增强反差，便于观察分析和拍照。这种方法采集的鸟击体印，经过存档保存，对今后鸟击灾害鸟击体印的分析、借鉴、鉴定和评估等具有重要的参考价值。

（4）制作鸟击体印模型：对鸟击产生的凹陷的体印，有条件时可灌注石膏溶液，制成鸟击痕迹模型。这类模型对研究鸟击模式、鸟击击力的计算和鸟击防灾教学与研究等，特别是对鸟击基础性理论研究等具有重要的现实意义。

6. 其他物证

（1）鸟击灾害发生后，鸟类留下有残体、羽毛、血迹、体液等。这是鸟击现场常见的重要物证，可用以对比检验法，在鸟击现场勘查时，必须仔细注意发现和采集。

（2）在鸟击现场发现的血液、体液等鸟类残留的体液，现场勘查人员应注意采集，许多鸟类的鉴别只有从血液化验中才能获得是何种鸟类的信息；同时，检验人员采集到鸟击从血液和体液溅着点和溅点，可以分析出鸟击的高度及鸟类当时的飞行速度等；还可以从一些体液中研究出鸟类的食物等。

（3）鸟击遗留在现场的鸟类残体、羽毛上附着的细微物质，如泥土、植物种子、花粉粒、动物残渣等等。由于它们各自的成分不同，可供检验和比对，也可用以推断发生鸟击的鸟类来自哪种不同生态区。在实践中，为了更准确地掌握鸟击的各种信息，现场勘查人员切勿忽视鸟击后的任何一种细微物证，只有采集到大量的鸟类物证，才能为鸟击灾害的鉴定和评估等提供有价值的信息，用以推断勘查的范围，提高勘查的准确率和科学性。

（二）现场勘查记录的制作

勘查鸟击现场时，应把现场上一切与鸟击有关的客观情况，如气温、风力、生态环境等信息都详细地记录下来。现场勘查记录，不仅在鸟击灾害调查、鉴定、灾害等级评估等工作上起重要作用，而且是研究鸟击灾害的重要依据，同时，也是甄别被调查人谈话和最后落实航空公司与机场之间鸟击灾害责任的有力证据。

现场勘查记录包括现场笔录、现场照相、摄像和现场绘图三个组成部分。在工作实践中，笔者体会到，鸟击现场的勘查工作应该符合以下四个基本要求：第一，勘查人员所制作的勘查记录，要使没有亲自参加勘查现场的人员，能根据现场勘查记录所记载的内容，对现场情况获得一个符合实际的概念；对重要的细节看得懂，弄得清，能做出符合实际的判断。第二，勘查人员在调查过程中，需要了解现场上某一情况时，现场勘查记录能作为鸟击灾害鉴定和鸟击灾害等级参考的依据。第三，在实际鉴定与评估中，由于多种因素或某个特殊情况，必要时，可以根据现场勘查记录，准确地恢复现场的原状。第四，本着实事求是的要求，鸟击现场勘查记录能够客观、全面地反映现场的实际情况，起到重要证据作用。

1. 现场勘查笔录

（1）鸟击现场勘查笔录的内容

接到鸟击飞机报告的时间记录，飞行员或机组人员在空中对鸟击发生和发现的时间（有可能尽量描述一下鸟击时的声响及情景等）、地点、高度、当时的气候、距最近机场航程、鸟击灾害的部位及可能产生的影响，报告人的姓名、职务及报告人所叙述关于鸟击发

生、发现的经过情况和飞机当前的飞行状况，飞行人员与地面塔台通话的记录等等。

被鸟击击伤的飞机在降落以后，鸟击现场救护情况记录。如消防、医疗、安全及公安等部门，到达现场的时间、位置等情况和采取的各项具体救助措施及机场有否启动鸟击防灾等级应急预案等。

鸟击现场保护人员的姓名、职务，到达现场时间和采取的保护措施，保护人员在保护过程中发现的情况。

鸟击现场勘查领导人员和参加现场勘查人员的姓名和职务，现场目击见证人的姓名、职业和住址。

鸟击现场勘查工作开始和结束的时间，现场勘查的程序和当时的自然条件，如气候、光线、温度、风力、风向等。

鸟击现场（鸟击的第一现场地面和飞机着落到地面的现场）所处的位置、周边区域的生态环境等。

鸟击现场中心区处所及有关场所，现场勘查人员所见到的各种情况，特别要记明鸟击现场上的一切变动、变化的情况。

鸟击飞机的残留物和痕迹的详细情况，以及鸟击残留物散落在距飞机的实际距离，主要残留物与飞机飞行路线或降落的具体方位等。

图 1-37 为鸟击飞机后残骸散落现场。图 1-38 为鸟击坠机周边农田。

图 1-37　鸟击飞机后残骸散落现场图

图 1-38　鸟击坠机周边农田

鸟击现场所见的反常现象。例如：一只死鸟2只以上体印，或只发现鸟类的体印而没有鸟类的残体、羽毛等残留物，以及发生鸟击后，撞击鸟与地面或飞机场残留物不相符等。

详细说明鸟击现场采集的鸟类残体、羽毛、血迹、体液等特质的名称、数量和在被击物体的部位及分布等；对散落的被击物，也要进行详细的说明和编号记载。

详细说明鸟击现场的影像资料，如拍照、摄影的内容，拍照的数量，摄像的时间等。

详细说明绘制鸟击现场的范围、绘图的比例、种类、数量和方位等。

鸟击现场勘查的所有资料，必须有现场指挥人员和工作人员及见证人签名。

（2）现场勘查笔录的制作规则

在鸟击现场勘查笔录中，应该详尽地记载勘查所见到的主要情况，不要描述那些对鸟击灾害鉴定、评估和责任确定等没有意义的内容，应有重点地进行记载。①鸟击的撞击点，击点面积、击点处的损伤情况及鸟击产生的视觉程度，鸟类的残体、羽毛、血迹、体液及鸟击现场和周边的生态环境等。②在现场勘查记录中，勘查人员要保证笔录的真实、客观，不准将任何判断、臆测或个人经验记入到笔录中。③勘查人员在做笔录时，笔录的词句要确切，通俗易懂，不能用模棱两可的语句，如"较远"、"不远"、"旁边"、"可能"、"大概"、"大约"等。此外，在实际鸟击现场勘查过程中，鸟类残体、羽毛、痕迹、体液等外表检验、现场实验、物证检验及鸟击现场周边寻查等笔录，一般应单独制作，每一项内容制作结束以后，由现场指挥、检验人、见证人签名。上述检验等工作，如果与现场勘查同时进行，也可以记入现场勘查笔录中。凡是进行过多次勘查的现场，都应有依次制作补充笔录，并在补充记录的封面或首页标清楚是第几次补充勘查的现场记录。

2. 鸟击现场照相与摄像

（1）现场照相的种类和用途

① 方位照相：拍照的范围应包括现场附近的景物，如树林、农田、建筑、道路、草地、河、沟、滩涂、湿地等。目的是为了反映整个鸟击现场和现场周围的环境状况，借以表明鸟击现场所处的位置、周边地区的生态环境和周围事物的联系等。这种拍照，一般是在现场周围的事物对分析整个鸟击灾害有一定意义的情况下才采用。

② 概览照相：这是以现场中心和主要地段作为主题的拍照。所拍照片，要能够反映鸟击现场上所发生事件的状况，在能全面反映鸟击现场的客观状况的基础上，还要拍摄重要物体的特点、现状及痕迹与物体的联系等，这类照片对分析鸟击灾害的发生等具有重要的意义。

③ 中心照相：就是拍摄鸟击灾害发生的现场最中心的地段。如鸟击灾害发生的击点，血迹、体液等溅着点，主要是一些鸟击产生的痕迹、鸟击现场留下的鸟类尸体和鸟击后飞机击伤的创伤部位等等。其拍照的目的是为了说明重要物体的特点、状况及痕迹与物体的联系等。这类照片，对以后综合分析鸟击灾害的等级、评估及落实有关单位的责任等等具有重要的现实作用。拍摄照片的人员必须要全面、认真、仔细，真正做到一丝不苟。

④ 细微照相：这类照片主要是拍摄现场上发现的各种细微痕迹、物证，用以反映这些痕迹、物证的大小、形状、特征等，其照片对鉴定鸟击飞机所产生的暗伤、潜在的损伤

等具有重要的现实意义。

(2) 鸟击现场拍照常用的方法

① 相向拍摄法：这种拍摄是从两个相对的方向，对现场中心部分进行拍照。这种拍摄方法，可以把现场的中心部分和相对的情况拍入两张照片中。

② 十字交叉拍摄法：这种方法就是从四个不同的地点，向现场的中心部分交叉进行拍摄。这种拍摄方法，可以把现场中心部分和左右、前后的情况，准确地拍入四张照片中。

③ 回转连续和平行连续拍摄法：这是将现场分段进行拍摄，然后将各个照片拼接成一个完整的照片。这是在现场面积较大、地段较长、拍摄一张照片无法反映现场的整个情况时采取的一种方法。必须注意的是，拍摄人员需将拍摄的顺序记录好，以便在制作拼接的时候不会出现差错。回转连续拍摄法也可以将相机固定在一个地方，只是转动相机的角度即可进行分段拍摄。这种方法适用于距离较远的树林（图1-39）、农田、沼泽、河流、山丘等拍摄对象，这种环境的拍摄，对分析鸟击周边生态环境有重要的现实意义。

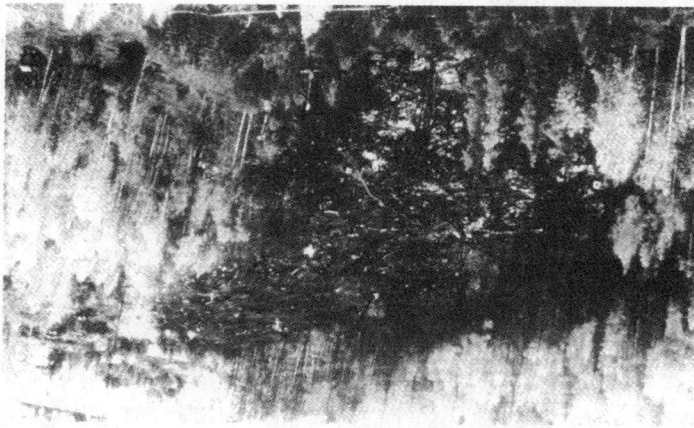

图1-39　从空中拍摄的鸟击坠机森林现状

图为1995年9月22日，美国空军一架4发E—3B AWACS飞机，从阿拉斯加的埃尔门多夫空军基地起飞后，大约43秒被鸟击，坠毁在一片森林中。

④ 平行连续拍摄法：就是从数个点对现场进行拍摄，每个摄影地点必须与被摄对象有着相等的距离，而且还要平行。

在鸟击灾害现场实际拍摄过程中，采用回转连续拍摄法和平行连续拍摄法这两种方法，都必须注意以下几点：一是在拍摄物体时（特别是拍摄一些场景），段与段之间要重复一些，重复区大约在0.5～1m左右，这样便于在后期的制作中连接；二是拍摄每段时，必须在同样的条件下进行，即是一样的光线、一样的光圈、一样的速度（全自动数码相机也需调整好，因为角度不一样光线有较大的差异，也需要设置在统一的标准范围内），切不可在不同的时间，不同的光线、光圈或速度下进行拍摄，否则会影响鸟击灾害鉴定的真实性；三是打印照片时，照片的放大尺寸、放大纸的号码等都应该统一。

⑤ 比例拍摄法：这种方法是把带有厘米（cm）的分度尺，放在被拍摄物体旁边进行

比例对比的拍摄。比例拍摄常常是在必须固定现场所发现的血迹、体液痕迹、物证以及鸟类残体、羽毛等情况下采用的，以便根据照片确定被拍摄的实体大小和尺寸，这对于后期鸟类种类的鉴定具有很大的作用。

在鸟击灾害现场拍摄物体时，采用这种方法必须遵守以下的规则：

一是比例尺与被拍摄的物体应该放在一个水平线上，防止比例尺与物体的大小产生误差，因而影响对物体或某种物体的鉴定。

二是被拍摄物体的平面和照相机保持平行，尽量使被拍摄物体受光均匀。

三是在拍摄物体时，镜头的光轴必须垂直对着被拍摄物体的中心，并利用光线的明暗度和照明的角度；缩小的比例一般不能小于十分之一，以便反映出物体的痕迹的细微特征（采用全自动数码相机拍摄时，可选择微观拍摄，其拍摄的效果会更好）。

（3）鸟击现场摄像

① 摄像机的选择：目前，鸟击现场摄像通常使用数码摄像机（Digitaiv Video，DV），影片摄像及转录的质量可以更逼真，解析度可以更高、更清晰。目前，我国使用 DV 的规格制式为 PAL，视频解析度 352×288 像素，720×576 像素，帧速率：每秒 25 帧。在鸟击勘查现场使用的 DV 应选择专业型，建议使用 3CCD，镜头光圈要够大，要可以进行手动变焦，起码是 12～20 倍变焦，要有外置录音输入。

② 全景摄影：这是对现场中心和周边地区的全景摄影，以从大的景观中了解鸟击灾害发生的环境状况，便于了解鸟击灾害与环境方面的关系。在拍摄全景时，应调整好光圈，以防止曝光过大或过小。

③ 局部摄影：主要拍摄特定的局部地区，如飞机着落地的环境，周边地区的河流、湿地、农田、树林或村庄、山区等等。在拍摄局部地区时，应注意景深的调整。通常情况下，长景深可使摄像区域更清晰、镜头内的物体更清楚；浅景深则相反，只有要拍摄的主体是清晰的，其他部分都是模糊的也没有问题。如果对这一技术掌握不准，可以设置成自动拍摄。总之，要求局部摄影要清晰（图 1-40）。

图 1-40　被鸟击穿的发动机前端部分

④ 鸟击撞击点及物证的拍摄：主要是拍摄鸟击飞机的击点，鸟类残体、鸟类残羽、血迹、液体以及被击伤的延伸部位击伤烈度等。这种摄影可以有效地回放现场物证，痕迹的大小、形状、特征等，对专家的鉴定与评估鸟击灾害的等级等具有重要的作用。

值得一提的是：在上述拍摄过程中，摄像人员须注意调整摄像机的"白平衡"。这一点很重要，特别是在摄像鸟类残体、残羽时尤为重要，一旦光影有差异或所拍摄的物体失真，就会对鉴定产生不良影响。当然，大部分的摄像机都可以自动测定白平衡，白平衡的作用就是避免出现不自然的颜色。此外，还要强调细节方面，比如摄影人员在走动摄像时，移动中的摄像人员要屈腿和压低身体，这样可保持低重心并避免身体上下起伏过大；步伐要小，落脚要轻柔，这样可以使走动摄像机稳定一些；使用广角头，可减少机身震动的影响。

A. 前行摄像　保持双脚贴近地面，小步伐，就像是缓慢滑行一样。

B. 横行摄像　摆动一条腿横越另一条腿，步伐交叉前行，这种方法主要用于对着一件不动的物件或痕迹进行摄像，以充分表现其全面性。

C. 高低摄像　采用一个蹲下姿势，用后腿去支撑体重，然后，慢慢站起到全身直立，整个过程要保持 DV 机水平。这种由下而上的拍摄，最好保持最后的场景 2～3 秒。

在拍摄过程中，一定要避免镜头晃动。在拍摄动态影像时，最忌迎面摇摆不定，一会儿由左到右，一会儿由上到下，拉近之后又拉远。其实镜头不稳会使看画面的人感到头晕，严重影响鸟击灾害的鉴定效果。摄像最重要的是镜头稳定，尽量避免镜头晃动。在实际工作中，应该注意以下几点：一是尽量避免一拿起 DV 就边走边拍，如果需要边走边拍，也需要握稳 DV；在鸟击现场勘查时，也需边拍边走的摄像方式，这种方式是针对特殊情况才会使用。二是使用变焦时最好使用三脚架。三是尽量使用多角度的固定摄像。

在鸟击灾害现场摄影时，常使用摇镜技术。在使用这一技术时，应注意以下几个方面：第一，开始与终结的定格要预先做好构图，摄像时要作 2～3 秒钟定格；第二，由开始到终结摇动轨道，摄像前先作几次练习；第三，测定摇镜和倾斜摄像的速度，整个过程大约在 5 秒钟左右；第四，绝对不可来回重拍同一个景色，这样可以抓住重点；第五，整个摇镜最好一气呵成，尽量不要出现断续，因为即使使用后期剪辑技术，也制造不了很好的摇镜效果；第六，在一段资料影片里要尽量避免使用太多太长的摇镜或俯仰摄像手法，这样会使专家在看片时感到混乱和厌烦。

3. 绘制现场图

(1) 现场图的种类和用途

① 现场方位图：通常包括现场的位置和周围的生态环境，以及现场周围有关的其他场所，残留有鸟击的痕迹、鸟类残体等物证的地点，鸟类过境或飞行的路线、方向等。

② 现场局部图：该图应以鸟击的现场为中心，把与鸟类及其他野生动物活动有关的其他环境、物体、痕迹、鸟类残体及有关的现象等，以及它们之间的关系等信息绘制在图上。

现场局部图可以分为：

A. 鸟击现场局部平面图　该图是以平面的形式表现出鸟击现场上的物体、痕迹、鸟类残体等等，以及鸟击现场所处的位置及鸟击与周边地区生态环境之间的相互关系，如林、草地、农田、山、河、湖、湿地、村庄等。

B. 现场局部展开图　该图是为了更详细地表现鸟击现场上物体垂直面上的鸟击痕迹、鸟类残体、残羽和其他相关物证的情况，如飞机上的血迹、体液迹和击点痕迹等。

C. 现场局部立体图　这类图是为了更好地表达鸟击现场上物体各部位的状态以及痕迹、鸟类残体和其他相关物证的分布情况。

D. 现场局部透视图　为了同时表达出鸟击现场在同一侧面上不同位置的鸟击范围或鸟击穿透多种障碍物等情况。

（2）绘制鸟击现场图应遵守的基本规则

在绘制现场图之前，绘图人员要详细了解鸟击事件发生和发现的基本情况，熟悉现场及周边的生态环境，对整个现场获得总的概念才能绘制，以防止遗漏重要的情况。但是，也不能将现场上与鸟击无关的一切物体都绘入图中，而要有重点，应明确所绘物体要说明什么问题。图制作出来后，对专家、学者鉴定鸟击灾害能起到很大的作用。

① 绘制示意图（不需要按比例进行绘制）：将现场上的物体形状、位置大致地绘出就可以了，并在辅助线或箭头的旁边注明物体数量、大小尺寸和物体之间的距离，特别是鸟类的残体、残羽必须要记录清楚种类、体形、残体形状及具体的着地方位等。

② 绘制比例和示意结合的图：根据鸟击灾害现场的性质，特别是灾害等级较高的鸟击事件，以及现场具体环境等实际现状，有时可以将现场中心按比例绘制，现场周围不按比例绘制，只作大概的描绘。一般是现场上较大物体按比例绘制，小件物体不按比例绘制，常常用符号表示出来。绘图的中心内容要突出，图上应该准确地标明出事地点以及物体和痕迹，特别是鸟类残体的后来位置；同时，必须与现场勘查笔录记载的内容相吻合，切勿出现绘制的现场图与勘查笔录不一致，各记其事、各叙其理，这种图肯定会给专家、学者进行鸟击灾害后期鉴定带来麻烦和困难。

③ 绘图的详细情况注明：在绘制鸟击灾害现场图时，必须在图上注明所绘图的名称、测量方法、比例大小、方位、图例、编号及其说明和绘制的日期等。

④ 完善绘图签字手续：在绘制现场草图和制作出标准图之后，绘图人和现场负责人必须在所绘图上签字。这里肯定会有人要问，现代摄影、录像技术完全可以取代传统的绘图，作为鸟击灾害的鉴定与评估之用。然而，为了保证鸟击现场勘查资料的真实性，在重大鸟击事件中，必须要有现场绘图。因为现代摄影摄像技术易被一些人进行合成，使其失去真实性、公正性。当然，现代摄影、摄像技术在鸟击灾害勘查与资料采集、鉴定及辅助功能方面的作用是不可否认的。

六、鸟击现场勘查后的工作

（一）研究现场情况

鸟击灾害现场勘查结束以后，现场勘查的负责人应及时召集所有参加勘查的人员进行临场讨论，趁热打铁，及时根据在实地勘查和调查访问工作中获取的材料，对现场的主要情况进行认真、细致地分析判断，正确地分析鸟击造成的灾情，对于弄清是否要重新勘查、确定再勘查的范围等有着重要的作用。

1. 通过临场讨论应研究解决的问题

（1）判明发生鸟击事件的性质，找出鸟击灾害发生的基本原因。首先，要研究现场上

大致发生了多大等级的鸟击灾害，飞机构成损伤程度（包括可能产生的暗伤），针对一系列问题，勘查人员不能仅仅信赖于当事人的陈述和现场的表面现象，应当全面地研究群众特别是目击者所提供的情况；细致地分析现场环境、痕迹、鸟类残体等其他有关情况，特别应该注意现场有无其他异常情况等；然后，把现场上各种事物与相关人员的陈述进行对照研究，从而判断事件的性质，找出是否应该另行勘查的根据。

（2）推断鸟击灾害的情况：主要推断鸟击的时间、空域、鸟种、飞行速度、鸟的数量、鸟击的方位及鸟击的全过程等等。这是判断整个鸟击灾害，确定勘查范围不可缺少的重要内容。

① 鸟击时间：摸清鸟击灾害发生的时间，有助于肯定或否定其他猜测的时间线索，确定勘查范围和印证有目击者的证词等。推断鸟击灾害发生的时间，通常是根据飞行员、发现人、报告人、知情群众所提供的有关情况，仔细研究现场特点，以查找能表明时间的记录，以及鸟击留下的残体、液体痕迹等等，这些对于判断鸟击灾害的发生时间，都是重要的依据材料。实践证明，鸟类的血液因不同种类其色泽、浓淡等都有较明显的差别，因此，在鸟击现场勘查时，查验血迹、体液等痕迹，对推测鸟击时间具有重要的现实意义。

② 鸟击区域：正确地判断鸟击空域地点，可以顺利地发现鸟击灾害的痕迹、残体及其他物证等等，进而对推断鸟击的空域具有帮助。有的鸟击事件无法找到鸟击的残体，这给鸟击空域的判断造成困难。因此，做鸟击现场详细勘查，对了解鸟击空域具有重要的现实意义。

③ 鸟击种类：在鸟击现场勘查中，查清鸟击的种类，这对鸟击飞机或其他飞行器的损伤和潜在损伤具有重要的作用。

④ 飞行速度：在鸟击现场勘查过程中，应对鸟类的飞行速度有比较准确的了解。因为鸟类的飞行速度，对鸟击力的产生具有一定的影响。

⑤ 鸟击的数量与方位：在勘查过程中，首先，要弄清是几只鸟击伤飞机，飞机飞行的航线、鸟类飞行的方位及鸟击飞机的部位等。掌握了上述情况后，可以获得这一地区鸟类飞行的高度、鸟类飞行的路线、鸟类集体飞行特点及种类和种群等，这对做好鸟击灾害防范与综合诊断有重要的现实意义。

（3）确定勘查的基本思路：根据现场勘查获得的鸟击信息，从季节看，先分析哪一种鸟类在此季节、此时段和此空间撞击飞机。根据分析材料，尽可能地缩小鸟击飞机的种类调查范围，为迅速查获鸟种，及时分析、定性鸟击灾害创造有利条件。实践证明，只有确定勘查的基本思路，才能正确、及时、有效地确定鸟击灾害勘查范围。

2. 组织临场讨论的具体做法

（1）全面汇集现场勘查、访问获得的材料，这些材料是研究现场情况的根据，占有的材料越丰富，越有利于对鸟击灾害的分析、鉴定及勘查范围做出正确的分析与判断。因此，在临场会上，参加现场勘查的人员要进行详细的汇报，把勘查、访问和现场及周边地区生态环境的搜索等各方面的材料全部集中起来。在汇报材料时，不仅要汇报反映主要情况材料，也要注意汇报与鸟击灾害有关的片断和细节材料等；不仅要汇报能肯定鸟击问题方面的材料，也要汇报能否定鸟击问题方面的材料，以避免在鸟击灾害分析问题过程中的主观片面。

（2）对鸟击现场上获得的各个与鸟击事件有关的材料进行具体分析：从现场取得的各种材料往往比较杂乱，要从这些材料中找出哪些是与鸟击事件有联系的，就是必须从具体事物具体分析着手。就是要对鸟击勘查访问获取来的材料综合现场和当时、当地的情况进行具体分析，以每件事物的事实材料为根据，分析鸟击灾害产生的各个侧面，找出每件事物与鸟击灾害产生过程的联系。现场勘查人员在分析一个事物时，必须从实际情况出发，能说明问题就说明问题，能说明到什么程度就说明到什么程度。

（3）对各方面与鸟击事件有关的现场材料进行综合分析，认真研究它们之间的相互联系，如研究现场上的鸟击痕迹与某种物体的联系，伤痕与鸟击部位的联系；现场环境、现场鸟击方位与现场中心位置的联系，实地勘查材料与现场访问材料的联系，有关的人和事的联系等等。通过互相印证、互相补充、互相比较，分析它们的大小、真伪程度和有无人为因素等；找出哪些材料可靠性大，哪些材料不大可靠，哪些材料与鸟击关系最直接，哪些材料与鸟击关系比较间接。如果有两种推断时，进一步研究哪一方面直接材料多、可能性大；哪一方面直接材料少、可能性小等，进而对鸟击事件的时间、地点、鸟击方式、鸟击种类、鸟击的数量、鸟击的过程、鸟击现场勘查范围等等做出正确的推断。

总之，鸟击现场勘查后的临场讨论，是现场领导与专家和群众相结合，分析研究现场情况的一种有效方法。根据鸟击现场勘查中搜集到的有关材料，组织勘查人员进行认真的讨论，集思广益，加以初步的综合分析、判断，以便使人们的认识能逐步地接近事物的本质。然而，要揭开整个鸟击灾害谜团，还要依靠机场及周边地区群众进行反复调查和科学鉴定等工作。有的鸟击灾害从现场勘查中所获得的材料就能解决所需要判明的问题，但有时又不一定能达到这个目的。鸟击现场勘查所获得的材料，有些只能说明鸟击灾害的一个现象、一个片面、一个侧面，一些外部的联系；有些问题可能一下子认识不清楚，分析研究得出的判断有时是正确的或基本正确的，但有时也可能基本上是不正确的或者是错误的。在一般情况下，这种分析判断只能为进一步进行现场勘查提供初步线索。因此，必须注意在继续现场勘查过程中，去证实勘查所获得的材料，考核分析判断是否正确。发现新的材料再作出新的分析判断，切忌先入为主。对鸟击灾害现场情况进行的分析研究，必须要全面、准确；对于现场勘查、访问所发现的有关鸟击的每一个问题，既要注意研究能说明这个问题的正面材料，还要注意研究能否定这个问题与那个问题之间的矛盾；既要注意研究可能在正常情况下发生的问题，也要注意研究可能在特殊情况下发生的问题。因为有些问题在一般的情况下，做出这样的推断可能是正确的，但是，在某些特殊情况下，又可能是不正确的。因此，鸟击现场勘查的分析判断必须从事实材料出发，实事求是，能分析到什么程度就分析到什么程度，绝不能离开现场情况作不切实际的想象。凡是有充分根据的判断，应当肯定下来。当某一个问题出现了几种主张、多种推断的时候，要力求提出它的主要主张性，但是，对其他主张性也不能轻易排除，也要做某些综合分析。如发现几个方面的材料有矛盾时，应当再勘查、再访问，有的可进行勘查实验，求得正确的答案。如果仍不能解决的矛盾，可留待在继续勘查中去澄清。只有这样，才能避免鸟击现场勘查主观、片面的错误。

（二）现场勘查后对于现场的处理

1. 对需要继续保存的现场的处理

在鸟击现场勘查过程中，对个别鸟击灾情大、复杂的鸟击灾情现场，因当时机场主客

观条件的限制，在鸟击现场一次不能勘查清楚、需要对某些疑难问题继续勘查时，经过现场负责人和有关负责领导的批准，征得航空公司和机场双方同意后，在一定的时间内，可以对全部现场和部分现场及某些物件、痕迹、残留物等根据需要采取重复调查。

全部鸟击现场的保留，即将全部鸟击现场的物件、痕迹、残留物进行统一的保存，以便综合分析。但是，这种保留不宜长时间保存。

局部鸟击现场的保留，即将鸟击现场的第一地段保护起来，防止二次破坏后影响分析效果，这类现场可以适当保留一段时间。

保留鸟击痕迹及残留物等，即将鸟击的第一痕迹，如鸟类残体、羽毛和液体痕迹等，用收集的方法或不移动的方法（把鸟击现场作研究时可以采取这种方法），进行必要的技术保留。

保留鸟类的残体，以据此来定鸟击高度和鸟击的种类，在没有完全确定的情况下，为便于鉴定，可以将鸟类的残体进行保存，以便继续检验或鉴别具体的种类。在鸟击灾害发生以后，凡是要继续保留的现场，如鸟类残体、痕迹等，必须采取妥善措施，指定专人负责，并安排专业人员进行研究，确保鸟击现场不受人为破坏。这种措施，对人们找出鸟击灾害的规律，进行科学防范，具有重要的现实意义。

2. 对不需要保留现场的处理

在对鸟击现场勘查后，如果认为现场无须继续保存时，经现场勘查负责人确定，可通知机场或相关的航空公司，对其相关的现场资料进行妥善处理。处理时，重要物品应向机场或相关的航空公司负责人报告，当面点清；同时，还要加以说明，并做好详细的交接单。在鸟击现场勘查时，借用的相关工具、器材以及其他物品等，应交还给机场或其他原主。

3. 对鸟击现场痕迹、物证的处理

在鸟击现场勘查结束后，对需要提取研究的物证、痕迹等相关的资料，研究人员要给保存单位出具借据，保证鸟击物件不遗失。重要的物品或内部机密材料和鸟击灾害鉴定、评估报告等资料，研究人员要借用时，应由资料保存单位的负责人批准。借据的内容一般包括以下内容：借用的日期、地点，借用物品的名称、数量和规格，以及在现场的人员，对处理物品所表示的意见等；最后，由经手人、证人分别签字，对所借用的鸟击物证、痕迹图片及资料等应妥善保管，防止丢失。

（三）鸟击现场勘查资料的整理与原因分析

到这一阶段，已进入了鸟击现场勘查的尾声，在全面掌握基本事实资料的基础上，现场调查人员必须对所掌握的情况和资料进行整理、分析和研究，找出所有对鸟击可防治的现象，分析这些现象是否与鸟击灾害有关联，确定进一步研究的方向，为鸟击防灾工作提供科学资料。

在军机被鸟击后，通常按照这样的思路进行：首先，根据鸟击现场调查、飞行数据记录、雷达记录、塔台导航记录等确定飞行轨道、高度，对照飞行计划找出飞机飞行轨迹、状态出现偏差或异常的起始位置；根据空地通话录音、舱音记录和飞行数据记录等，初步确定飞机飞行中是否发生异常情况及其他故障等。在鸟击原因的初步分析中，主要对以下问题进行分析。

1. 对飞行人员个人因素的分析

民用飞机的空中飞行中，鸟击灾害的20％～30％是由飞行人员忽视空中主动避让引起的。除临近地面或升空时的300～500米出现的鸟击与飞行人员主动避让无关（客观上在这一高度飞行员无法避让），在500米以上空域，如白天发生的集群鸟击（图1－41），均应调查分析飞行人员有否主动避让。第一，要分析飞行员个人因素造成的影响，包括以下内容：性格特点、职业素质、生理特点、心理特点、健康状况（特别是视力状况）等。其中，特别需要确定飞行人员以往飞行中是否发生过鸟击事故、事故症候等问题。第二，要分析飞行员鸟击防灾意识和对鸟击防灾空中避让技术的了解与训练等。

图1－41　山西运城机场周边秋季集群飞行的鸟类

2. 对组织、指挥及航管工作进行分析

在鸟击资料整理后，组织分析方面，通过检查飞行四个阶段的组织工作、训练程序、飞行人员训练水平和空中避让鸟击水平及飞行员的身体情况，确定该次飞行组织、计划课目安排等是否主动避开鸟类活动高峰期、过境路线和飞行高度等情况。通过检查飞行计划、飞行计划通报及飞行管制等有关资料，确定空域、航线、高度、避让要求安排及实际情况是否符合有关规定。

指挥及航管情况分析：通过空中与地面站录音、舱音记录、航管雷达记录、雷达标网等，分析指挥人员（航管人员）的指挥和调度是否及时、准确，精力分配是否得当，是否存在指挥、调度错误，以确定指挥人员、航管人员与鸟击灾害发生的关系。

3. 对飞机及其他设备（装备）的技术进行综合分析

鸟击灾害发生后，要对飞机状况及设备（装备）的技术状况进行分析，分析的内容大致是：首先对实现记录的分析；其次对鸟击灾害发生现场及飞机残骸的检查分析。

4.影响飞行人员心理状态的因素分析

通常有两个方面：（1）飞行员当日飞行准备及飞行前的情绪；（2）发生事故鸟击当事人的事业心、工作责任心及鸟击防灾意识等。

5.勤务保障分析

对照有关航空或飞行勤务保障工作法规、条令及有关规定，分析执行该项飞行任务中，勤务保障工作是否存在不符合规定的情况，并分析其与鸟击事故的关系，特别是在飞机着落后的情况要进行综合分析。

6.对照检查

如果鸟击灾害发生在飞机起飞和降落阶段，且在机场鸟击防范既定的范围内，须对照检查机场鸟击防范的相关措施及相关的记录等。

7.专项分析和试验

在上述分析过程中，随着鸟击灾害调查的深入，不可避免地会对某些专项进行进一步的深入调查和分析。其中，有些分析专业性更强，需要专门的实验室和专业人员来完成，如飞行数据记录器、舱音记录器的译码、分析及对其他部位的影响分析等。专项分析和试验归纳起来有三个方面：

（1）一般要求，通常由主任调查员对某击伤部位进行专项分析和试验。

（2）记录和试验结果，按照试验程序对相关部件进行拍照，并将结果记录在案。

（3）典型专项检查分析：①对鸟击机体残骸分析；②对飞机系统残骸分析；③对发动机残骸分析；④对飞机仪电设备残骸分析；⑤对飞机残骸轨迹和跳伞战斗机飞行员轨迹分析，多指军机遭到鸟击后的情况；⑥证人证词分析；⑦其他实验室分析；⑧调查人员做出事故原因分析，并形成鸟击灾害最后结论。

（四）提出鸟击灾害预防措施和建议

1.调查人员提出建议的原则

鸟击灾害调查的目的是要预防同类灾害的再次发生，因为找出鸟击事故的原因，就能更好地预防或避免鸟击事故的发生。美国及欧洲各国有关鸟击灾害的调查，在法规中有比较明确的规定。鸟击灾害调查的目的是预防，调查人员和调查组织只根据调查结果提出改进建议，具体措施的制定和实施则由与鸟击无关的其他部门负责，这样可以避免今后再发生鸟击灾害时，出现负责调查的人员和发生鸟击灾害的机场自己检查自己的尴尬局面。实践证明，如果由于考虑责任问题而影响了对鸟击灾害原因的分析，那么，就找不出或不承认造成事故的真正原因，无法采取有效预防措施，同类灾害还可能再次发生。针对鸟击灾害发生的原因和促成因素向有关部门提出改进建议，对调查中发现的对飞行安全有潜在威胁的鸟击问题也应提出改进建议。提建议应遵循下列原则：

（1）每项建议都应具有明确的针对性和改进目的。

（2）建议一般只提出落实建议的单位或部门和改进要求，建议的行动应该是原则性的，避免涉及进行行动的具体措施。

上述提建议的原则要求、目的，就是避免日后在鸟击灾害的调查中出现提出建议的鸟击灾害调查工作是自己调查自己的局面，不利于调查的客观、公正。如要求航空公司或机场（部队场站）增加飞行人员空中避让技术的培训，以改进和提高飞行人员在空中避让的能力，但是，不能具体到如何加强培训等；又如，要求飞机设计制造部门对飞机的某个部位应进行防范鸟击的改进，以避免鸟击产生某种损伤，而不应具体到采取什么样的防范措施。

2. 建议的范围和内容

鸟击灾害调查组的工作是根据对调查过程所获信息的分析，提出能加强防灾方面的安全建议。在制定建议时，要考虑全部被发现的各部门的工作偏差，其中包括那些虽在该次飞行中，对于特殊状态的产生和发展没有直接影响，但是，在整体上会对鸟击灾害的防范产生工作上的偏差。

鸟击调查组的建议中，可以包括以下几个方面的措施：

（1）提高飞行人员和地勤人员鸟击防灾技能培训。

（2）改进空中交通管制和地面飞行保障工作。

（3）调整鸟类活动高峰期的航线及低空、超低空飞行航线及训练科目。

（4）加强航空部门所属人员的纪律性和责任心。

（5）补充和修订指导性文件和规范性文件。

（6）实行根据调查材料制定的其他措施。

鸟击灾害调查组的建议，应当认真讨论后进行精心制定，并以调查资料为依据；对于调查组建议的正确论证，调查组组长负有直接责任。

七、鸟击灾害调查报告的撰述

鸟击灾害的调查报告，是要求全面、准确、公正记录鸟击灾害调查全过程，及原因分析、结论性意见的文件性资料。各国民航和军队都有相关的要求，这里主要介绍《国际民用航空公约》附件 13 和《飞机事故调查手册》（Doc 6920）。

（一）概述

在鸟击灾害发生后，随着新闻媒体的快速宣传，在社会上常常会引起异常震惊，在短时间内人们对此有一股强烈的兴趣和好奇心，并非常关心；然后，日渐淡薄，直至被遗忘。然而，记录在事故调查报告中的信息资料，却不会随时间的流逝而消失。因此，鸟击灾害调查报告的完整性、准确性、规范性和公正性是非常重要的，它不仅是为了记录鸟击灾害，还对鸟击灾害预防研究具有重要的实际价值。

调查组撰写的报告，是一份综合性报告，应由主管调查人员完成。在调查量小的情况下，该报告也应包括调查各方面的详细内容。在发生重大鸟击灾害中，其调查应由某一个组织机构来进行，分项进行调查。每个调查小组的组长，向主管的调查负责人提交一份报告，并附上有关文件和由本组完成的调查情况和数据。主管调查的负责人在收到各组的报告后，应将其汇编成一份综合报告，该报告应包括各小组整理出的重要内容。因此，在很大程度上，该报告主要是依据各小组的报告而完成的综合汇总报告。

（二）小组调查报告

各小组调查报告，应该是各小组在进行鸟击灾害调查中关于本小组鸟击现场调查范围内的结论性意见。小组长应在调查组内牵头负责，在充分酝酿和讨论的基础上形成小组调查报告。小组长应该组织调查成员认真核对各种证据，对本组任务及有关的各种情况作详细、公正的记录，对本组已取得的重要证据进行鉴定。

各专业调查小组调查报告的内容，应该包括以下几个方面：

（1）本小组负责人员和参加人员的名字、职务、所属单位及在调查工作中具体负责的工作内容和联系方式（电话、邮箱）。

（2）本小组在鸟击现场调查过程中，主要活动经过及具体的工作方法等。

（3）记录符合相应专业要求的调查掌握的事实，不能认为某些内容因为与鸟击无关而随意舍取；尽量要保证相关资料的完整。

（4）将所进行的各种检查、鉴定及正式报告作为小组报告的附件。

（5）分析各种事实与鸟击灾害的关系，应该讨论各种事实，对异常情况的出现、发展及最终导致鸟击发生的原因。小组报告在撰写这一节时，应能对其调查范围内所得到的事实做出合乎逻辑的推理。

（6）明确对本调查组所调查内容的结论性意见。

（7）调查小组内成员的不同意见，也应在小组报告中写明，并附上相应的依据和持不同意见小组成员的签名。

（三）主管调查员报告

为保证鸟击灾害调查的准确性，即使鸟击现场调查组所进行的某次调查都是认真和全面的，主管调查员也能够令人满意地对事故进行详细、准确的说明，但主管调查员的任务还不能算全部完成，他还要把调查期间了解到的各种情况、说明本次事故的各种证据全部记录在报告中。特别要指出的是，在调查中的原始资料、照片或各种文件的鉴定真实的副本，都必须附在报告内。因此，主管调查员应该记住，只有自己的报告结构安排合理，文字清楚，语言简练、准确，才能揭示清楚为什么会发生鸟击事故。只有这样，才有可能在今后的飞行中避免类似的鸟击事故的发生，确保飞行安全。

为了对鸟击灾害的调查内容给予全面和可靠的记录，通常采用叙述方式进行介绍。但是，对于调查工作量小的报告而言，一般采用事故调查报告表格的形式。在这些表格中，调查员填写表格的相应部分，就能记录下大量详细信息，而且不容易发生遗漏。而叙述报告中的部分仅限于特殊章节，例如，鸟击事故发生的过程。表格的设计要考虑到减少调查记录所需的时间，在简介中加入某种形式的调查检查单，并使资料的存放便于统计时抽取。在鸟击现场调查量大的情况下，主管调查员应该监督管理各个小组报告的收集，并完成综合报告。这份报告应全面真实地反映整个鸟击灾害调查的实际情况，使之成为下一步编制分析报告的基础。分析报告将全面依据调查中所收集的事实资料，最终找出鸟击灾害发生的最大可能原因。

从实践看，鸟击灾害现场勘查主管调查员的报告，通常由以下三部分组成：

（1）引言

本部分应写一个简短的提要，向读者介绍事故，其中包括事故性质的简述、伤亡人数、飞机及其他物质的损坏程度；也应给出调查机构的详细情况，如参加者的姓名、调查过程简介，在涉及人员物质抢救和残骸转移的情况下尤其如此。

（2）调查

本部分应是一份真实的综合调查报告，必须以适当的语言进行描述。若在调查中有多个调查小组，主管调查员应将从各小组收到的、按事故的实际情况，把相互联系的部分正确评价后的报告进行综合整理。说明文件、图片、设计资料等应附在报告后，作为支持性文件成为报告不可分割的一部分。

（3）评述

在报告的这部分中，主管调查员应把在调查过程中掌握的各种事实的意义做出合乎逻辑的推理。不需要重复证据，但是，调查人员应该回顾整个事故的过程，列出研究可能存在的各种典型条件。这样就产生出大量假设，这些假设可能以后需要讨论，并根据调查期间得到的证据背景资料进行试验。之后，取消没有证据支持的假设。在这种情况下，调查人员要说明取消这些特殊假设的重要性。主管调查员应该审查说明未取消的假设或全部假设的正确性的理由。

（四）最终报告

1. 内容和格式

整个调查的最终报告，包含有时间、地点、资料分析及结论性内容，即从调查和分析过程中得到的有理有据的资料。

民航部门的报告应包含下列内容：单位（营运）名称，航空器制造厂、型号、国籍及登记标志，发生鸟击灾害的地点和日期。

在标题之后为概述，概述必须扼要介绍以下各项有关资料：给本国和国外主管部门的事故通知；事故调查部门和授权代表的名称、调查的组织、发布报告的部门和发布日期，以及一份如何导致本事故的简短情况提要。

最终报告一般分为五个主要部分，详述如下：

（1）事实情况（Factual Information）

① 飞行经过（History of Flight）

应写明事故发生前的重大事件。如果可能，应按时间顺序进行编写。利用现代通信工具，如无线电通话、手机等进行录音，这样可以确定时间、飞行数据记录器的记录确定飞机飞行情况。总之，只要对确定事实有帮助，任何有关的证据均应写入，通常应给出航班号、飞行种类、最后起飞机场及起飞时间（当地时间或世界时间）、预定着陆机场等；随后叙述引起鸟击事故的事件，包括空勤人员简要情况和飞行计划，起飞、导航详细情况，情况许可，包括对航迹重要部分的重新绘制；重要的通信往来等。描述真实发生的事情和空勤组所了解到的情况相当重要。

报告这一节还应给出事故现场的位置（以经纬度表示）和高度以及事故发生的时刻（以格尼威治时间计），是昼间还是夜间。

② 人员损伤（Injuries to Persons）以数字填写（表1-3）

表1-3 鸟击灾害人员伤亡情况统计表

受伤情况	机 组	乘 客	其 他
致命伤			
重伤			
轻伤			
注：致命伤包括所有因事故受伤而直接造成的死亡。			

③ 飞机的损坏（Damage to Airplane）

报告中应简述航空器因鸟击事故而受损情况（如机毁、严重损坏、轻微损坏、未损坏）等相关信息。

④ 其他损坏（Other Damage）

报告中还应简述航空器以外的其他物件所受损坏情况。如地面建筑物、农田及农作物、仪表盲目着陆系统或进场照明装置等的损坏。

⑤ 人员情况（Personnel Information）

报告中要明确介绍空勤机组每个成员，如机长、副驾驶、机组其他人员及空中机械师等，并叙述相关空勤人员资格证书、经历和履历，其内容主要包括：

——姓名和年龄；

——飞行执照有效性、类型和驾驶员的级别；

——飞行经历、详情和飞过的飞机类型，每种类型飞机的飞行时间、总飞行时间，近期受训详情及规定的审核和定期审核情况，在本次事故中所涉及的航线及机场的飞行经历；

——上班和休息时间；

——重要病理和医学核实；

——还要简要说明空中乘务员的资格和经历，包括紧急离机经验；若有其他人员如空中交通管制人员、航空器维修和安全人员等以及与本次事故有关的人和事，也应写出其相应的情况。

⑥ 飞行的有关情况（Airplane Information）

简述航空器的适航性及维护情况。在报告 R 这一部分，应包括飞行前或飞行中已知的与鸟击事故无关和有关的故障现象，包括下列内容：

——飞机类型、出厂号和出厂日期；

——注册标记和飞机拥有者的公司或个人的姓名、地址；

——注册证的有效性；

——适航证明有效性；

——维修履历，如维修日期和时间、有效性；

——发动机类型和型号、在飞机上的位置及顺序号、发动机大修期（如果发动机发生故障）和每台发动机大修后的工作时间，如与螺旋桨有关，也应给出相应的内容；

——飞机履历，如给出自制造日、自大修日、自最后定期检查日算起的飞行时间，机体改型状态；

——附件履历，如给出已出故障的任一部件的工作寿命和自制造日及大修日算起的工作时间的详情；

——缺陷，如列出和说明在调查期间发现的火灾有关履历中记录的飞机机体、发动机和附件的任一技术型缺陷以及不明缺陷（指出具体不明缺陷是否允许飞行）；

——飞机载荷，如在事故发生时飞机总重量、载荷分布以及它们与飞行允许极限值的关系。必须说明允许极限值，并说明载荷控制系统和调查中，如何确定飞机载荷的详情等。

⑦ 气象资料（Meteorological Information）

简述与鸟击事故有关的气象条件，包括气象台的预报和实际气象情况，以及机组获得气象资料的情况。叙述预报的天气状态以及回忆起的当时实际观察的天气状态和对天气的判断。内容应包括下列要点：

——天气预报，如飞行员所得到的航线上及目的地的天气预报和起飞前或航线上收到的天气简报；

——在鸟击事故发生时和鸟击事故现场进行天气观察的情况，如云高、能见度、跑道可见范围、风速和风向、温度和露点等；

——飞行航线上的实际天气状况；

——简要天气形势；

——事故发生时的自然光照条件，如日光、月光、曙光、暮光等情况。

⑧ 导航设备（Aids to Navigation）

有关可用于导航设备的情况，包括着陆导航设备，如仪表着陆系统、微波着陆系统、无方向信标导航台、精密进近雷达、甚高频全向无线电指向标、目视地面导航设备等，以及各设备当时的工作效能；也能列出机载多普勒和惯性导航设备，并指出是否装有综合飞行系统；还应说明设备的可使用性。

在导航设备中，还应包括有关飞行的地图、航图、进场图、雷达记录等，这些图也应作为报告的附录部分附在报告的后面。

⑨ 通信（Communications）

有关航空移动和固定通信业务及其工作效能的资料。叙述飞机上配备的通信设备及其有效性。还要通过参考同事日志或记录副本叙述，与事故有关的空中交通管制和其他工作通信。

⑩ 机场情况（Airport Information）

有关机场及其设备和条件的有关资料。如不是机场，则为有关起飞或着陆地区的有关资料。若鸟击事故发生在起飞或着陆阶段，应提供关于机场即周边地区的机场设施的有关情况，如该机场的驱鸟保障系统、驱鸟设备、驱鸟人员的配置及当日的驱鸟工作等。同时，还应包括跑道长度、坡度、障碍物、跑道条件和垃圾处理等。也应描述机场照明，包括进场照明、目视进场下滑道指示系统及跑道灯等与鸟击发生相关的信息。

⑪ 飞行记录器（Flight Recorders）

飞行记录器在航空器内的安装位置，回收时的情况及其提供的有关数据。应提供关于飞行数据记录器和舱音记录器的状态、位置、可用性、功能、容量、参数范围、精度和采样率等有关信息。如果记录器工作可靠，则应按上述要求写一个简短说明，并给出由此得到的有关资料，除非此资料已列入"① 飞行经过"中。若飞行记录器不能可靠地工作，应说明其故障部位和原因。

通常飞行记录器的读数不应写入本部分，一般将其附于报告的附录部分。

⑫ 残骸和鸟击情况（Wreckage and Impact Information）

鸟击现场的一般情况及残骸分布形状；所发现的材料破损或部件故障，一般不需要详细说明碎片的情况和位置，除非是为了说明航空器的解体发生在碰撞之前。可在本部分或附录中附以图、表和照片。

描述残骸的分布，包括鸟残体、羽毛及飞机残骸撞地时的轨迹方向以及地面、树木、建筑物和其他物体的碰撞痕迹、位置等，航空器接地航向、俯仰和横向姿态及碰撞时的外

形。飞机的耐坠毁系数也应给出。有关图表和简图应纳入并附于本报告。在比较简单的事故中，整个残骸检查可以写在本部分标题下。但是，对于大型事故调查，通常需要在有关章节中（例如，结构、动力、系统、人的因素等）讨论残骸的检查和工程调查。因此，每一部分的内容都应围绕着小组或专家确定的重要事实。这些专家负责详细调查，其综合报告将纳入主管调查员的报告。

在详细叙述技术问题时，重要的是写入观察到的各种器件失效，并指出其是否发生在撞击之前。应特别注意正确识别那些认为对本事故或航空器安全有重大意义的各种断裂或故障部件。各部分都应写入专门的技术调查和试验内容的详情以及所取得的结果对于该事故的重要性。

⑬ 医学与病理学资料（Medical and Pathological Information）

简述所进行的调查和从调查中获得的与技术调查有关的资料；有关空勤人员执照中涉及的医学内容应写入上述人员情况中。

应说明与因果因素有关的人体工程因素；还应讨论对技术调查有重要意义的医学证据（如减速力、硬撞时飞机的姿态）、与损伤之间的关系或座椅结构（附件、安全带）、飞机的结构破坏、吸入烟雾、减压的病理证据、准备进入应急状态（迫降、水上迫降）或非法干扰等的证据。

应写明为查明疾病和使功能受损的尸检和病理检查结果（一氧化碳、缺氧、酒精、药物等）。在关于人体器官检查的证据表述上应采用类似于飞机部件检查所推荐的方法。

⑭ 着火（Fire）

鸟类进入发动机后发动机在空中着火（图1-42），调查时需要说明失火的性质（鸟击产生的时间和原因）和所用的灭火设备及其效果（如果在空中鸟击发动机发生失火，也要说明失火后的处置情况及灭火效果等）。

图1-42　发动机在空中失火迫降后的状况

⑮ 营救 （Survival Aspects）

简述鸟击飞机发生后的地面搜寻、撤离和救援工作情况，机组及乘客受伤时的位置，航空器结构损坏程度，如座椅及安全带的固定情况等。

⑯ 试验和研究 （Tests and Research）

简述为本次事故调查而做的有关试验和研究内容及结果。

⑰ 组织和管理资料 （Organizational and Management Information）

在鸟击现场调查中，有关对航空器的操作使用产生影响的组织及管理情况的资料，也应引起重视。这些资料主要包括组织营运人、空中交通服务、航路、机场和气象服务机构，以及管理当局。此类资料可包括在内，但是，这里不限于组织结构与职能、资源、经济状况、管理政策与措施和规章制度等。

⑱ 辅助资料 （Additional Information）

增添描述必要事实所需的，且在事实情况和气象资料中所不包括的资料，用来对事实进行相应的评估并得出必要的结论，以便说明事故中的因果关系。

注：必须保证每一部分包含有在"分析"中预定要使用的所有技术数据。

⑲ 有用或有效的调查技术 （Useful or Effective Investigation Technique）

如调查中采用了有用的或有效的技术，简述采用这些技术的理由及其主要特点，同时在飞行经过和气象资料中列出相应的小标题，并详细说明其结果。

（2） 分析 （Analysis）

在鸟击灾害分析过程中，应着重对事实情况进行综合，对事实情况中提供的以及与确定结论和原因有关的资料做出科学、全面的分析。

进行分析时应回顾和判断在"事实情况"中所述的证据，然后，找出可能存在的情况和事件。这样会推导出一些可能的假设，进而再以调查中所收集到的证据为基础进行讨论和试验。应取消无证据作依据的假设，更重要的是说明为什么排除这些特定的假设。应叙述保留那些所剩余的假设的理由和证据。随后讲明那些用于确定事故中因果关系的条件或事件族或系，并以在某一观点建立过程中起到支撑作用的有关证据作为参考。若产生的某一结论其观点不是不可辩驳的，则应明确指出。若证据不足，以证实一个肯定的或可能的原因，则应毫不犹豫地给出"原因不明"的结论。但是，在这些情况下，讨论中应给出最合适的解释。

在该部分的末尾，应讨论在调查中明确得到的那些不令人满意，但是，自身又不是事故的直接原因的情况。

（3） 结论 （Conclusions）

陈述调查结果和在调查中确定的原因。所列原因应既包括直接原因、间接原因，也包括深层次的系统上的原因。

① 调查结果 （Findings）

应指明哪些飞行因素与本次事故有关，哪些与本次事故无关。在任一情况下，通常都要报告某些情况，例如：

——飞行员的训练和经历；

——该飞机的有关资料；

——该飞机的适航性；

——该飞机的装载情况；

——该飞机在接地前是否发生了破坏。

另外，应鉴别那些与事故原因有关的设备。如有可能，应解决任何可能引起争论的问题，例如：不存在升降舵操纵故障；飞行员效能未受疲劳影响。

应判明和叙述含义不清部分，如机长或副驾驶在驾驶飞机，这件事情就不可能成立。

② 原因（Cause 或 Probable Cause）

表达原因应以简明的语言陈述为什么会发生事故，而不应是一份事故情况的节述。一般应包括：异常情况出现的时机、现象，发生事故的原因（按事故原因链表述）和导致的结果。例如：飞机在起飞上升过程中撞鸟，发动机停车，飞行员无法操纵，被迫跳伞（这里多指战斗机飞行员），导致二等飞行事故。

（4）安全建议（Recommendations）

酌情简述为预防事故而提出的任何建议和改进措施。

不管将建议作为报告的一部分还是单独编写（取决于国家安排），都应记住，一次有效调查的最终目的是改善飞行安全。为此目的，应就调查中发现的问题提出概括性或专门的建议，而不管这些问题是由调查中的因素直接引起的，还是由其他因素引起。

（5）附录（Appendix）

一是包括对理解报告所必需的任何其他有关资料。

二是最终报告的发布。

关于最终调查报告的发布，国际民航组织有严格的程序和要求。在对最终报告发布前征求意见的范围、程序、时间，各有关部门或具体人员的责任（如果飞机在国外遇到鸟击灾害，还应明确具体国家在某一方面的责任问题），报告发布范围等提出了明确要求。具体规定如下：

国外航空公司的飞机在我国国内遭受鸟击后，经过现场勘查，其最终报告未经进行调查国家的明确同意，任何国家不得散发、发表或让人查阅报告草案或其任一部分，以及在事故或事故征候调查过程所获得的任何文件，除非此类报告或文件已由调查国发表或公布。

进行调查的国家须尽快将"最终报告"的草案副本送交调查的国家以及所有参加调查的国家，并请他们就报告提出重大的实质性意见。调查的"最终报告"草案将送以下各国征求意见：注册国、营运人所在国、设计国和制造国。

进行调查的国家如果自发信之日起 60 内收到意见，要么应修改"最终报告"草案已包括该意见的实质内容；要么，如果提出意见的国家愿意的话，应将意见附在"最终报告"中。进行调查的国家如果在第一次发信之日起 60 天内未收到任何意见，需根据规定发布"最终报告"，除非有关国家已经同意延长这一期限。

进行调查的国家须将"最终报告"送交：着手调查的国家，注册国，营运人所在国，设计国和制造国，蒙受公民死亡或重伤的国家和提供有关资料、重要设备或专家的国家。

为了预防鸟击事故，进行鸟击灾害或事故征候调查的国家须尽快发布最终报告。国际民航组织还建议：如有可能，最终报告应在自出鸟击灾害之日起 12 个月内发布。如果不能在 12 个月以内发布，进行调查的国家应在每年鸟击灾害周年纪念日发布一份中期报告，详述调查进展及出现的任何安全事项。

八、鸟击征候现场调查和失效分析

据统计，企业界民航鸟击航空飞行器事故约占总事故的 56％，其中我国的占 43％（2009 年民航安技中心统计分析）。全球空军鸟击事故率更高，约占总事故的 63％以上；我国空军鸟击事故征候占总事故征候的 45％左右（随着训练强度的增加和低空训练科目的增加，该数据有所上升）。随着航空业的快速发展，人们对鸟击征候的调查和失效分析越来越重视。所谓的鸟击事故征候就是航空器飞行实施过程中，发生的鸟击未构成飞行事故或航空地面事故，但是，与航空器运行有关，影响或可能影响飞行安全的事件称为鸟击事故征候。事故征候调查和故障件的失效分析工作，是航空器使用维护过程中的一项重要日常工作，是产品失效模式，分析、查找失效原因、机理，提出预防的对策活动。鸟击失效分析可以是鸟击事故（征候）调查中的一部分工作，也可以是单独对某一鸟击失效造成的故障机件进行分析的工作，每年进行的大量失效分析工作，其中就包括对鸟击事故造成的失效（故障）所进行的。

（一）鸟击事故征候调查和失效分析的意义

鸟击事故征候调查和失效（故障）分析，是获取装备现有缺陷信息的一种最"廉价"的方法，是一条"预防"鸟击事故最有效的途径。在日常发生的鸟击事故征候，虽然没有出现人员伤亡或飞机损坏，但是，飞机的安全可能处于危险状态。对所有这种事故征候进行彻底调查，所获得的预防事故基本资料往往比飞机失事后进行调查所获得的资料还多。因此，从鸟击事故征候调查中得到的潜在的好处，会促使飞行员、使用者和航空工业的其他人员愿意合作，而不会让他们感到提供的信息会为自己带来麻烦。

一次鸟击事故调查常常使一些当时草草处理、没有得到重视的鸟击事故征候，重新回到视线内。回顾某次事故调查所得到的知识可以验证，如果对此之前发生的某些鸟击事故征候进行了正确的调查和解释，当时就能得出预防措施，也就可以防止这次事故的发生。因此，将能为航空安全做出贡献的鸟击事故征候资料，像鸟击事故资料那样在世界范围内出版是非常必要的。

美国安全工程师海因利希（Heinrich），通过多年对全世界大量鸟击事故和其他飞行事故的调查统计，发现一个规律：每发生一起死亡（重伤）事故，会发生类似的 29 起轻伤事故和 300 起无伤害事故（图 1-43）。美国空军大学于 20 世纪 80 年代初综合统计分析了美国空军的飞行安全情况，发现每发生一起等级飞行事故，会发生类似的 27 起飞行事故征候。我国有关人员研究了我国军队和民用航空飞行安全后，也发现类似规律，只是比例有一定差异。上述统计的数字，虽然各国事故征候和伤亡的标准不同，甚至，存在很大的差异，但是，他们共同揭示了一个客观规律，即每发生一起严重的鸟击或飞行事故，都会在此之前，发生多起同类的事故征候或无伤亡的小事故。如果能及时发现和消除导致事故征候、失效（故障）的因素，那就完全有可能避免发生同类严重飞行事故（图 1-44）。正如我国和国际上安全管理专家所指出的那样，在保证安全的工作中"人们往往只注意冰

山之巅（指严重鸟击或飞行事故），而忽略了隐藏在水面下的冰山主体，这正是发生鸟击事故的根本原因；解决冰山主体才是防止严重鸟击事故的关键"。

图 1-43　飞行事故

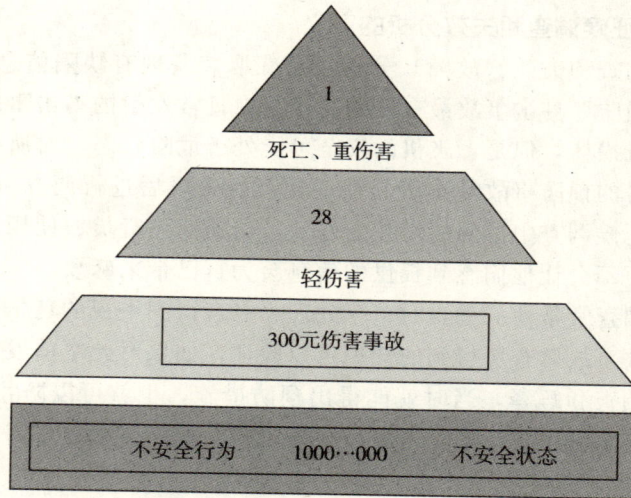

图 1-44　海因利希规律

墨菲定律指出：只要存在安全隐患，就可能发生事故。很多鸟击征候或飞机故障，在通常条件下或单纯从对飞机的影响来分析，并不会威胁到飞行安全。但是，将其放到"人—机—环境"这个飞行系统中，从系统的角度来分析，就可能与其他因素耦合，威胁飞行安全，甚至导致严重事故。例如：某部在进行低空超低空科目训练时，其训练科目的飞行路线与椋鸟外出觅食和归巢的路线形成交叉点，当发现这一问题，如及时调整早晚飞行时间、飞行高度和在这一区域、这一时段的训练强度，就完全可以避免鸟击事故的发生；如果对此不在乎或等下次飞行训练科目再调整，就很容易导致鸟击灾害的发生。又如，某双发歼击机在起飞后，一台发动机火警系统故障误报警，加上飞行员判断、处置不当就导致了严重飞行事故；再如，航资和导航系统故障，在简单气象条件下飞行员可以通过地标复航，但在复杂气象条件下就导致了多起事故。因此，应从系统的角度，用系统分析的方法，对日常发生的故障进行研究。

（二）鸟击事故征候调查和失效分析的一般程序

鸟击事故征候较飞行事故要多，有很多有利于查清故障原因的条件，如：飞行员可以比较清楚地反映鸟击发生时机、现象、处置情况及飞机的反应等，飞机损坏程度相对较轻，比事故飞机更容易确定故障部位，不存在二次损伤或者二次损伤程度相对事故轻。但是，要查清失效原因，仍须遵循一个合理的程序，才能收到较好的效果。飞行鸟击事故征候调查可以参照事故调查的程序进行。鸟击造成机械原因事故征候、地面事故和飞机事故、附件失效的情况千差万别，很难规定一个统一的失效分析程序或模式。现以机械部件失效为例，介绍失效、分析的一般程序（图1-45），电气设备、电子元件和零部件失效分析可参考进行。

1. 现场调查

在鸟击飞机的第一现场进行调查，这是获取现场飞机失效信息的第一步，也是最基础的工作之一。俗话说万事开头难，对鸟击现场失效信息的调查必须给予高度的重视，它是鸟击灾害中对整个飞机失效分析工作的基础，也是逻辑推理的必要前提。

一般以飞机机械失效现场为出发点，细致、客观、全面、系统地观察飞机失效对象、失效现象、失效环境等现场失效信息以获取真实可靠的感性材料。不仅要保护好现场，而且要利用一切可能的手段和方式记录现场失效信息。鉴于保护现场可能会有种种困难，现场调查一定要目标明确、重点突出并且不失时机。

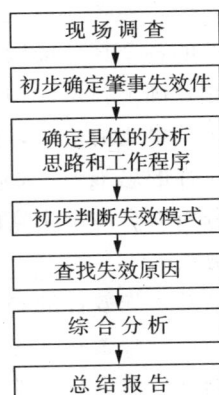

图1-45 失效分析的一般程序

鸟击调查现场失效信息的主要手段和方法是现场勘查和实验。

对鸟击事故征候或失效现场的勘查主要是通过观察、测量、记录现场及环境状况，零部件的分布、状态及各类痕迹，获取现场的客观信息；观察、记录与失效机件相关系统、零部件的状况，以及与失效机件安装位置相邻、相近系统，零部件的状况；记录相关工作介质，如各类油液等实际状况，并取样备检。

虽然现场勘查是有选择、有目的的，但是，仍有可能受自然状态等的制约，使勘查有

很大的局限性。因此，有些情况下，还要通过现场实验来深入观察。实验能够控制或改变事物的一些条件，取得更多的感性材料。但是，在勘查和实验中，应力求避免主观性和片面性。切不能把现场调查看做是"一次性行动"，必要时应反复调查、核实有关信息。总之，要求全面、客观，信息准确可靠。

2. 初步确定鸟击失效件

对鸟击现场进行初步归纳整理后，根据事故发生的过程和现象，结合相关系统和设备的工作原理，按照一定的逻辑分析方法，提出可能的一个或几个肇事鸟击事件。具体方法可参见事故调查的有关内容。

3. 确定具体分析思路和工作程序

要从设计、制造、维修、使用和研究部门调查了解，历史上是否发生过类似鸟击失效事件。如果确实发生过同类鸟击失效先例，并曾作过相应的鸟击失效分析，建议按类比推理的思路和程序进行分析；没有这种失效先例时，则按逻辑推断的思路，即工作程序结合具体失效件的工作情况进行分析。

4. 初步判断鸟击事件的失效模式

这时要仔细地观察和分析鸟击失效件的失效信息，例如失效的具体部位、各种痕迹（包括原始加工缺陷）、结构和完整性即整体性（变形、失稳、断裂、破碎等）、表面的完整性、各种性能的变化等；还要观察相关鸟击失效件上的有关失效信息以及所处的具体失效小环境，也就是说把失效事件分解为各个部分或因素，分别加以考察；还要不失时机地找来失效对象的产品图纸（所含信息量极高）、制造工艺、技术条件、原材料复验单、质检记录等一系列技术资料。另外，对照图纸对鸟击失效件进行简便有效的检测常常是有价值的。同时，还要详细调查鸟击事件的使用履行以及维修方面的背景材料。然后，把鸟击失效事件的各个部分或因素结合成为一个整体，加以详细考察。

在此基础上，可以初步判断鸟击失效件失效模式的主要类型。应当指出，人们必须先具有关于某事物的概念，然后才能做出关于某事物的判断、推理与论证。概念是反映事物的特有属性的思维形态，具有抽象性和普遍性，它是判断、推理与论证的基础。因此，鸟击失效分析人员应在丰富的实践中，逐步形成各类鸟击失效模式的概念，否则无法进行鸟击失效分析。

判断鸟击失效件的失效模式，实际上也是种类认定工作，即"失效模式认定"。它是以客观物体的种类特征为基础的，同种或同类失效模式都是个集合概念，是把种或类相同的客体物（失效事件）的特征结合起来，从而据以判定其为一种或另一类鸟击失效模式的依据。这实际上是一种更大范围的类比推理。

初步推断的失效模式意味着鸟击失效件经历了这一模式所内含的基本失效过程及其相关的必要条件影响因素。于是有必要就这一失效模式范围内的过程规律和因果关系对已取得的失效信息进行加工整理，看其能否充分反映这一失效模式的宏观特征？还有什么疑点？还需要进一步获取哪方面信息？也就是说要充分发挥它的纽带和桥梁作用。例如，初步判断鸟击失效件为阻塞失效，这时回过头来查找一下阻塞介质是什么（包括羽毛、残体及其他体液等物质）？被击后的外观涂镀层是否完整？有无阻塞物？也就是说要扩大线索，查找充分的依据，因此，补充调查或实验往往难以避免，这样可以进一步确认或否定初步假设的鸟击失效模式，并为鸟击分析失效原因创造条件。由于上述分析不属于宏观、非破坏性的分析，所以，应当力争做到一丝不苟。

5. 查找失效的原因

（1）查找鸟击失效原因的方向和范围

在确定鸟击失效模式的基础上，查找鸟击失效原因就有了明确的方向和范围。一般从以下几个方面着手：

一是鸟击失效件自身的内因；

二是相关鸟击失效件的影响；

三是所处环境（主要指区域生态环境、气候条件环境和食源水源等）；

四是其他异常因素。

必须强调的是，鸟击失效件上最具某一鸟击失效特征或者鸟击失效最重的部位（点、面或局部体积），如磨损最重处、断裂源、阻塞最深处、变形最严重处等，是我们查找鸟击失效原因的关键部位。磨损最重处往往磨损痕迹最典型、最丰富；阻塞最深处往往阻塞物最多；而断裂源不仅指示裂纹方向，确定裂纹深度或长度也离不开它，断裂源往往还存在着各种宏观、微观的缺陷（包括制造或维修时造成的），并且可能留下较明显的环境介质痕迹。总之，要从结构特征、表面加工痕迹、鸟击痕迹等方面加以综合考证。

另一个关键的部位，即鸟击失效件上失效区与尚未失效区的交界或者两种模式失效区的交界处。它不仅指示了失效的终点部位，确定失效的范围离不开它，而且交界的两侧往往可以免去我们做某些模拟试验带来的一些麻烦。

（2）鸟击失效分析的进一步工作

失效分析进行到这一关键阶段，也是难度最大、工作量最多的阶段，这时可能要进行以下工作：

一是破坏性的取样；

二是各种微观分析；

三是非标准的测试、检验。

为证实或排除某些可能的鸟击失效原因，应精心地设计检验和试验方案。检验和试验一般遵循以下原则：

第一，先易后难的原则。

第二，由表及里（先分析表面及表面层，再分析内部）的原则。

第三，从低倍到高倍（先做宏观分析，再做微观分析）的原则。

第四，按形貌→成分→性能→结构的顺序开展分析工作的原则。

（3）几点注意事项

一是分析思路和分析工作，要紧紧围绕已确定的鸟击失效模式所涉及的机理原因和影响因素开展。如阻塞失效，着重分析阻塞物、阻塞介质、防阻塞层的完整性以及构件的防阻塞设计等。这时材料的各种力学性能就可以不做或尽量少做。这就是说针对性要强，把工作做到点子上。

二是要十分关注是否存在异常现象和异常因素，因为这些异常现象和因素可能预示着

某种失效原因。

三是同一个鸟击失效件上，可能同时或先后存在两种或多种失效模式，这时要加以分析，并判断这两种鸟击失效过程是否相关，对机件的最终鸟击失效各有什么影响。

例如，某型发动机的Ⅱ级涡轮盘，存在榫齿、裂纹两种失效模式，前者属于榫齿顶部表面层的晶间因鸟击阻塞引起的掉块；后者属于榫齿工作面根部因鸟击引起的疲劳引起的裂纹。这两种失效模式之间从表面上看似乎并无必然的联系，但是，事实是因前一种阻塞而引起的后一种疲劳。当然，如果是机械实效，它们之间就有必然的联系了。在一般情况下其晶间阻塞效率很小，又位于非高应力区，故对Ⅱ级涡轮盘的失效影响不大；但榫齿疲劳裂纹扩展速率较大，又处于高应力区，因此榫齿疲劳裂纹是决定涡轮盘是否失效的主要模式。

四是还要回过头看看这一关键阶段所做的大量测试和微观分析工作，能否最终肯定我们所假设的失效模式。如果推翻原来的假设，就要提出新的假设，补充查找新的证据进行新的一轮推理过程，并把新老假设作一番全面的对比以决定取舍。

总之，要自己给自己出难题，更欢迎国内外同行出难题；想说服别人，首先要说服自己。

6. 综合性的分析

经过上述五个方面的工作，掌握了大量鸟击失效信息，明确了鸟击失效件，肯定了鸟击失效模式，也找到了有关鸟击失效的种种原因。在此基础上，也必须进行综合性的分析，或者说是系统性的分析。

在分析鸟击失效原因时，常常出现主要原因和次要原因的提法。如果只有一个原因，也就不必分主次；如果有两个原因，主次也还好区分；如果涉及三个或多个可能的原因，就很难用定量的概念来描述原因的主次。所以，有时采用内因（过程变化的依据）和外因（过程变化的条件）的提法比较可行，这时内因和外因都是必要的条件，缺一不可。

我们已经知道了鸟击失效过程是一个有序的、不可逆转的（一旦被鸟击）累计损伤过程，任何鸟击实效过程都是有前提条件的，并且鸟击失效过程的发展与原因的变化几乎是同步的。一起鸟击失效事件的发生，都是由若干（或一系列）个环节事件（原因）相互作用并产生相继鸟击失效造成的，如果其中一个环节事件避开了，鸟击失效可能就不会发生。

通过对鸟击失效过程及其原因的规律性认识，笔者认为没有必要纠缠于失效原因的主次之分，关键是要抓住其真正对机械失效起作用的各种相关因素。

一方面，我们以鸟击失效事件及其失效模式和失效原因为主线，把鸟击失效对象、失效环境统一起来，组成一幅机械失效的动态图像来描述整个失效过程；另一方面，我们要考查每个证据同失效事件之间是否有内在联系，失效模式认定、逻辑推理是否有根据。

经过上面从特殊到一般、又从一般到特殊这两个方面的认识过程，就会对鸟击失效事件有一个整体的而不是局部的、全面的而不是片面的、系统的而不是零碎的认识，这时得出鸟击失效分析的结论也就水到渠成、顺理成章了。

7. 总结报告

对某一鸟击灾害造成的失效事件的失效分析工作进行总结，是整个鸟击灾害失效分析工作的重要组成部分。它是鸟击失效分析的最后一个程序，但是，其重要性不可低估。

总结时要对整个鸟击失效分析过程进行回顾和展望，不仅从总体上审视鸟击失效分析全过程，以便发现和弥补不足之处，而且要回答鸟击失效分析所赋予的使命，最终还要以鸟击失效分析报告的形式作为鸟击失效分析的成果，长期发挥广泛的作用。

鸟击失效分析的最终目的是防止鸟击失效的再发生，因此，鸟击失效分析人员应在报告中提出中肯的预防和防止鸟击失效的建议，并及时反馈给各有关部门；至于采取优化的相应措施则是设计、制造、维修、使用、研究和管理部门共同努力的结果。

（三）国外部分国家间飞行安全部门失效分析的基本方法

据了解，在独联体国家间，航空委员会下设飞行安全委员会科技中心，其负责飞行事故和鸟击事故征候中航空装备的失效分析工作。

1. 航空装备失效实验室研究的组织结构

航空装备失效实验室的研究主要按预先熟悉研究对象、技术状况分析、工作条件分析、研究结果综合分析等基本研究与组织结构（图1-46）。

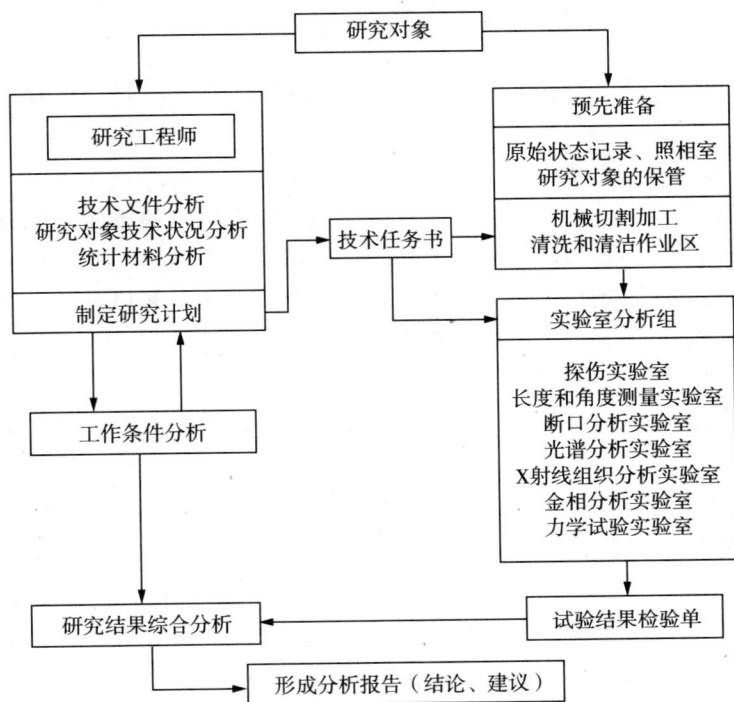

图1-46　航空装备失效实验室研究组织结构

2. 鸟击失效分析的基本原则

独联体国家间飞行安全委员会科技中心，在进行鸟击飞机构件失效和故障的研究过程中，所遵循的基本原则如下：

（1）应尽可能迅速地开始研究，以便在"新鲜"痕迹遭到破坏、消失或销毁前进行查看。

（2）仔细查看发生故障的可能性最大的部位。必要时，进行照相、摄像或画下草图。

（3）不能认为经过一次就永远明白，而应记住，在鸟击失效分析问题中很可能存在不合乎规律的例外情况。发生的事件可能是相似的，但是，实质上可能是完全不同的。

（4）任何时候都不要仓促的下结论，而要耐心地研究鸟击失效的一切可能原因。

（5）即使微小的鸟击痕迹也要研究，它们可能是解决问题的重要证据。

（6）不仅在研究结果结束之前要保存好鸟击失效的零件，而且在研究之后也要保存一定的时间。经验证明，在研究过程中或很久以后还会不止一次地重新查看这些零件。

（7）顺着一定的系统，根据预先拟订的计划完成每一件工作。

（8）"支持"和"相反"的全部实质性的证据都要仔细和认真地记录下来。在进行任何一种研究时，都会积累许多常常是互不相关的事实，而我们并非永远都能详细记住这些资料，因此，应该把它们记录下来以便以后查询。

（9）利用能促进预防事故的一切机会，在制定预防类似故障或缺陷的措施时，必须力求使建议明确、清楚并能实现。

（10）在鸟击失效分析研究结果报告内，不应有根据推测、传闻或可疑资料得出的结论。全部资料都应经过检验并被事实所证实。

附录一：《国际民用航空公约》附件 13 简介

鸟击灾害是航空灾难的重要部分，其危害程度被国际民航组织列为"A"级灾难。从国内外现有的统计资料看，鸟击灾害在全球航空业已成为灾害的主体，特别是军用飞机等航空飞行器。因此，为做好航空器事故或鸟击征候的调查等基础工作，在目前这方面还没有完备法条和规范性文件的情况下，我们拟参考国际有关法条和规范性文件，为此，对国际航空部门的有关法条和文件做一个简要的介绍，以便在调查鸟击灾害和鸟击征候时参考。

航空器事故或严重事故征候的原因必须查明，以防止重复发生。查明原因的最好办法是通过适当的方式进行调查。为了强调这一点，《国际民用航空法公约》附件 13《航空器事故和事故征候调查》声明，事故或事故征候调查的目的在于预防。

附件 13 为航空器事故和事故征候的调查规定了国际要求。其书写的方式能够为调查的所有参与者所理解。因此，这是一个参考文件，供全世界那些可能通常是在没有任何准备的情况下就被召集来处理航空器事故或严重事故征候调查诸多问题的人使用。例如，附件详细说明了哪些国家可以参加调查，如出事所在国、登记国、经营人所在国、设计和制造国。附件同时还规定了这些国家的权利和责任。

附件 13 第 9 版包括 8 章、1 个附录和 4 个附篇。前 3 章为定义、适用范围和总则。

第 3 章包括保护证据和出事所在国对于航空器监护和移动的责任。该章同时还规定了该国必须怎样处理其他国家参加调查的要求。

必须毫不拖延地将出事情况通知调查可能涉及的所有国家。发送这一通知的程序载于第 4 章。该章还根据出事地点的不同情况，如处于国际民航组织缔约国领土内、处于非缔约国领土内或处于任何国际民航组织国家领土之外，概括了进行调查的责任。

第5章在关于向各有关当局发送正式调查通知的内容之后论述了调查过程。

进行调查的责任属于事故或事故征候发生地所在国。通常由该国进行调查，但是，该国可将全部或部分调查工作委托给另一国进行。如果在任何国家的领土之外出事，登记国具有进行调查的责任。

参加调查的登记国、经营人所在国、设计和制造国有权任命一名授权代表参加调查，还可任命顾问协助授权代表。进行调查的国家可选用来自任何渠道的最好的技术专业知识的专家协助调查。

调查的内容包括收集、记录和分析所有的相关资料，查明原因，制定适当的安全建议和完成最后报告。

第5章还包括关于下述内容的规定：调查负责人、飞行记录器、尸体剖检、与司法部门的协调、通知航空保安部门、公布记录和重新调查。在事故中有公民蒙难的国家也有权任命一名专家参加调查。

第6章涉及最后调查报告的编写、公布的标准和建议措施。最后报告的建议格式载于附件的附录之中。计算机化的数据库极大地便利了关于事故和事故征候资料的储存和分析。此种安全资料的分享被认为对于事故预防至关重要。国际民航组织运作着一个被称为事故/事故征候资料报告（ADREP）系统的计算机化的数据库，这为在缔约国之间交换安全资料提供了便利。

第7章论述了ADREP系统的报告要求，即要采用初步报告和事故/事故征候资料报告的手段。

第8章论及事故预防措施。该章中的规定涵盖了强制性和自愿性两种事故征候报告系统，以及为自愿报告那些可能有害于安全的事件创造一个非惩罚性环境的必要。随后该章论述了数据库系统中所载的安全资料的一种方式，以确定所需要的预防措施。最后，该章建议各国促进安全资料共享网络的建立，以便为自由交换有关现存的和潜在的安全缺陷的资料提供便利。该章所概述的这一过程，成为旨在全世界范围内减少事故和严重事故征候数量的安全管理系统的一部分。

附录二：国外军用飞机的飞行安全管理与运行

军用飞机与民用飞机，特别是作战飞机与民航客机，由于飞行任务不同、设计要求不同，因而有较大的差异。在使用人员方面，前者是军人，后者是职工，因而在组织上、管理上和训练上都有较大的差别。因此，军用飞机与民用飞机，在飞行安全管理和运行上自然也就有差别。例如，一架作战飞机发生事故，有可能导致大批同型飞机停飞，影响整个空军的实力。然而，不管是军机或民用客机，它们在飞行安全的指导思想，事故调查的原则、思路、方法和技术等方面基本上是相同的。

一、美国空军安全局（AFSA）

美国空军于20世纪60年代设立空军检查和安全中心，负责空军的战略管理、资源管理和安全管理。该中心于1991年分为空军检查局和空军安全局两个机构。空军安全局是

空军飞行、地面导弹等各系统安全计划的管理部门，负责预防事故和调查事故等具体工作。空军安全局下设信息管理处、飞行安全处、地面安全处、武器和航天处、系统安全和工程处、核安全处，共有220人，其中，调查飞行事故的有38人（飞行员16人，工程师12人，人的因素7人，适航2人，航管1人）。每年平均处理飞行及鸟击事故约50起，处理事故征候报告5000件，1980～1995年共调查过飞行及鸟击事故1600起。空军共有专职安全军官700多名。

空军调查飞行事故员与国家运输安全委员略有不同。在现场的各调查组成为一个整体单位，由一名四星将军直接领导，直到调查完毕。事故调查委员会成员是相对固定的，在机关和部队中的安全军官中选派，空军安全局派人参加；参加者不对其他成员强加观点和预定的看法，在调查中是帮助而不是引导。委员会成员分为三类：有表决权委员、无表决权委员和技术专家。有表决权委员的条件（包括主席）：合格飞行员（飞机与失事飞机同一机型的）、合格机务人员（有经验的）、医务人员（航医或分析人的因素人员）、安全局派出人员，他们负责撰写调查结果和预防措施。如本人对事故结论有重大分歧，有权附上不同意见报告。无表决权委员：需要时在特定专业上提供帮助，如气象、航管、救生等，无权提出不同意见报告；但是，当一个无表决权委员与委员会的结论在专业方面有重大争议时，空军安全局派出的委员有权进行裁决。

美国空军的飞行安全工作有几个转折阶段：

第一个转折阶段是第二次世界大战期间，当时飞行事故特别严重。最严重的1942年，共发生20399次飞行大事故，造成5600名飞行人员死亡，比该年度的作战损失还要大。据统计，飞行损失比作战多损失1200架飞机，牺牲1100名飞行人员。从此，美国空军加强了飞行安全工作，建立安全机构，设置专职的安全军官，开始制定和执行飞行安全大纲，并创办了《飞行安全》月刊。该杂志一直办到现在，在飞行安全的宣传教育上起到了很大的作用。

第二个转折阶段是1949年，当时负责空军安全大纲的领导人，首先提出要把工作重点从单纯调查事故转到预防事故上，事故调查员要从事故信息中发现模式和共有的原因，从而采取措施来预防同类事故发生。同时，他们又提出"把安全建造到我们的飞机和系统中去"。也就是要把飞行事故中的教训反馈和落实到飞行器设计、制造上。当时空军的安全机构名称是"飞行安全研究和技术检查部。"为了培训安全人员，1953年空军部门与南加州大学合办了一个专门的学院。这是当时世界上第一所这种学校，很快吸引了民航当局和外国政府，他们纷纷派人来参加学习。现在空军在 Kirtland 基地还开办一个培训机构（安全教育和发展部）和一个"坠毁实验室"，模拟飞行事故现场，供学员进行分析。

第三个转折阶段是1956～1960年，用新的观点处理飞行安全问题。当时把工业上正在开展的标准化应用到飞行安全上，取得了很好的效果。

二、俄罗斯空军飞行安全机构

原苏联军方，在20世纪80年代后期，针对飞行安全问题，由原苏联军队在总部成立了一个飞行安全局，把原有的各军兵种的飞行安全机构统一归其领导。苏联解体后，俄联邦国防部于 1992 年颁发了《关于俄联邦武装力量飞行安全局条例》，明确了职责和各级飞行安全机构之间的关系。1993 年，俄国防部颁发了《俄联邦武装力量航空事故和事故征候调查条例》；1995 年出版了由俄空军编写、由武装力量飞行安全局局长批准的《航空事故和事故征候调查方法（第一部分）》。

（一）组织机构

武装力量飞行安全局的主要作用是，在军用航空活动中，以预防事故与管理为主，该局时任局长是空军上将儒沙诺夫。空军、防空军、陆军、海军、战略火箭部队各兵种都设有飞行安全局，此外，设有从事飞行安全科研工作方面的安全中心，各飞行部队也有直属部队副指挥员负责的飞行安全机构。

飞行安全机构的主要任务是：查明和分析可能酿成事故原因的危险因素，采取排除措施；评估飞行安全状况；收集和处理安全的信息；制定预防事故的措施；调查飞行事故和事故征候；落实事故和事故征候调查中提出的措施；协同有关单位改进飞机安全性；协同研究机构，研究保证飞机安全和调查事故的方法及技术；培养、训练飞行安全工作人员。

（二）事故等级的改变

1993 年的《航空事故和事故征候调查条例》中规定：

——航空事故分为灾难性事故和事故两级，前者指有机上人员死亡，后者指无机上人员死亡但飞机报废。

——事故征候指飞机进入复杂状态但未造成事故。

——严重事故征候指飞机进入危急状态但未造成事故。

从以上规定看，如果飞机损伤但可以修复，机上无人员死亡（相当于我国军方的三等事故）就不算事故，而归入严重事故征候。

（三）调查飞行事故的目的和任务

上述《条例》明确了调查飞行事故的目的和任务。大意是：调查飞行事故的目的是查明有关该事件的因素、条件和情况，确定其真实原因以及采取预防再次发生事故和危险因素的措施。根据飞行事故调查工作的性质，它的目的是预防而不是惩罚、起诉。

除鸟类灾害以外，其他飞行事故很少是由一个原因引起的，一般都是由相互作用的几个危险因素造成的。调查的实质是查清这些所有的危险因素。

调查的任务是：评估组织飞行的状况；再现特殊情况的发展动态（指事故发展经过）；评估机组、航管、机务、飞机及地面保障的准备和工作情况；确定造成事故的危险因素，并分析原因—后果关系（指列出事件链）。

（四）调查飞行事故的原则和方法

摘自俄空军 1995 年出版的《航空事故和事故征候调查方法》。

1. 调查事故的主要原则

（1）独立性和职业化。将全部调查活动从属于高度独立的、职业化的、有权威的健康思想基础上，同时从属于逻辑的、相互链接的客观因素上，而不是在最高首长的意图下歪曲了事实。

（2）全面性和细致性。调查过程中，确定作用在事故过程中的现象与因素之间的因果

关系，充分揭露它们在特殊情况下产生与发展过程中相互作用的诸因素的关系，并揭露该飞机功能中的所有危险因素。

（3）确实性和客观性。调查中仔细检查每件事实和文件的确实性，研究技术、飞行、机务、医务及其他文件，及时保存好物证。

（4）科学的证据。所有从有关事故的危险因素得出的推论和结论必须公正并具有难以驳倒的证据，因而必须广泛的进行计算、建模和试验。调查工作应在严肃的科研工作要求下进行。

（5）业务效能。在最短的时间内确定事故的原因，以便按战备的要求采取预防措施。

2. 调查事故的主要方法

组织军用飞机的事故和事故征候调查的方法，不仅以本身的经验为基础，而且是以全世界多年来的调查实践为基础。它们可分为两大部分：自然科学方法和形式逻辑方法。

（1）自然科学方法

观察——有计划地、科学地、系统地收集过去发生过的有关征候的现象和过程。

比较——是认识过程，对许多相似的和不同的现象进行判断，通过比较判明事故在数量和质量上的特性。

度量——是认识过程，确定事物的相对或绝对的量。

提炼——是认识的形式，最大限度地将不利于研究对象的东西排除掉。

分析、综合——是两种相反的方法（分析是从整体到局部，综合是从局部到整体），与研究方法都有不可分割的联系。

建立模型——建立一个与研究事件最接近的模型并进行研究。

试验——用试验的方法确定研究对象的数量和质量特性，以便确定其是否符合技术条件。

（2）形式逻辑方法

异说和假说——对不可能观察到其发展过程的事件，假设其发展原因或发展规律。对它必须进行其他方面的调查。

相似——将一系列现象进行对比，找出与所研究现象相同的地方。主要用于处理所观察到的数据与确定原因之间的关系时，特别是在对概率最高的事故原因进行形式化时，以及检查对象无数据时。

差异——对比两个事件，一个发生了事故，另一个未发生事故（事故征候）。

结合（相似和差异）——利用相似和差异现象分析一系列事件。用此法比用差异法得出的原因结论的概率大。

剩余——分析一种在若干单一情况作用下产生的现象。如果调查结果确定在所有的单一情况中，除去一个以外，其余的都不是原因现象，那么，除外的那一个情况就是事故的原因。

（五）俄罗斯空军飞行事故调查提纲

俄罗斯国防部航空技术装备维修研究所飞行事故调查实验室为飞行事故调查制定的飞行事故总结表（图1-47），即调查提纲。

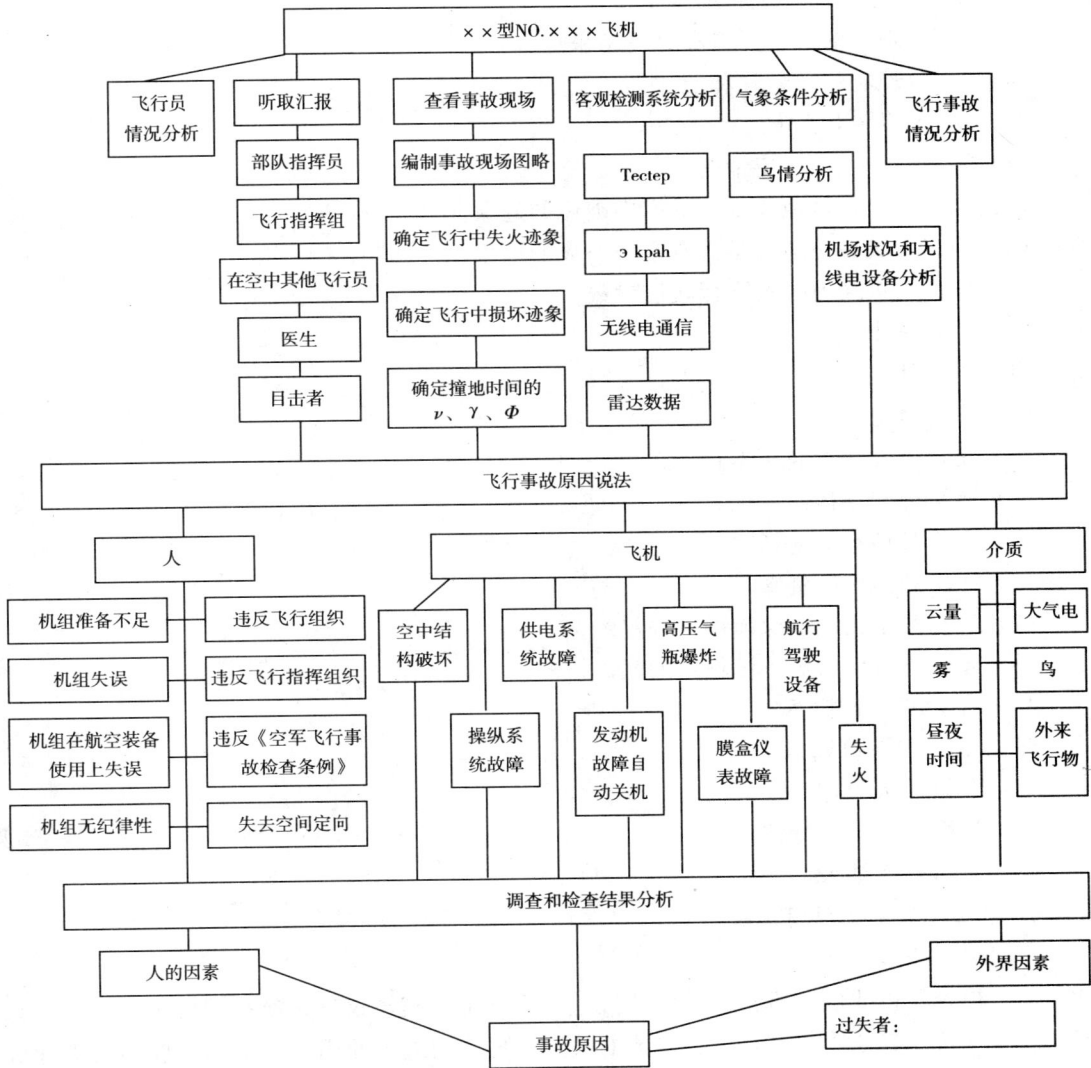

图 1-47　飞行事故调查总结表

主要内容如下：

1. 听取汇报

(1) 飞行事故发生的经过；

(2) 当日飞行计划；

(3) 当日飞行组织实施情况；

(4) 飞行员与指挥员空地通话录音；

(5) 飞行事故现场目击者调查；

(6) 飞行员个人飞行档案资料；

(7) 飞机基本使用资料；

(8) 飞机使用以来发生过的一些故障资料；

（9）部队近期对飞机进行的维护工作；

（10）事故现场的调查资料和分析结果；

（11）事故现场的录像片和照片。

2．查看分析事故现场

（1）事故飞机残骸拼凑情况；

（2）确定飞机在接地前是否有空中破坏的迹象；

（3）确定飞机在接地前是否有空中失火的迹象；

（4）确定飞机接地时的飞行轨迹参数。

3．查看、分析资料

（1）飞行计划表；

（2）飞行员记录簿；

（3）飞机、发动机履历本；

（4）燃滑油和气体出厂证；

（5）飞行日鸟类活动情况；

（6）机场总体性能资料；

（7）机场配备无线电保障设备的等级；

（8）发生飞行事故机场区域内的气象情况。

4．查看地面保障设备

5．客观检查系统记录

（1）分解黑匣子；

（2）读取、分析飞行数据；

（3）分析判断结果。

6．整理飞行事故原因说法

7．检测和检查工作

（1）检查飞机残骸的机身、动力装置、操作系统、膜盒仪表、航行驾驶设备、电子系统、高压气瓶、其他零部件，分析可能的故障、可能的失火原因、可能的驾驶条件恶化和飞行员可能的操纵失误；

（2）检查飞行指挥组织情况；

（3）检查飞机放飞的合法性；

（4）检查允许飞行员飞行的合法性；

（5）用客观检测系统的记录，分析飞行员空中的位置。

8．制定飞行事故表格

9．形成检测和检查结果

10．写出飞行事故调查报告，填写飞行事故原因和责任者（如果飞行事故原因和责任者已经确定的话）

（六）典型事故调查表日程安排

事故调查应按调查提纲有计划实施，完成每项调查工作通常应有一个时限要求。俄罗斯军用飞机事故调查通常安排如表1-4所列。

表 1-4 俄军飞行事故调查安排

序号	主要工作内容	完成时间	地点	备注
1	研究确定联合调查组工作计划	0.5 天		
2	听取事故单位汇报： (1) 飞行事故发生的经过； (2) 当日飞行计划； (3) 当日飞行组织实施情况； (4) 飞行员与指挥员空地通话录音； (5) 飞行事故现场目击者调查； (6) 飞行员个人飞行档案资料； (7) 飞机基本使用资料； (8) 飞机使用以来发生过的一些故障资料； (9) 部队近期对飞机进行的维护工作。	0.5 天		
3	制定飞行数据（Тестер），通过显示盘系统分解检查程序，按程序开展工作	3 天		
4	查看事故现场、询问目击者： (1) 确定飞机在接地前是否有空中破坏的迹象； (2) 确定飞机在接地前是否有空中失火的迹象； (3) 确定飞机接地时的飞行轨迹参数； (4) 事故现场录像片和照片； (5) 绘制残骸分布图； (6) 起草事故现场调查资料和分析结果。	1 天	现场	
5	研究有关文件（飞行计划表、放飞单、空地通话录音、履历本等）： (1) 飞行计划表； (2) 飞行员记录簿； (3) 飞机、发动机履历本； (4) 燃滑油和气体出厂证； (5) 飞行日鸟类活动情况； (6) 发生飞行事故机场区域内的气象情况。	1 天	事故发生基地	
6	检查地面保障设备	0.5 天		

（续表）

序号	主要工作内容	完成时间	地点	备注
7	（1）收集、拼凑残骸，对主要产品、发动机及设备的独立部、附件进行初步分析； （2）根据现场和飞机残骸情况，制定残骸检查大纲，选定须送实验室检查试验的部、附件。	2天	现场	
8	在完成飞行数据、通用显示盘系统的分析工作后，进行以下工作： （1）检查飞机残骸的机身、动力装置、操纵系统、膜盒仪表航行驾驶设备、电气系统； （2）分析可能的故障、可能的失火原因； （3）分析可能的驾驶条件恶化和飞行员可能的操纵失误； （4）检查飞行指挥组织情况； （5）检查飞机放飞的合法性； （6）检查允许飞行员飞行的合法性； （7）用客观检测系统的记录，分析飞行员空中的处置。	3天		
9	整理飞行事故原因说法	1天		
10	制定飞行事故表格			
11	形成检测和检查结果			
12	制定文件并填写飞行事故原因和责任者结论			

三、英国军用飞机鸟击灾害及其他事故

（一）英国军用飞机鸟击灾害及其他事故调查的发展历程

早期，英国鸟击灾害及其他事故调查工作，由事故调查科负责。这个组织为军队内的准军事组织，它主要处理军用飞机事故及鸟击灾害的调查与处理工作，这是因为当时民用航空运输还处于初期发展阶段。1937年，事故调查科归航空局长直接领导。随着第二次世界大战的爆发，军队发生的飞行事故直线上升，事故调查科所处理的事故数量不足全部事故的2%。这种状况就促使空军委员会负责训练的委员提出，在空军司令部内增加军官，以便对事故进行初步调查，协助事故调查科的工作。这样做虽然减轻了事故调查科的某些工作负担，但是并未全部解决问题。从1942年开始，英国皇家空军开始负责对本军种的事故进行全面调查。

当时，英国皇家空军检查总长针对飞行事故所提出的补救措施随意性很强，飞行安全的责任划分也不清晰，但新成立的飞行安全组织却展开了有效的事故预防工作。到 1944 年，事故预防工作开始有组织地进行。该组织由 1 名空军准将、2 名上校、20 名中校以及 1 名皇家空军妇女队的军官组成。

第二次世界大战后不久，皇家海军认为，海军航空兵飞行活动专业复杂，应该成立自己的事故调查组织，这样，皇家海军飞机事故调查处于 1946 年在索伦特海峡畔利村成立。

1950 年，武装部队进行大裁军时，皇家空军飞行安全处仍继续负责事故预防工作，但不具体组织事故调查。事故调查由发生事故飞机所在的司令部组织一个调查委员会来实施。

第二次世界大战之后，民航进入快速发展时期，事故调查科转入民航部（民航部后来改归贸易部）。事故调查科主要工作范围是民航，同时，为皇家空军调查委员会提供技术保障。

1957 年，陆军航空队飞行安全军官编入皇家空军飞行安全处。直到 1980 年，陆军在米德尔瓦鲁普成立了自己的飞行安全中心，并组织调查委员会，对陆军航空兵飞行事故进行调查。

军用飞机事故预防成为政府公开讨论的问题，大约是从 20 世纪 70 年代初开始的。在这之前，政府偶尔勉强公布的全部事故统计也是含糊其辞，并从未公开发表过调查的结果。当局经常很不情愿地接受已经发生飞行事故的现实。在鸟击灾害及其他事故方面的信息很不透明，直到 1971 年才改变了这种态度，部分原因是两起军用飞机事故导致了民众的伤亡。1977 年以后，包括大多数英国军用飞机事故的军队事故情况要向新闻媒体公布，每年由国防部向议会报告年度事故统计。尽管公布的资料仍欠详细，与美国和北欧斯堪的那维亚半岛各国比起来相差甚远，但是，这种对待信息较为开放的政策对部队确有好处。英国国防部发布的事故调查与预防的资料清楚表明，英军在这一关键领域内倾注了大量时间和资源。

（二）英国军用飞机事故的调查

当前，英国陆、海、空三军的飞机事故调查工作，虽然在某些程序上有区别，但是，其基本方法是相同的。

通常情况下，英国皇家空军飞机发生事故后，首先由飞机所驻基地的飞行安全军官向国防部报告，报告主要内容是事故的发生地点、所造成的损失程度以及人员伤亡情况。若事故严重，涉及飞机的损失或人员伤亡，就要由飞机所属司令部组织事故调查委员会进行事故调查。

该委员会设一名主任，由高级军官担任，通常为现役飞行军官，或当前在该型飞机上飞行，或目前仍在飞行的军官。因某种原因该主任不具备上述条件，该委员会内的委员中应有一名人员具备上述资格。此外，委员会内还要有一名工程技术军官或熟悉该型飞机的技术军官。委员会还要得到驻法恩巴勒的事故调查处和航空医学研究所的专家们所提供的技术咨询，必要时航空航天工业的专业人员也要参加。

委员会的工作目标不仅是尽快确定事故的原因，还要进行深入的调查，确定造成发生事故的深层原因。委员会的主任必须在事故发生后 48～96 小时，向所有感兴趣的单位发

表事故通报，说明调查初期发现的问题，针对可能造成事故的原因或操纵程序提出采取预防措施的建议。整个事故报告的公开发表约在一年以后。所有飞行事故常常是由很多因素造成的。委员会的报告中有事故的情况记录以及提出应采取预防措施的建议，一般情况下，事故发生后 3 个月内要完成这样的报告。

在很多组织中，对皇家空军调查委员会帮助最大的是事故调查处。根据要求，调查处的工程技术检察官针对残骸调查分析的问题向委员会主任提出咨询。尽管委员会主任有权决定是否要求事故调查处提供帮助，但是，因飞机构造在空中发生问题、空中失火以及不明原因造成的事故发生时，通常总会要求事故调查处给予咨询。

现代高速喷气飞机的设计技术和材料以及生产都取得了很大进步，因此，飞机构造很少在飞行中发生问题，但是，"掠夺者"和"鬼怪"飞机仍有此类事故发生，造成了惨重的损失。同样，最新一代的大推力高技术发动机减少了空中失火的危险，但是，仍在服役的，如"猎人"、"闪电"和"鬼怪"等老式飞机仍会发生空中起火的事故。

其他原因造成的事故包括范围很广，如鸟击和外来物每年都会造成飞行事故的数量很多。根据统计，军事航空领域内，人为差错造成飞行事故的数量最多。

与以前任何时候相比，现在对人为差错因素给予了更多关注。自 1983 年以来，英国皇家空军飞行员的心理素质不断提高。行为科学家经常来帮助调查委员会，参加事故的讨论会，现在看来，飞行人员的差错是导致很多事故的原因。现在部分新式军用飞机已装上了飞行数据记录器，它能提供必要的证据，有助于解释此类事故发生的原因。

最新研制的飞行数据记录器设备可供事故调查组重看整个飞行情况，再现座舱仪表的指示，直到飞机接地时为止。很快，这种装置要进一步改进，把所录下来的语音实时合成。事故调查员既能看到事故发生的整个情况，同时又可听到声音。

很多事故调查的中心工作是残骸分析，特别是那些飞机构造严重损坏的事故。飞机残骸从事故现场被送到法恩巴勒的残骸分析实验室，在这里详细检查飞机构造和装置。现代高速喷气机撞地时速度很大，撞地后，飞机深入地下可达 12m 左右。飞机损坏严重，全部残骸要从现场运走，需用数百个聚乙烯袋子。

寻找固定翼飞机残骸是件难事，三军固定翼飞机残骸搜集工作都由驻阿宾顿的皇家空军野外修理中队实施。该中队由专家组成一个小组，通常与事故调查处的一名检察官保持密切联系。该小组每天 24 小时值班，根据事故调查委员会的要求，随时出发到世界各地执行任务。该小组由一名准尉指挥，他负责对事故现场划定坐标方格，然后，到现场确认搜集残骸碎片，将发现的位置标注在坐标图内；在此之前，还要从地面和空中拍摄事故现场，以及做好现场安全工作，排空燃油箱，拆除弹药，释放液压系统的压力，放掉高压轮胎内的压力。

事故调查处的检查员在现场完成调查之后，该小组开始搜集小块残骸，放进聚乙烯袋中；大件残骸的搬运要使用专用车辆。军用飞机事故通常发生在野外，这就需要能在各种地形条件下作业的车辆。为运输方便，残骸需分割成小块时，必须由现场抢救组清楚划上标记。残骸收集后再进行全面分析，看收集到的残骸能占整个飞机的多大比重。若认为关键部件还未找到，该组还将使用金属探测器对整个事故现场继续进行探测。被机上燃油等污染的土地要全部清除，换上新土，该项工作也在修理中队监督下完成。

根据残骸损坏的程度不同，有的要去事故调查处检验室，有的运回飞机所属部队。若事故发生在国外或运送残骸的费用太高，修理中队有时会把残骸卖给当地废品回收公司。

在法恩巴勒，将残骸按飞机各系统分开进行技术调查，这一阶段的工作非常艰难。每个人都要对残骸进行仔细的检查，必要时再次寻找关键部件。各系统拆下后，开始认真检验，其目的是根据各系统在撞地前的工作位置来综合飞机操纵系统的位置，确定飞机在撞地前各系统的工作状况是否正常，从中可找出很多证据。飞机高速撞地常常使某些机件停在撞地前的位置，从而可确定整个系统的可能工作状态。若该系统工作正常，就能找出明显的证据；如不能证明工作是好的，就可能说明飞机撞地前该系统有故障或失去作用。进行性能检查之前，每个机件均需经过 X 射线检查或解剖检查。要完成详细的检查，需有丰富的经验和知识，否则可能破坏有力的证据。

在调查任务全部完成后，调查委员会发表具体的事故报告。

（三）英国军用安全机构的组成及主要工作

皇家空军飞行安全处共有 15 名军官，从飞行人员到各类工程技术人员都有，熟悉 36 种型号的飞机。为了当好部队各级指挥官的顾问，他们把现有的全部事故及事故征候的资料按飞行安全的问题进行分类比较。对来自调查委员会、基地飞行安全军官以及部队中个人所提供的信息均要进行研究分析，并与以前发生的同类情况进行分析对比、全面综合，研究的结果送交空军部队所有感兴趣的单位以及皇家海军航空兵和陆军航空兵。

在英国皇家空军的《空军线索》（Air Clue）杂志上定期出版飞行安全特辑，同时，鼓励飞行人员写出他们所经历的任何"几近失误"的文章。除了正式的报告系统外，安全处还有对飞行人员、空中交通管制员或任何参与空中飞行活动的人员使用的秘密直接报告途径，被称为"神鹰"（CONDOR）系统；还有可供工程技术人员使用的同样报告途径，被称为"马铃薯"（MURPHY）。

飞行安全处的军官正式检查一个部队后，基地飞行安全军官通常要举办 2 天的训练班。为能听取所有人关于飞行安全的意见，安全处的军官还进行非正式和预先不通知的查访，这种查访常在军官酒吧的轻松气氛中进行。

安全处除了收集英国部队飞行安全资料，还从英国民用飞行安全委员会、与安全有关的其他联合委员会或对飞行安全有影响的单位获取资料；此外，还与欧洲很多国家空军和美国驻欧空军的安全组织交换资料，这些空军均属北约组织的成员，英国皇家空军任该飞行安全检查委员会的主席。

飞行安全处可以制订飞行安全计划，向空军助理参谋长提交对新设备的建议，如建议在所有直升机上装改进型的机载数据记录器或审查训练程序等。

陆军航空兵中心有自己的航空兵标准科，它主要是依据空军的编制组建的。

海军于 1946 年建立了自己的事故调查组织。对所有事故，海军都组成由一名海军航空兵中校或少校领导的调查组。该组内有工程技术军官和一名医生。委员会在事故发生后两周内提交事故报告。当事故严重时，如 4 类或 5 类事故，海军的飞机事故调查组与调查委员会一起进行深入的技术调查。

飞机事故调查组驻索伦特海峡畔利村，该组有 4 名军官工程师、4 名军官专家，由一名少将领导。该组有一个由 3 名调查员组成的小组，24 小时值班，随时准备出发到英国及

欧洲各地，检查严重飞行事故；到达事故现场后，用2天时间画出残骸位置图，还要用10天时间鉴别审查，然后，交给空军野外修理中队。旋翼机残骸交给修理组，运回位于索伦特海峡畔利村的飞机事故调查组，在其三个机库内进行详细检查。该组有能力对飞机残骸及鸟击留下的物证，如鸟类残体、羽毛及液体等进行详细的技术分析。

海军还负责执行从海中打捞飞机残骸的任务，海军有专用船只对坠入英国海面的飞机开展救援工作，必要时商业抢救公司也参加工作。对某些特殊的飞机，特别是刚装备部队的新飞机发生事故坠海后，搜索工作最长要进行6个月。

海军飞机事故调查小组最长要用1年的时间，才能对一起重大事故提出最后的报告。过去的数年中，该小组对事故原因进行了相当权威的分析，为防止同类事故重复发生，提出了很好的建议，对占总数91％的事故进行了全面的调查。

皇家海军飞行安全中心于1962年在尤维尔顿成立，该中心负责实施上述建议，收集全部飞行安全资料，并定期向所有部队发出这些资料。凡有海军飞机飞行的地方，不管是机场还是航母，都必须有飞行安全军官。

三军的飞行安全组织，正密切注意未来急需解决的一些日益复杂的问题：如高速飞机飞行员的空间定向障碍问题；大过载引起的意识丧失；复合材料日益增加所带来的问题；玻璃座舱、电传操作机构以及现代飞机更加依靠微电子芯片技术所带来的问题。

然而，尽管现代飞机是用高技术生产的，但是，军用飞行安全的最重要问题还是鸟击和人为两大因素，这一点至今仍然未变，自1908年世界上摔落了第一架飞机以来，一直就是这样，今天仍然如此。

下篇 鸟击应急救援

一、鸟击应急救援概述

从辩证唯物主义的观念看，飞机飞行安全和其他行业的运行安全一样，安全是相对的，危险是绝对的。事实上，在各行业中，绝对的安全是难以达到或者是根本无法实现的。在自然条件下，鸟击灾害不可避免，在发生鸟击灾害过程中或灾害之后，有效的应急救援行动是唯一可以减控灾害蔓延或再次发生的最有力措施。尽管大家公认飞机是世界上最安全的交通或作战工具，但是，鸟击灾害的难预测性、突发性等特点，可能会带来极大的人员和财产损失，给人们带来精神打击和恐惧心理，这些都超过了其他任何交通工具所产生的事故。从现有的管理体系看，国内外机场紧急事件的救援工作主要由机场承担。机场鸟击灾害的应急救援工作的目的，就是把鸟击灾害造成的影响，特别是关于抢救生命和维持航空器运行方面的影响，减少到最小的程度。目前，一旦发生鸟击灾害，机场是应急救援的主体，因此，强化机场各有关部门及人员应急救援的意识，提高应急救援的综合水平，对于挽救更多的生命、减少财产的损失和减控不良的社会影响等，都具有重要的现实意义。

(一) 鸟击灾害应急救援与体系建设

机场鸟击灾害应急救援属于航空交通灾害危机管理范畴，其根本目的是为了当鸟击灾害及其他航空交通影响机场运行的紧急事件发生时，能在有效时间内采取救援行动、有效施救，尽量减少生命和财产损失。应急救援适用于鸟击灾害发生时的管理。

国内外机场鸟击防灾的实践证明，机场及相关部门平时应重视应急机制的研究，建立应急救援体系，制订应急救援计划，及时有效地实施应急救援行动。一旦发生鸟击灾害，可以通过有计划、有步骤的行动及有效的应急救援体系，最大限度地降低鸟击灾害造成的损失。

鸟击灾害救援体系，是由若干相互联系、相互作用、相互依赖、相互制约的子系统组成的综合性协调系统。应急救援体系是安全体系的子系统，通过预先计划方案和应急救援措施的建立，调用一切可以利用的力量，在鸟击灾害发生后，迅速控制其发展，尽量减少对人民的生命、财产和环境的损失。应急救援体系的规模随鸟击灾害发生的类型和影响而有所不同，力求做到因事制宜、效果最佳。

1. 应急救援体系

应急救援体系，既涉及救援的组织结构，又涉及救援的支持保障，包含救援系统的各个要素；同时，需要响应程序来实现其功能。它主要包括几个方面的内容：鸟击灾害的预测预报和信息接收、预案管理，应急救援行动的开展、应急救援培训和演练、恢复工作等

业务。该体系是以控制和消除鸟击灾害的影响，使鸟击灾害造成的损失程度降低到最小值为目的；同时，该体系也是由若干相互联系和相互作用的应急要素组成的一个有机整体。

2. 机场应急救援体系

机场应急救援体系，包含鸟击灾害救援体系，它在航空安全管理中占有重要的地位。各个机场应急救援按照管理部门的规章制度，在相关管理程序和咨询通告的指导下，逐步建立包括鸟击灾害的知识普及、应急准备、快速响应和灾后恢复为主的应急救援体系。

中国民用运输机场紧急事件分为航空器紧急事件和非航空器紧急事件（含鸟击灾害）两大类。在民用机场内及其邻近区域内发生的航空器紧急事件，机场管理部门负责实施救援工作。机场应根据具体运行环境，制定针对航空器紧急事件、自然灾害（含鸟击灾害）和各种社会灾害等非航空器紧急事件的应急预案。

在《国际民用航空公约》附件14《机场》中，对民用运输机场的规划和运行安全保障提出了一系列的国际标准和建设措施。在国际民航组织出版物《机场勤务手册》中，对民用运输机场内部和周边地区发生的紧急事件的应急救援体系，提出了具体的要求，并详细介绍了民用运输的消防、救援、机场的应急计划以及航空器搬移等工作。民用航空法和机场使用许可的规定，都要求民用运输机场配备应急救援相关人员、设备和培训体系，"民用运输机场应急救援规则"对机场应急计划、程序、设备和演习、演练提出了更加详细的要求。同时，我国民航管理局，根据《国际民用航空公约》附件14《机场》和其他建设措施，也颁布了相关的国家标准，作为机场管理部门配备应急救援设备和设施的标准。

在应急体系的应急响应过程中，我国民航管理局要求机场管理部门重视应急指挥、应急通信和救援程序等问题。近年来，民航管理局十分重视鸟击灾害的防范与应急救援工作，并十分重视鸟击应急救援工作，主要是因为其在民用航空安全管理中的有着重要作用。随着我国航空运输业务量的提高，我国民用运输机场应急救援相关规章和整个体系不断完善，同时，也颁布了有关管理程序和说明性文件加以解释。目前，我国民航规章体系可分为三个层次：一是《中华人民共和国民用航空法》。二是民航运输相关的行政法规，一部分由国务院颁发；另一部分由国务院批准中国民航管理部门颁发。三是中国民航管理局颁布的民航规章。

机场管理部门负责应急救援的指挥，提供有关救援设备和人员，同各个救援单位一起快速实施救援，最大限度地降低人员伤亡和财产损失。

在实施救援过程中，民航管理部门要求各个机场制定标准信息通报程序以及通信手段，同时，配备相应的通信设施。应急管理应参照国际民航组织有关推荐措施，以及我国民航管理部门的标准，尤其是针对各种航空器和非航空器紧急事件，制订航空器消防、救援、维护和信息沟通等标准工作程序，在演习和演练过程中加以训练，并将公众在各种紧急事件下的自救、互救措施作为重要的宣传教育内容，在日常应急培训和演练过程中邀请公众参加。

（二）机场应急管理特征与预案管理

民用航空是高科技、高风险的资本密集型服务性行业，在现代社会生活中，已经成为经济发展的重要组成部分。然而，航空灾害，特别是鸟击灾害等机场各类应急救援事件所造成的人身财产损失和间接的危害，却给人们带来了巨大的心理压力。航空安全不仅关系到旅客的生命财产安全，而且关系到国计民生。随着我国民航业的快速发展，对安全管理也提出了更高的要求。各类机场应根据实际，结合自然和社会条件，针对其行业各种风险制订相应的应急计划；民航管理部门应提供具体的指导；一些海岛或靠近水域的民用机场，还应当制订水上援救程序，同有关水上救援组织合作，并配备相应的水上救援通信和交通设备等。

1. 机场应急管理的特征

航空灾害，特别是鸟击灾害及一切危及民航正常航空运营活动、运营程序的事故都会造成很大的后果，包括航空事故灾害（如飞行事故、地面事故、严重差错等造成的损失；如鸟击灾害、环境灾害、飞机噪音和尾气污染、有毒和放射性物品泄露造成的生态环境污染与破坏、空中航行传播疫病等）；自然灾害（如雷暴、沙尘暴、冰雹等自然变故造成的损失）；其他灾害（如威胁民航运营安全的非法行为的危险），等等。航空事故灾害的危害性大，应通过有效的应急管理，减少人员、财产及正常运行方面的损失和影响。为此，机场应急事件具有四个方面的基本特征：

（1）生成的突发性。航空器应急事件，特别是鸟击灾害，是机场应急事件中的一种重要类型。尤其是鸟击灾害往往是无法预见的突发性的灾难。事实上，鸟击灾害的发生概率较小，然而，一旦发生则死亡率极高，其突发性和无可逃避性对人们的心理造成巨大的影响。由于航空及鸟击灾害的发生是众多诱发因素交互作用的结果，某些因素本身就包含随机性和突发性，必然影响到灾害的发生具有偶然性、突发性、不确定性及随机性。

（2）成因的综合性。民航的地面—空中立体生产服务体系，是一个人造的社会技术系统，这个系统主要由航空公司、空中交通服务和机场服务三大子系统组成，涉及飞行、机务、地面保障和空中服务等多方面的计划、组织、协调和指挥部门，各自技术独立，工作场地分散，组织协调的难度大；同时，受自然环境和社会环境的影响较大。2009年有关资料表明，在国内，全年飞行事故的相关因素调查报告中，占第一位的是鸟击灾害，约占45%；第二位是机组操纵不当，约占18%；第三位是机务维护工作失误、航空公司组织管理缺陷，约占12%。其中，鸟击灾害最高。由此可见，在许多引发事故的因素中，人为失误是最主要的因素，包括操纵者对环境变化及飞机故障的不良应对。航空灾害的发生通常是民航运输过程中外部环境的突变、人为失误与飞机失控等因素相互作用的结果，其成因具有综合性。

（3）后果的双重性。鸟击灾害的后果，一是本身对人和社会造成的破坏；二是发生后的社会心理影响。其双重性表现在：它们造成的伤害范围虽然比较小，而造成的社会影响却很大。加之，公众鸟击灾害防范知识普及不够，因此，它们对社会心理的负面影响相当广泛。

（4）较低的可防性。机场应急事件，特别是鸟击灾害的发生，存在微观上的可避免性与宏观上的不可避免性。从理论上讲，随机事件有随机的规律，鸟击灾害也有其自身的规律，因此，灾害的发生是事出有因的。那么，预先控制住成因，就能预防发生的结果。通过监测、识别、诊断、控制和综合治理，及时纠正人为失误和机械故障，则可以起到一定的防范作用。但是，从宏观上分析，系统处在不断的演变、发展、完善过程之中，灾害又是不能绝对避免的。因此，危机事件虽然在一定程度上可以预防，然而事实表明，成功预

防一起危机事件是十分困难的。

2. 应急决策

机场应急决策，其传统决策过程中，一般分为四个阶段，即情报信息、设计、选择和实施。但是，应急决策的特点决定了应急决策有别于一般决策。也就是说，客观上现在还无法完全遵循四个人为划分的阶段。在现实的决策环境中，应急决策具有以下特点：

（1）反应时间短。由于危机的突发性，加之要获得危机信息难度大并难以及时传输到决策者手中，使得决策者所面临的反应时间很短。在此突发情况下，决策的选取就显得更为突出。

（2）危机信息高度不确定。从危机初始征兆到危机爆发，特别是鸟击灾害，其危机情景都在不断发生着演化。不确定的信息也对需要采取的危机应对措施产生影响。

（3）决策难度大。随着时间的推移，危机信息难以在短时间内完全释放出来，通信渠道闭塞或是信息大量扩散都导致难以获得可靠、有效的高水平信息。加之，决策者处于高度不确定的复杂环境中，无疑会增加决策的难度。

（4）控制成本高。控制成本是由应急决策的实施方案和实施时间所决定的。在危机管理中，由于应急决策时间很短，为尽量避免和减少损失，决策者所选择的应急方案中往往要动用大量的人力、物力和财力资源，这就使决策的实施成本较高。另一方面，决策的制定需要大量而准确的危机信息，要在很短的时间内收集危机信息，提高了直接成本。

3. 应急救援预案管理

大量的实践证明，由于机场应急事件的灾害特点，仅靠实时的、一般的管理方法难以应对各种应急情况。应急救援预案（计划）是应急管理的文本体现，是应急管理的指导性文件。在应急事件初始信息得到后，将情况与预案启动条件相匹配，及时迅速地启动相应的预案，将有助于危机时刻的应急管理准确、有效。平时有针对性地进行预案的演练与人员培训，也有助于在应急处置中的行动有效开展。因此，采用预案管理的方法应对各种应急救援事件是一个准确且有效的选择。

机场管理机构的应急救援计划（预案），一般包括紧急事件的类型和应急救援的等级、各类紧急事件的通知程序和通知事项、各类紧急事件中所涉及的单位及其职责等内容。同世界上很多国家的民用机场管理当局一样，我国所有机场的应急救援工作，也需要取得当地政府救灾机构、消防部门、医疗部门、公安机关、运输部门（包括陆海空）、当地驻军等单位的大力支持，并同这些单位签署互助协议。在机场应急预案编制中，应按照闭环的系统方法，确保各方的协调一致和高效。

特别是鸟击灾害等非航空器紧急事件，同航空器紧急事件一样可以造成大量的人员伤亡和财产损失，因此，机场管理机构应高度重视对鸟击灾害等非航空器紧急事件的应急救援工作，制定周密的预案，同时，组织相应的演练和培训。

（三）应急救援的响应

1. 响应程序

响应又称反应，它是在即将发生紧急事件、紧急事件期间及紧急事件后，对应急情景进行科学分析，为防止事态进一步扩大，而立即采取的应急救援行动。一般情况下，应急救援系统根据紧急事件的性质、严重程度、事态发展趋势实行分级响应机制，针对不同的响应级别确定相应的紧急事件通报范围、应急机构启动程度、应急力量的出动和设备及物资的调集规模、疏散范围及应急总指挥的职位。

快速、有序且高效地处理紧急事件，需要应急救援系统各个组织机构的协同努力。应急事件一旦发生，应立即启动应急救援系统的应急响应程序。响应程序按过程可分为应急信息接收、响应级别确定、救援行动、应急恢复、应急结束等几个过程（图 2-1）。

（1）信息接收与确认：接到应急事件信息后，按照工作程序，首先要对情况做出核实与判断。如果事件不足以启动应急救援预案，则不予应急响应。

（2）响应级别确认：应急信息确认后，对于应予响应的应急事件，要迅速确认响应类别与等级。

（3）应急启动：应急响应类别确定后，按照应急预案及响应的分类，快速启动应急程序，如第一时间通知应急有关人员到位、开通应急信息与通信网络、迅速通知调配救援所需的应急资源、成立现场指挥部等等。

（4）救援行动：有关人员进入现场，迅速开展有效的救援行动，包括消防、伤员急救、疏散、警戒等有关应急救援工作。同时，一些对于救援工作的支持性活动，如专家提供建议和技术支持、家属安抚、媒体报道等工作也就相应展开。

（5）应急恢复：应急行动结束后，进入临时恢复阶段，包括恢复现场、人员清点、撤离、警戒解除、善后处理和事故调查等。另外，残损航空器的搬移及恢复机场正常运行的程序，也是机场应急计划的重要内容之一。对于机场及其邻近区域发生的紧急事件，在完成现场救援后，各级民航管理部门监管航空器，在进行必要的调查后，批准航空器的搬移许可。

（6）应急结束：按机场应急预案，执行应急关闭程序，应急救援工作宣告结束。

2. 应急救援管理的内容

从应急救援的实践看，在机场应急响应的不同阶段有不同的工作内容。通常情况下，机场应急救援的类型主要包括：航空器应急（包括航空器失事、航空器空中故障、航空器相撞、航空器受非法干扰等）；非航空器应急（包括危险品应急、建筑物起火、自然灾害应急（含鸟击灾害应急）、机场工作秩序受非法干扰、医学紧急事件等）。

不同的应急类型需要不同的应急行动与指挥程序。在机场应急过程中，主要的应急行动包括：应急指挥与控制、消防救援、应急救护、航空器搬移、现场管理、媒体管理、自然灾难应急、水上及困难条件下的应急救援行动等。围绕这些管理工作，应通过预案管理、组织机构与职责、指挥与通信、现场控制与安排、救援现场管理、新闻媒介与信息管理、应急设备设施管理、应急培训与演练等来进行保障。

二、民用运输机场应急救援计划

危机管理研究，特别是鸟击灾害等非航空器灾害的研究，是现代化风险管理的重要内容之一。危机管理理论最早提出时，主要作为研究国家关系和国际政治领域的理论，随着研究的不断深入和应用，这一理论逐步延伸到经济领域，开始多针对地震灾害、气象灾害及环境污染的危机管理。后来危机管理的服务对象逐步扩展到跨国公司，研究对象主要是宏观社会政治经济领域的危机问题。一般性工商企业也运用危机理论研究企业危机发生

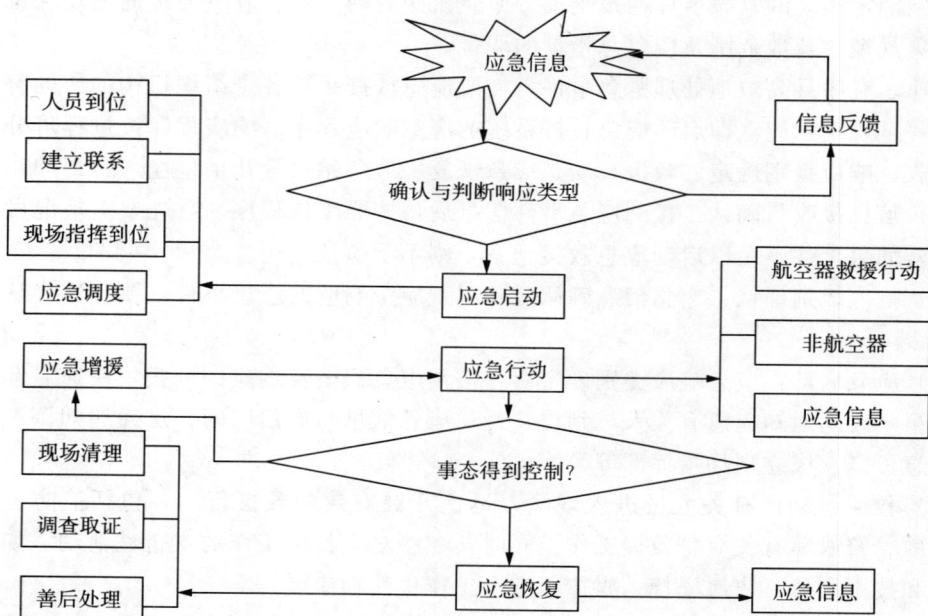

图 2-1 机场应急救援体系响应程序（引自赵玉明）

后，如何应对和如何摆脱危机的策略等应用性。机场应急属于航空交通灾害危机管理的内容之一，其主要内容是通过预案管理的方式，研究一旦发生危机事件时要如何应对，从而达到有效救援的目的。

机场应急预案，又称机场应急计划。它是针对可能发生的重大航空器事故或鸟击灾害等非航空器事件，为保证迅速、有序、有效地开展应急救援行动，降低事故损失，而预先制订的有关计划或方案。它是在辨识和评估潜在的重大危险、事故类型发生的可能性及发生过程、事故后果及影响严重程度的基础上，对应急机构职责、人员、技术、装备、设施（备）、物资、救援行动及其指挥与协调等方面预先做出的具体安排。

在机场应急系统中，事故应急救援计划起着关键的作用。它和应急的各个方面是针对可能发生的重大事故及其影响和后果的严重程度，为应急准备所预先做出的详细安排，是机场开展及时、有序和有效事故应急救援工作的行动指南。为了对机场内部和周边地区发生的各种紧急事件做出迅速有效的反应，最大限度地降低人员伤亡和财产损失，民用运输机场必须有针对性地制订一个与本机场运行、并与生态环境相符合的应急计划。

（一）应急救援计划的作用

国内外民航业的实践证明，在发生紧急事件后，机场管理当局能否组织快速、有效的施救，直接关系到应急救援的效果和恢复正常秩序的效率，就是看应急救援计划是否科学有效、措施是否有力。有效的应急救援计划应明确在应急事件发生之前、发生过程中、应急事件结束后，各个应急阶段中的指挥调度、响应程序、后续行动等各个环节的工作内容，确保表述十分清楚、措施十分具体。

（1）明确应急救援的范围与体系：应急救援计划应明确应急救援的范围和体系，使应急准备和应急管理不再无据可依、无章可循。

（2）应急救援计划应及时得到应急响应，保证准确、高效：制订应急救援计划有利于做出及时的应急响应，降低事故的危害程度。应急行动对时间要求十分严格，不允许有任何拖延。应急预案预先明确应急各方的职责和响应程序，在应急力量和应急资源等方面做了大量准备，可以指导应急救援迅速、高效、有序地开展，将事故的人员伤亡、财产损失和环境破坏降到最低限度，也便于重大事故应急结束后的恢复。

（3）应急救援计划是处置各类应急事件的基础。通过编制应急预案，对不确定的、突发的应急事件或鸟击灾害起到指导作用。

（4）当发生超过应急能力的重大事故时，便于与上级应急部门的协调以及社会应急力量的协同。

（5）有利于提高风险防范意识。应急预案的编制，实际上是辨识某些领域内重大风险和防御决策的过程，强调各方的共同参与。因此，预案的编制、评审以及发布和宣传，有利于应急参与单位了解可能面临的重大风险及其相应的应急措施，有利于提高风险防范意识和能力。

（6）培训和演练应急预案人员。培训可以让应急响应人员熟悉自己的责任，具备完成指定任务所需的响应技能；演练可以检验预案和行动程序，并评估应急人员的技能和整体协调能力。

（二）民用机场应急救援预案的法规要求

近年来，我国相继颁布的一系列法律法规，如《危险化学品安全管理条例》《关于特大安全事故行政责任追究的规定》《中华人民共和国安全生产法》《特种设备安全监察条例》等，对重大危险源等应急救援预案的制订作了明确规定和要求，要求县级以上地方各级人民政府、生产经营单位，依法制定相应的重大事故应急预案。为建立健全民用航空器飞行事故应急机制，提高政府应对突发危机事件的能力，保证民用航空器飞行事故应急工作协调、有序和高效进行，最大限度地减少人员伤亡，保护国家和公众财产安全，维护社会稳定，促进航空安全，国家已出台《国家处置民用航空器飞行事故应急预案》。民航行业主管部门也相继出台了相应的规章，对应急救援工作进行了规范。机场应急救援预案的制定应符合《中华人民共和国安全生产法》《中华人民共和国民用航空法》国际民航组织相关要求、《国家处置民用航空器飞行事故应急预案》、民航相关规章的要求。在应急援救中的搜寻救援应符合《中华人民共和国搜寻救援民用航空器规定》的要求。应急救援中的家属援助要符合《民用航空器飞行事故应急反应和家属援助规定》的要求。

《中华人民共和国安全生产法》明确规定了安全生产国家综合监管以及各行业职能机构专项监管两结合的监管体制，明确了安全生产的四个责任对象——政府、生产经营单位、从业人员、中介组织；规定了七项基本法律制度：监督管理制度、责任追究制度、从业人员权利和义务制度、中介服务制度、事故应急救援制度等。《安全生产法》建立了三套对策体系：事前预防——超前预防对策体系；事中救援——事故应急救援体系；事后处理——事故调查、报告和责任追究体系，其中应急救援体系是十分重要的内容。

《中华人民共和国民用航空法》，是民用航空法规体系中的龙头，是制定民航法规、规章的依据。《民用航空法》是规定领空主权、管理空中航行和规定民用航空活动的法律规范。《民用航空法》在对搜寻援救、事故调查等具体工作方面都有明确的规定，规定民用

航空器遇到紧急情况时应当发送信号，并向空中交通管制单位报告，提出援救请求；空中交通管制单位应当立即通知搜寻援救组织协调中心。民用航空器在海上遇到紧急情况时，还应当向船舶和国家海上搜寻援救组织发送信号。发现民用航空器遇到紧急情况时或者收听到民用航空器遇到紧急情况的信号的单位或者个人，应当立即通知有关的搜寻救援协调中心、海上搜寻援救组织或者当地人民政府。收到通知的搜寻援救协调中心、地方人民政府和海上搜寻援救组织，应当立即组织搜寻援救。收到通知的搜寻援救协调中心，应当设法将已经采取的搜寻援救措施通知遇到紧急情况的民用航空器。《民用航空法》对于援救工作中的现场管理、证据保存也作了相关要求，明确执行搜寻援救任务的单位或者个人，应当尽力抢救民用航空器所载人员，按照规定对民用航空器采取抢救措施并保护现场，保存证据；民用航空器事故的当事人以及有关人员在接受调查时，应当如实提供现场情况和与事故有关的情节。

《国际民用航空公约》附件 14《机场》和相关技术文件是各个缔约国制定本国民用机场各种规章的基础。《国际民用航空公约》附件 14《机场》对于民用运输机场的规划和运行安全保障提出了一系列的国际标准和建议措施，附件中介绍民用运输机场的应急计划、救援和消防以及航空器搬移工作等内容，对于民用运输机场内部和周边地区发生的紧急事件的应急救援体系提出了具体要求。在国际民航组织的出版物《机场勤务手册》中，也分别详细介绍了民用运输机场的消防和救援、机场应急计划以及航空器搬移等工作。按照《国际民用航空公约》附件 14《机场》中的定义，机场应急计划是制订在机场及其邻近区域内发生紧急事故时，妥善处理问题的步骤和方法。

我国民航业主管部门对应急救援工作也作了相关的要求，出台了规章，对民用运输机场的应急救援计划都提出了具体要求。机场应急计划是民用机场取得民用运输机场使用许可证的必要条件之一，要求民用机场具备"处理特殊情况的应急计划以及相应的设施和人员"。我国各民用运输机场在制订应急计划时，应当按照中国民用运输机场应急救援规则的要求，同时参考《国际民用航空公约》附件 14《机场》以及《机场勤务手册》的建议措施，结合本机场的实际情况，认真分析本机场的各种风险，制订本机场的应急计划。

《国家处置民用航空器飞行事故应急预案》是《国家突发公共事件总体应急预案》的重要组成部分，要求建立以下重大航空器事故应急预案：

（1）民用航空器特别重大飞行事故。

（2）民用航空器执行专机任务发生飞行事故。

（3）民用航空器飞行事故死亡人员中有国际、国内重要旅客。

（4）军用航空器与民用航空器发生空中相撞。

（5）外国民用航空器在中华人民共和国境内发生飞行事故，并造成人员死亡。

（6）由中国运营人使用的民用航空器在中华人民共和国境外发生飞行事故，并造成人员死亡。

（7）民用航空器发生爆炸、空中解体、坠机等，造成重要地面设施巨大损失，并对设施使用、环境保护、公众安全、社会稳定等造成巨大影响。

目前，民航系统已初步形成了以《国家突发公共事件总体应急预案》为总纲，以民航处置飞行事故、处置劫机事件及国家其他相关专项预案为主体，以各地区管理局及监管办应急预案和民航机场、航空公司、空管等应急预案为支撑的民用航空安全应急预案体系。

（三）机场应急救援计划的内容

民用运输机场应急计划的内容应当包括：航空器紧急事件、危险品事件、非航空器紧急事件及鸟击灾害、建筑物火灾以及各种自然灾害等事件的应急处置。在应急计划当中，应当至少包括：各种紧急事件的类型、各个救援部门的职责、实施救援过程中的信息沟通方法以及机场临近区域的方格网图等。

目前，各国根据国际民航组织的要求，颁布了一系列的咨询通告，指导机场应急计划的编写工作。应急计划的格式、各个救援部门的职责、对应急事件的分类等差别都很大，但是，主要内容和应急救援组织的控制程序基本相同。

根据相关要求，机场管理机构应当制订本机场的应急救援计划，同时，按相应的审批程序，报经民航当局批准。应急计划应当包括：

（1）紧急事件的类型和应急救援的等级。

（2）各类紧急事件的通知程序和通知事项。

（3）各类紧急事件中所涉及的单位及其职责。

（4）残损航空器的处置及恢复机场正常运行的程序。

（5）机场所在城市、社区应急救援的潜在人力和物力资源明细表和联系方式。

（6）机场及其邻近地区的应急救援方格网图。

制订应急救援计划应当考虑极端的冷、热、雪、雨、风和低能见度的天气及鸟类情况，以及机场周围的水系、道路、凹地，避免因极端的天气和特殊的地形环境而影响救援工作的正常进行。

民用运输机场应急救援计划，适用于民用运输机场及其邻近区域内（机场及其邻近区域系指机场围界以内及距机场基准位置8千米范围内的区域）发生的各种紧急事件。紧急事件是指航空器或机场固有设施发生、可能发生严重损坏及导致有关人员伤亡的情况。在此区域外发生的紧急事件，按照《中华人民共和国搜寻援救民用航空器规定》执行。

机场内部以及临近区域发生的紧急事件，根据是否涉及民用航空器，可以分为航空器紧急事件和非航空器紧急事件（鸟击灾害）。航空器紧急事件包括航空器失事、空中故障、非法干扰（劫持、爆炸物威胁）、空中或地面相撞、与障碍物相撞，以及涉及航空器的其他紧急事件。

非航空器紧急事件，包括对机场设施的爆炸物威胁、建筑物失火、危险物品污染、自然灾害、鸟击灾害、医学紧急情况，以及不涉及航空器的其他紧急事件。

机场应急事件应根据快速响应的类型、危害程度等级采取相应的应急救援行动。

应急预案通常以手册形式制成文件。它应该规定参与处理紧急情况的各机构和人员的职责、任务及行动。应急预案应该考虑到以下几个方面。

1. 适用的政策

应急预案应该为应急响应提供指导，例如适用的法律和规章、与地方部门的协议以及政策和优先事项等。

2. 组织工作

应急预案应明确应急响应组织工作的下列事项：

（1）指定应急响应小组的人员和负责人。

（2）确定应急响应小组人员的任务和职责。

（3）明确向上级报告的流程。

（4）提供设立危机管理中心的细则。

（5）制订接收大量信息咨询的程序，特别是在重大事故发生后的前几天。

（6）应对媒体。

（7）确定可调度的资源，包括采取紧急措施的财务资金使用。

（8）协助事件调查。

（9）确定关键人员。

3．通知程序

应急预案应规定遇到紧急情况下的通知程序，包括组织中的什么人，谁应向外发布通知以及采用何种方式。

（1）政府部门（搜寻和救援部门、管理当局、事故调查委员会等）。

（2）当地响应协调服务部门（机场管理部门、消防部门、警方、急救服务部门、医疗机构等）。

（3）遇难者的亲属。

（4）媒体。

（5）保险部门。

4．初始响应

根据情况的不同，初始响应小组可能在很短时间内被派往事故现场，并根据现场情况开展救援相关工作。构建初始响应小组时需考虑以下一些因素：

（1）初始响应小组人员构成。

（2）事故现场发言。

（3）特殊设备、服装、文件、运输工具、食宿方面的准备。

（4）家属安抚。

5．应急指挥中心

应急预案应满足下列要求：

（1）人员安排（在初始响应时期可能每周7天、每24小时都要有值班人员）。

（2）通信设备（电话、传真、因特网等）。

（3）记录应急活动日志。

（4）收集与紧急情况相关的记录。

（5）参考文件（例如应急响应检查单和程序、机场应急预案等）。

6．记录

除了需要记录有关事件和活动的日志外，还必须向事故调查小组提供信息：

（1）与航空器、飞行机组和运行以及与危机事件相关的所有记录。

（2）所有照片和其他证据。

7．事故现场

在救援现场管理中应考虑：

（1）幸存乘客的安置。

（2）对遇难者亲属的需求做出反应。

（3）死者尸体和个人财产的处理。

（4）证据的保存。

（5）需要时为调查当局提供帮助。

（6）转移及清理残骸。

8. 新闻媒体

新闻媒体管理应考虑：

（1）依法可以向公众公布的信息。

（2）发言人。

（3）有关单位首次声明的时间和内容。

（4）适时向媒体提供准确的信息。

9. 家属援助

在制定应急预案时，还应包括对事故中的遇难者，如机组人员和乘客等家属的援助。

（四）应急预案编制中的注意事项

强化民用机场的应急救援工作，建立有效的机场应急救援反应机制，对于果断处置各种紧急事件，特别是涉及鸟击灾害和避免或减少人员伤亡及财产损失，减少对机场正常运行带来的影响具有重要的现实意义。从全国部分机场现有的应急救援计划看，还存在内容粗浅、可操作性不强、系统规划协调不够等问题，应当在编制过程中予以解决。

1. 应急预案内容粗略

应急预案内容粗略，主要表现在仅对应急救援的组织机构与职责、法律责任等方面作了一些规定，而应急预案中其他应包括的核心内容都未能具体反映。在预案编制及修订过程中，应加以详细规划和描述。

2. 应急预案的可操作性差

在有些应急预案的编制中，未能充分明确自身可能存在的重大危险及其后果的内容，具体措施不明确，应结合自身应急能力的实际，对应急的一些关键信息，如识别潜在重大危险源、掌握应急保障条件、决策、指挥与协调机制等，加强系统管理，保证应急预案的针对性和操作性。

3. 应急预案缺乏系统的规划和协调

实践证明，机场面临的应急事件有很多类型，对于应急资源的调度，应统筹规划和协调。应急资源与应急调度和应急系统应融为一体。如何有针对性地对航空器及非航空器事故进行应急预案编制与规划，保证各预案之间的协调性，避免预案之间的矛盾和交叉，在编制应急预案时，必须总体考虑，并明确说明。

4. 预案的完整

机场在制订应急计划的过程中，首先，要根据本机场的实际情况，分析潜在的危险因素，在此基础上制订预案，保证预案的完整性，例如本地区可能发生的影响航空器安全运行的自然灾害和鸟击灾害及各种社会灾害等；然后，制订针对各种风险的紧急预案。如果机场的大部分起飞和降落的飞机都要飞越临近的水域、沿海、近水地区以及靠近沼泽湿地

的机场，机场管理部门应制订详细的水上救援计划。

尽管编制应急预案在应急救援中起着关键的作用，但是，有了应急预案，并不等于事故的应急救援工作就有了保障。即使一个非常完善的应急预案，如果发布之后，便束之高阁，没有进行有效的落实，也仅仅是一个书面文件而已。应急预案能否在应急救援中发挥有效的作用，不仅仅取决于预案本身的完善程度，还取决于应急预案的实施情况，包括预案的宣传，落实预案中所需的组织机构、人员及各种资源，开展预案培训，进行定期演练，向公众进行应急知识宣传教育等。

另外，近几年来，我国各机场在应急救援和一般灾害救援方面取得了一些经验和教训。实践证明，在应急救援编制过程中，还应注意解决三个方面的问题（3C），指挥（Command）、现场控制（Control）和通信联络（Communication）。

1. 应急救援指挥

在应急救援工作中，有效的指挥，对机场应急事件的应急响应具有重要现实意义，它是应急管理的关键内容之一，按照事件发生区域、不同紧急事件的特点，采取不同的、有效的指挥方法。

2. 现场控制

机场一旦发生紧急事件之后，相关的救援机构应当对救援现场加以控制，确保能够按照预定计划开展救援工作，同时保证人员安全疏散、将财产损失降到最低点。现场控制工作可以从人群、救援程序、设备、现场保安控制等方面着手。

3. 通信联络

从机场应急救援的实践看，通信联络工作在救援工作中起着举足轻重的作用。机场在制订应急计划中，应对应急通信规则加以详细规定，并且配备精良的通信器材；有条件的机场可以配备移动应急通信车。

（五）预案的要素组成

应急预案是整个应急管理工作的重要环节，是应急救援工作中的纲要，它的内容不仅限于事故发生过程中的应急响应和救援措施，还应包括事故发生前的各种应急准备和事故发生后的紧急恢复以及预案的管理与更新等。完整的应急预案按相应的过程可分为六个一级关键要素：

（1）方针与原则。要求简洁、明确。

（2）应急策划。要求全面、到位。

（3）应急准备。要求准确、具体。

（4）应急响应。要求集中、快速。

（5）现场恢复。要求稳妥、有效。

（6）预案管理与评审改进。

在上述六个一级要素之间，既具有一定的独立性，又紧密联系。从应急的方针与原则、策划、准备、响应、恢复到预案管理与评审改进，形成了一个有机联系并持续改进的应急预案管理体系。根据一级要素中所包括的任务和功能，应急策划、应急准备和应急响应三个一级关键要素可进一步划分若干个二级小要素。所有这些要素构成了重大事故应急预案的核心要素。

1. 方针与原则

无论是何级或何种类型的应急救援体系，首先必须有明确的方针和原则，作为开展应急救援工作的纲领。方针与原则反映了应急救援工作的政策、范围和总体目标，应急的策划和准备、应急策略的制订和现场应急救援及恢复，都应当围绕方针和原则开展。

2. 应急策划

应急预案的基本要求是要有针对性和可操作性。因而，应急规划必须明确预案的对象和可用的应急资源情况，即在全面系统地认识和评价所针对的潜在危机事件类型的基础上，识别出重要的潜在事故、性质、区域、分布及事故后果；同时，根据危险分析的结果，分析应急救援力量和可用资源情况，为所需的应急资源准备提供建设性意见。在进行应急规划制订时，应当列出国家、民航行业的法律法规，作为制订预案和应急工作授权的依据。因此，应急规划包括危险分析、资源分析以及法律法规要求等三个二级要素。

（1）危险分析：应急救援中，危险分析的目的，就是要明确应急的对象，即存在哪些可能的重大事故或其他重大危机事件隐患，所要应急事件的性质及其影响范围，后果严重程度，为应急准备、应急响应和应急措施提供决策依据。对于危险分析，可根据不同情景来分析。

应急情景是动态决策的基础。应急的方案是在不同情景状态下的可变集合，因此，可以说决策的空间 K 是随着情景 S 的动态演进而变化的。应急管理要求管理者要在情景变化空间的基础上，面对时间的压力，选择最优的情景方案，达到应急管理的目标。因此，可用状态变量来表示各阶段的情景。机场紧急情况应对的情景的设定，可采用一组状态变量来表示：

$$S（O，W，N，E，R，F，A）$$

O——危机事件（包括应急任务、连锁应急事件等）。

W——地点（包括多种不同生态类型）。

N——危机严重程度（涉及人数、机上油量、危险品危机信息等）。

E——环境（包括天气、地形等可能给应急行动带来影响的自然条件等）。

R——应急力量需求（含人力、物力）。

F——角色（包括参与应急的各种应急力量等）。

A——应急行动（包括相应的措施等）。

这些变量的一组值，可用变量来刻画在应急管理中的一个情景。每种资源调度调整，也会产生不同的救援效果。同时，在每一组应急行动过程中，按照行动的先后顺序、协同规则等实施救援。随着应急活动的实施，系统会按照应急行动的情节，按程序逐步展开，直至实现危机管理的目标，结束全部救援行动。

（2）资源分析：机场应急救援资源包括内部资源、外部资源两部分。机场内部资源主要包括应急人员与设备、应急设施、应急组织对策及应急后援。在机场应急救援中，有很多外部资源可用于应急管理中。在一些特殊情况下，有必要与外部机构签订正式的协议，整合社会资源以便在紧急事件发生时，应急救援能共用其资源，从而做到资源共享。

在评价分析应急人力资源时，主要考虑应急人员的数量、素质、胜算把握、应急人员

的承受能力和应变能力。

救援设备是开展救援工作必不可少的物质基础。为保证救援工作的有效实施，在对应急事件发生的可能性及危险性的分析基础上，在制订预案时，应依据需要制订所需的设备清单。与救援工作相关的各单位，应尽早制订救援装备的配备标准，平时做好装备保养，确保装备处于良好的使用状态。救援装备平时注意保管，严禁随意挪用。所有的救援设备必要时还要进行更换。

在应急工作中，应充分考虑具备必要应急设施，包括应急设施的规模、选址等。

在应急管理中的应急资源还包括应急培训与教育，因为救援工作需要每个参与者的支持才能保证救援的有效性。培训与演练进行前，应结合机场的实际情况进行应急培训需求分析，制订培训计划，建立规范的培训程序。

在完成了应急资源评价后，下一步的工作就是对应急能力进行综合评价。这是一个很重要的环节，因为应急能力的大小，会直接影响应急行动是否快速、有效。应急能力评价同样也要结合内部应急能力和外部应急能力的评价。应急能力评估结果不仅是预案编制的依据，也是预案培训的依据。

（3）法律法规要求：在应急救援中，依据法律法规进行救援，这是开展应急救援工作的重要前提和保障。在制订应急救援方案时，应列出机场应急救援各部门的职责要求以及应急预案、应急准备和应急救援有关的法律法规文件，作为预案编制和应急救援的法律依据。

3. 应急准备

机场制订的应急预案，能否在应急救援中成功地发挥作用，不仅取决于应急预案自身的完善程度，还取决于应急准备的充分与否。应急准备预案应明确应急组织，如该组织的职责权限、应急人员培训、应急物资的准备、预案的演练、应急知识培训和签订互助协议等。

（1）机构与职责：为确保应急救援工作反应迅速、协调有序、措施得力，必须建立完善的应急组织体系，这种组织体系包括机场应急管理的领导机构、应急响应中心以及相关机构等；同时，对应急救援中承担任务的所有应急组织、协作单位等明确规定其相应的职责。

（2）应急资源：应急资源的准备是应急救援工作的基本保障。在制订应急方案时，应根据可能出现危机事件的性质和后果分析，合理组建专业和社会救援力量，配备应急救援所需的消防、医疗急救以及各种救援机械和设备、交通工具、个体防护设备、医疗设备和药品、生活保障物资等，并定期检查、维护与更新，对上述各类应急所用物资，必须保证处于完好状态，真正做到"拉得出，打得响"。

（3）应急人员培训：针对可能存在危机事件的危险性质，平时或定期、不定期对所有应急人员，包括社会救助力量开展有针对性的专项培训（包括自身安全防护措施），保证应急人员具备相应的应急能力。

（4）预案演练：机场应急救援预案是一种前提规划，事实上，大部分内容可能不会出现。为了确保应急预案中的实际运作，需要进行培训与演练。培训是为了保证参与部门及人员的应急救援技能的保持。预案演练是对应急能力的一个综合检验。通过多种形式的预案培训和演练，使应急人员熟悉各类应急处理和整个应急行动的程序，明确自身的职责，提高协同作战的能力，保证应急救援工作协调、有效、迅速地开展。通过演练的评估，还可以分析应急预案存在的不足，并予以改进和完善。

（5）应急救援知识普及：公众的应急安全意识和能力是减少重大事故伤亡不可忽视的一个重要方面。作为应急准备的一项内容，平时就应注重对公众的日常教育，开展专类应急救援知识普及活动，增强人们的应急安全意识，培养应急自救的能力，以及掌握必要的机场应急救援工作的有关要求等。

（6）互助协议：我国大部分机场都由地方政府管辖，这为应急救援工作创造了条件。在现实工作中，当机场有关应急力量与资源相对薄弱时，应在当地政府的统一领导下，事先与当地相关部门建立互助联系，并做好相应的安排，以便在应急救援中及时得到外部救援力量和资源的援助。

4. 应急响应

救援应急响应，包括应急救援过程中需要明确并实施的核心功能和任务，尽管这些核心功能具有一定的独立性，但是，它们不是孤立的，它们构成了应急响应的有机整体。

（1）启动与通知：准确了解紧急事件的性质和规模等初始信息，是决定启动应急救援的关键。启动预案作为应急响应的第一步，必须做出明确规定，保证迅速、准确地向有关人员询问重要信息，按预先确定的通报程序，迅速向有关应急机构、部门发出通告，以采取相应的行动。

（2）指挥与控制：机场应急救援往往涉及多个救援机构，因此，对应急行动的统一指挥和协调是有效开展应急救援的关键。建立统一的应急指挥、协调和决策体系，便于对事故进行初始评估，确认紧急状态，从而迅速有效地进行应急响应决策，建立现场工作区域，指挥和协调现场各救援队伍开展救援行动，合理高效地调配和使用应急资源等。

（3）通信：通信是应急指挥、协调和与外界联系的重要保障。现在在指挥部、应急中心、各应急救援组织、新闻媒体、医院、上级政府和外部救援机构之间，必须建立完善的应急通信网络，在应急救援过程中，应始终保持通信网络畅通，并设立备用通信系统。

（4）事态监测与评估：在应急救援过程中，必须对事故的发展势态及影响及时进行动态的监测，建立对事故现场及场外的监测和评估程序，特别是鸟击灾害和自然灾害，这一监测和评估尤为重要。事态监测在应急救援中起着非常重要的决策支持作用，其结果不仅是控制事故现场、制定重要决策的依据，也是划分现场工作区域、保障现场应急人员安全、实施公众保护与救助措施的重要依据。

（5）警戒与保卫：为保障现场应急救援工作的顺利开展，在事故现场周围建立警戒区域、实施交通管制、维护现场治安秩序是十分必要的，其目的是要防止非救援人员进入事故现场，保障救援队伍、物资运输和人群疏散等交通畅通，并避免发生不必要的次生伤亡。

（6）媒体管理：危机事件发生后，不可避免地会引起新闻媒体和公众的关注。应将有关信息、影响、救援工作的进展等情况及时向媒体和公众公布，以消除公众的恐慌心理，避免公众的猜疑和不满。应保证事故和救援信息的统一发布，明确事故应急救援过程中对媒体和公众的发言人和信息批准、发布的程序，避免信息的不一致。同时，还应做好公众

的有关咨询、接待和安抚受害者家属工作。

（7）应急人员安全：机场应急救援工作，尤其是涉及危险物质的重大事故的应急救援工作，其危险性极大，必须对应急人员自身的安全问题进行周密的考虑，包括安全预防措施、个体防护设备、现场安全监测等。明确紧急撤离应急人员的条件和程序，保证应急人员免受事故的伤害。

（8）救援与消防：消防救援是应急救援工作中的核心内容之一，特别是航空器紧急事件，往往伴随起火。消防救援的目的就是为了尽快地控制事故的发展，防止事故的蔓延和进一步扩大，从而最终控制住事故，并积极营救事故现场的受害人员，特别是涉及危险物质的泄漏、火灾事故，其消防和抢险工作的难度和危险性十分巨大，应对消防和抢险的器材和物资、人员的培训、方法和策略以及现场指挥等做好周密的安排和准备。

现场人员救护是应急救援非常重要的内容。在涉及航空器的应急救援过程中，幸存者必须按伤势分类，并给予所需的应急救助，然后迅速疏散到适当的医疗设施中。

5. 现场恢复

现场恢复是在事故被控制住后所进行的短期恢复，从应急过程来说，它意味着应急救援工作的结束，进入到另一个工作阶段，即将现场恢复到一个基本稳定的状态。大量的实践表明，在现场恢复的过程中往往存在潜在的危险。特别是涉及航空器紧急事件的恢复过程，通常要进行残损航空器的搬移，要注意避免搬移过程中的二次损伤和人员的安全。所以，应充分考虑现场恢复过程中的危险，制订现场恢复程序。

6. 预案管理与评审完善

应急预案是应急救援工作的指导文件，应当对预案的制订、修改、更新、批准和发布做出明确的管理规定，保证定期或在应急演习、应急救援后对应急预案进行评审，针对实际情况的变化以及预案中所暴露出的缺陷，不断地更新和进一步地完善应急预案文件体系。

[应急救援案例]

某军用机场应急救援预案

1. 在应急救援预案中，第一部分阐述以下内容：建立该应急救援预案的目的、原则、对应急保障单位的基本要求、救援的范围、紧急事件的分类、应急救援机构及职责、应急救援代号与行动等级、应急救援集结地点、应急救援识别标志、应急通信、伤员的鉴别分类、救护区域的划分、未受伤人员停留区域的划分、新闻发布事项、指挥权力的移交等。

2. 预案第二部分：根据紧急事件的类型，划分不同应急事件的处置方法。

（1）鸟击灾害的应急处置

①信息传递流程及内容

一是信息传递流程图。

二是信息传递的内容：各单位在传递紧急信息时，应包括下面的内容：飞机编号、机型、鸟击时间、鸟击地点……

②飞机在机场范围受到鸟击的应急处置

一是塔台：根据鸟击地点及时调整、指挥其他飞机的滑行路线……

二是场站应急指挥中心：启动应急救援程序，派人员赶赴救援现场，建立现场指挥部，指定未受伤人员停留区……

三是场站消防部门：接到指令后，消防首车在3分钟内到达现场并实施灭火行动……

四是机场急救部门：设置急救点，对伤员鉴别分类，初步处理、转移……

五是机场保卫部门：负责组织、实施航空器失事现场的保护、警戒及交通疏导等工作……

六是场站或飞行大队：向应急指挥中心提供鸟击飞机的资料，妥善安置未受伤飞行人员……

七是场务保障部门：清理救援现场，恢复道面、灯光等助航设施设备……

③飞机在机场范围外（8千米以内）失事的应急处置

先遣队到达失事现场后，应将现场情况报告应急指挥中心和后续增援队伍，场站保卫部门协调沿途的公安交警部门，疏导交通……

（2）飞机在空中被鸟击后应急处置

（3）飞机遭受非法干扰的应急处置

（4）飞机与航空器相撞的应急处置

（5）飞机与障碍物相撞的应急处置

（6）飞机地面事故的应急处置

（7）建筑物失火的应急处置

（8）危险品污染的应急处置

（9）医学紧急情况的应急处置

（10）自然灾害的应急处置

3.预案第三部分：残损航空器的搬移。

（1）责任与权力

①航空公司负责残损

②场站负责组织飞机的搬移

（2）搬移工作的实施

①应急指挥中心

②场站或飞行大队

4.预案的第四部分L应急救援培训和演练。

（1）演练类型

综合演练、单项演练、桌面演练……

（2）演练步骤

①制订演练计划

②审核演练计划

三、应急救援的组织结构与运行机制

（一）危机事件应急处置的组织文化

在现代社会生活中，即使是专门从事应急服务的组织，它们所受到的训练与所具备的

知识，以及所拥有的应急资源等，相对于千变万化的危机事件情景来说，也是很少的一部分。因此，没有任何组织、社区或单位会认为他们已经有足够的准备和能力应对各种危机。

在应急处置的人力资源组织过程中，一方面是应急处置的决策指挥人员不得不根据情况的变化采取组织措施，以满足应急过程中对人力资源、技术资源等方面的需求；另一方面是来自不同组织、不同行业、不同工种的应急参与者，特别是不同应急任务的决策者，往往存在某种程度的不协调。不协调的原因一方面在于参与应急救援的人员，往往缺乏与其他人进行合作与协调的能力与技能；再一方面，来自不同组织的参与者的行为倾向于维护各组织的利益，同时参与应急的组织领导更倾向于指挥更多的人、作更多的决策，但目的不是出于应急处置工作的真正需要，而仅仅是要表明他们在现场。英国学者 Peter E. Hodgkinson 与 Michael Stewart 把这种特殊的现象称之为应急处置的组织文化。这种组织文化现象对于应急处置是十分不利的，如果不进行适当的组织结构的调整，就很难完成应急处置的协调工作。按照组织文化与管理的简单规则，存在四种类型的组织文化，即：阿波罗型（Apollo）、宙斯型（Zeus）、雅典娜型（Athena）、狄俄尼索斯型（Dioysus）。

阿波罗型：这种组织的特点是安全的、稳定的、有预见性的、有准备的，在应急处置实践中也是最有效率的。

宙斯型：这种组织是在一定的文化背景基础上形成的，人员相互之间的关系密切，且彼此有信任感。当需要快速做出决策时，他们的表现尤为杰出，且具有较强的协调能力。

雅典娜型：这种组织以完成任务为中心，而且其典型特点是具有较强的独立性，默默无闻地做事。当他们的智慧与产品能用于解决特殊问题时，他们会表现得非常杰出。

狄俄尼索斯型：这种组织既缺乏管理，也缺乏自由；协调能力较差。

在应急处置现场，一般情况下，会有一个以上的机构或组织的应急人员，甚至更多；而每一个应急组织也都会有一个负责的人员。为了使应急处置工作得到更好的协调，就需要一个领导机构；如果参与的组织过多，就需要更高层次上的协调小组。从应急处置的需要来看，在不同层次上需要的组织文化类型是不同的。在各种应急处置的组织文化类型中，政府的组织具有阿波罗文化的特征，因此，在决策层次上需要具有阿波罗型的文化特征的组织。决策层的责任在于制定政策，使管理层次的人员能够依照政策执行。决策层的人员应意识到他所具有的广泛职能，包括考虑各部门的利益、媒体的需要，与其他协同单位取得联系等。决策层的组成人员应为应急处置的核心部门中具有行政决策能力的权威人士。应急过程中有时需要在决策与行动方面更灵活、快速，需要根据现场的情况进行判断。因此，至少在应急处置的初期需要具有宙斯型文化特征的组织。宙斯型的组织实际意味着必须要有一个领导机构，这个机构由人数非常少的、经过认真挑选的决策人员所组成，其主要责任是确定分配应急处置资源的优先顺序，制订完成任务的计划，具备较强的协调能力。在操作层次上，要能够认真运作所有的具体工作，因而需要雅典娜型文化特征的组织。

在我国，其机场紧急事件的救援工作主要是由机场承担的。机场应急的目的是把紧急事件的影响，特别是关于抢救生命和维持航空器运行的影响减至最小。在应对发生在机场或其紧邻地区的飞机事故或事件中，机场是最为重要的，因为就是在这个地区里才有挽救生命的最大机会。按照上述组织文化类型，理想的组织模型应该由三层结构组成（图 2-2）。

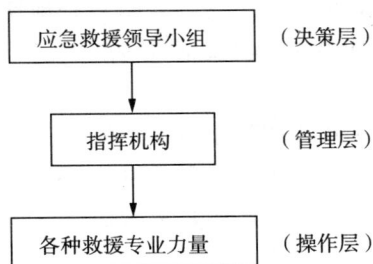

```
┌─────────────────┐
│  应急救援领导小组  │  （决策层）
└─────────────────┘
         │
         ▼
┌─────────────────┐
│     指挥机构      │  （管理层）
└─────────────────┘
         │
         ▼
┌─────────────────┐
│  各种救援专业力量   │  （操作层）
└─────────────────┘
```

图 2-2　组织模型结构图

在这三层组织结构中，机场应急救援领导小组，是提出机场应急救援工作的最高决策机构，这一层一般由当地人民政府、民航地区管理机构或其派出机构、机场管理机构、空中交通管理部门、有关航空器运营人、协同单位、海上救援组织共同组成，协调各相关方的利益与需要，适时决策，负责机场应急救援工作的总体指导和统一协调指挥。机场应急救援工作往往需要社会多个有关部门的协同，特别是那些不是运行中出现的应急事件，往往需要更高层的决策与更专业的应急力量的参与，因此，机场应急救援体系纳入当地城市应急救援体系将更有利于应急工作的协同。

机场应急救援指挥中心负责日常应急救援工作的组织、指挥和协调，根据机场应急救援领导小组的授权，负责组织实施机场应急救援工作，全面负责指挥中心的指挥工作，保证应急救援工作的顺利实施。

各专业救援队伍分别完成相关的救援任务。主要有：空中交通管制部门、公安、消防、航空公司、社区医院、医疗卫生部门、联检单位、部队、新闻媒体、保险公司、海上救援组织、志愿者以及其他协同部门等。

（二）应急救援组织

各应急救援力量的组成与协调是一个复杂的过程。机场应急事件涉及航空器及其他非航空器应急类型，特别是鸟击灾害，这些决定了参与应急处置的部门、人员很多，这是一个联合反应、综合协同的过程。

从以往的实践看，在发生应急救援事件时，在机场应急救援体系中，各部门的主要工作如下。

1. 空中交通管制部门

（1）将获知的紧急事件情况，按照应急救援计划规定的程序，迅速通知有关部门。

（2）及时了解机长意图和紧急事件的发展情况，并报告机场应急指挥中心。

（3）及时发布有关因紧急事件影响机场正常运行的航行通告。

（4）及时提供应急救援工作所需的气象情报，并通知有关部门。

（5）合理调配航空器的运行。

2. 消防部门

（1）扑灭现场的火灾，防止灾难性事件的进一步蔓延扩大。

（2）尽快组织现场人员撤离。

（3）对危重伤员进行急救处理。

在涉及航空器紧急事件中，消防部门还应负责残损航空器搬移所需设备准备；同时，在航空公司要求下，按规定对残损航空器实施搬移。

3. 公安或保安服务部门

（1）维护应急现场以及相关场所的秩序。保证现场秩序稳定是进行有效应急处置的重要条件。在机场应急事件中，要求最先到达现场的公安或保安负责人对现场进行保护，维护现场秩序，直到紧急情况解除；同时，还要考虑是否需要由地方警察、部队、或其他单位来增加服务力量。

在紧急情况下，现场秩序混乱又是最常见的现象。产生混乱的原因很多，一般可能有以下几种情况：一是应急救援事件当事人，或潜在的受害人，可能在恐惧心理以及逃避灾难心理的作用下盲目逃生，甚至，做出不理智的选择，引起现场秩序混乱；二是救援现场范围较大而且情况复杂，在现场遗留有大量的贵重财物需要保护；三是直接受害人的家属、亲友等由于焦急、悲痛、着急，而与应急工作人员发生冲突；四是蜂拥而至的大量新闻机构与媒体的记者，在现场获取新闻与进行采访；五是参与应急处置的各个部门与机构的人员，由于组织指挥问题，或由于缺乏明确的分工，而出现工作无序。

在协同有关部门控制现场、尽快救助受害人脱离危险、防止灾害性事故与灾害的蔓延扩大的同时，公安或保安服务部门，应当统筹考虑维护好应急处置现场的治安秩序，对引起秩序混乱的因素采取积极的预防与控制措施，防止其影响应急处置工作的正常开展。

（2）组织保护现场。在一般情况下，应急处置的紧急阶段是未知的，有的可能是由于机械故障引起的，有的可能是因为管理方面的失误造成的，有的可能是由于人的不安全行为引起的，有的可能是犯罪分子故意制造的，也有的可能是恐怖分子制造的恐怖活动，而更多的是由于鸟击或自然灾害引起的。无论是什么原因和性质，都有赖于在应急处置的后期进行认真的调查分析。因此，除非有充分理由证明应急事件是由于自然的或其他意外原因引起的，否则，必须采取适当措施，保护现场，以有利于收集证据和分析原因、性质。控制聚集在应急现场的人群，考虑调查工作需要，对整个调查区域做好保护，以使其尽可能不受外界环境或人为因素的干扰。

（3）保证交通畅通。在很多情况下，互助协作部门的车辆都直接开到应急现场是不大可能或不切实际的。在应急过程中，往往需要指定一个或多个会合点，各应急单位在会合点集合后再到现场，由公安或保安部门指挥引导，这样有利于消除交通堵塞和混乱。

（4）组织疏散群众。在应急救援过程中，把处于危险环境中的受害者和潜在的受害者疏散到安全地带是一项十分重要的工作，甚至，在某些情况下，可以认为是应急救援工作中的中心工作。无论是航空器紧急事件，还是非航空器紧急事件，都应当尽一切可能疏散幸存者，严防次生灾害的发生，造成人员二次伤亡。

4. 医疗急救部门

提供伤员鉴别、急救及医护。安置及稳定重伤员，并尽可能多地抢救更多的生命；安慰受轻伤的伤员，并实施急救。

（1）组织良好的医疗资源，如人员、设备、医疗用品等，在最短的时间内提供给应急现场。为保证资源能满足应急救援需要，应与当地社区医院协同配合。

（2）考虑伤员情况及医院容纳能力和专业特点，转送伤员到合适的医疗机构。

（3）社区医院协议救护单位应保证有足够资源，如房间、医疗器械及药品，利用这些资源协助救援。

除了航空器紧急事件的救援外，机场医疗服务部门还要负责医学紧急情况应急事件的处理。

5. 航空器营运人

（1）航空器经营者，负责提供包括机上人数、燃油量及可能存在的任何危险品等信息。这些信息是至关重要的，直接影响到应对紧急情况的战略战术的选择。

（2）提供必要的航空器技术资料。

（3）机务服务部门，必要时根据各种飞机型号，指导并协助消防人员进行航空器破拆救护工作。

（4）负责残损航空器的搬移。

（5）按照有关规定，对遇难人员家属、受伤乘客予以援助。

（6）安抚未受伤旅客，提供后勤服务。

6. 机场当局

在目前情况下，机场承担着机场应急救援的主要任务，绝大部分应急器材也由机场配备。应急救援时，需要机场各有关部门的协调运作。主要有以下几个方面：

（1）根据救援情况，合理调动应急救援资源，并疏散受威胁的旅客及航空器。

（2）旅客服务部门应协助航空公司做好旅客安抚工作。

（3）场道维护部门负责应急救援时的电源和场外照明，负责恢复跑道灯光与场道，负责现场铺路桥、现场排水及救援后的场地道面恢复。

（4）协助航空器营运人进行残损航空器搬移工作。

（5）在紧急情况发生后，救援部门应听从总指挥的调遣，统一行动，进行现场救援。

（6）救援结束后，组织各保障部门对事故现场进行清理，恢复正常使用状态。

7. 军队

军队在紧急事件的应急处置过程中，具有特殊的作用。世界各国在灾难性事故与事件的应急处置过程中都会考虑到军队的特殊作用。

从国内外的应急处置实践看，我国在这方面主要是武警参与灾难性事件的应急处置工作，他们所发挥的主要作用体现在两个方面：一是需要武警部队付出大量的体力劳动，如需要进行大面积搜索，或需要清理大量废墟；二是需要军队提供特殊的技术与装备。特殊情况也可以动用军队，例如，在重庆开县的井喷事故中，人民解放军的防化部队进入受灾区域参与应急处置工作。在我国的《核事故应急管理条例》中规定："中国人民解放军作为核事故应急工作的重要力量，应当在核事故应急中实施有效的支援。"在机场应急救援中，驻场武警部队往往组织担架队、警戒，并在航空器重大事故的搜救等方面，发挥着重大作用。

8. 联检单位

在涉及国际航空器应急事件中，海关、边防、检疫等联检单位，在应急救援中，应该

及时赶赴现场进行相关方面的协助,在紧急情况得到控制之前,执行特定的任务以避免工作的混乱。

9. 海上救援组织

海上救援组织,对于临近水域的机场是非常重要的。在应急救援需要时,此类任务的协调也应纳入应急范围之内。机场应根据自身的不同情况,制订符合实际的、可操作性强的计划。

10. 新闻媒介管理部门

机场应急事件发生后,这类事件由于有特殊新闻价值,因此,到现场以及相关的场所收集新闻资料、进行现场新闻报道的机构和人员可能在短时间内就蜂拥而至。大量的主流媒体、非主流媒体的人员、车辆、新闻器材云集在现场,这无疑会对应急处置工作造成较大的影响与压力。其次,由于应急事件本身以及由其所释放出来的新闻信息,在很大程度上属于负面新闻信息,对社会秩序的稳定与社会心理的健康具有直接或潜在的破坏力。如果管理措施不得力,就会引起社会公众对事故与事件真相的猜疑、误解,进而引发影响社会秩序稳定的其他连带反应。再者,一些新闻记者可能无止休地跟踪并打扰受害人及其亲属,或在采访报道中侵犯受害人的隐私的行为,也不利于受害人在精神和心理方面的恢复。如果新闻媒体获得信息的来源渠道不统一,或获取信息的渠道不够畅通,势必会给应急工作的处理带来困难,使社会降低对新闻媒体甚至对政府的信任程度。

鉴于新闻媒介管理在灾难性事故与事件应急处置中的重要性,一些国家无论在理论上还是在实践中,都比较重视对媒体的管理。在机场应急救援中,成立新闻媒体管理机构,负责相关管理工作。

11. 互助机构

当发生较大规模的紧急情况,仅依靠机场的消防、保安、公安以及医疗服务部门不足以承担和应付时,往往需要外部救援力量的支持。机场与互助机构需要以协议或其他方式拟定互助方案,确保有充足的力量补充。互助机构应该服从机场应急机构的统一调遣,按照各自的分工参与应急行动。将机场应急救援体系纳入当地城市应急救援体系,将更有助于救援工作中的互助与协调。

12. 志愿者组织

在自然灾害和空难事故中,随着民主化社会的进程,我国人民的社会自治和民主意识日益提高,民众的积极参与体现了社会自治与民主意识的进步,需市民、社会与各种中介组织、非营利组织的志愿人员积极参与。目前,志愿者作为其中的一种典型的组织形式,在各类应急事件处置过程中发挥着日益重要的作用。特别是西方国家,组织与发动各种类型的志愿者参与公共安全危机事件的应急处置,已成为发动群众与人力资源组织方面的一大特色,在官方的有关文件中也把其作为一个重要的组成部分。

例如,美国发生"9·11"恐怖袭击事件之后,美国公众和卫生服务部门向全国发出救灾动员令,很快就有7000多名医疗工作者参与,还有80多支受过专门训练的城市救灾队伍参加应急处置工作。有人评价说,这是美国历史上规模最大的一次应急救援处置行动。在参与者中,有很大一部分组织与人员属于志愿者。英国在洛克比空难的应急处置过程中,大约有40多个志愿者组织参加了应急救援行动。在2000年10月31日发生在我国台湾地区台北桃园机场的空难事故应急处置过程中，也有志愿者参与遇难者家属的护理工作，其中，有的是特地从外地赶去参加的。2002 年 4 月 15 日中国民航 CA129 航班在韩国釜山失事后，韩国有关应急部门组织了约 3000 名志愿人员参加对遗物、遗体、飞机残骸的搜索与整理。志愿者在提供特殊的专业与技术支持中发挥了重要作用。

从国外应急救援的实践看，志愿者实际上包括两个部分：一部分是组织，另一部分是个人。对志愿者的管理，各个国家均有相应的措施。从现有的组织管理看，这类社会组织主要有：

（1）志愿者组织和个人进行注册登记。

（2）对提供合法服务的能力进行资格审查，并出具相应的证明。

（3）应急救援机构与志愿者之间相互达成协议，确保一旦发生灾难性事故与事件，志愿者要按照已达成的协议做出相应的行动。

（4）按照志愿者的服务范围，确定相应的法定部门与机构，在平时保持正常联系与接触，并定期对志愿者进行必要的专业培训，以保证他们的应急救援能力。

对志愿者参与应急事件的应急处置工作，在我国还处于起步阶段，更谈不上如何进行管理。借鉴国外的经验与做法，把志愿者纳入到应急机制中来，无论在理论上还是实践方面都有重要的价值与意义。

（三）应急处置的运行机制

灾难性事故与事件应急处置的运行机制，包括协调机制、指挥决策机制和应急预案的启动机制三个方面，这三个方面实际上都属于应急管理的组成部分。参与机场应急处置工作的机构和人员一般比较多，如此多的机构、组织和人员参与，需要进行有效的组织、指挥与协调，而这些都需要在应急处置的预案中得到体现。

1. 协调机制

（1）协调的必要性

协调有别于协作，协作是指参与应急处置的部门、单位与个人相互配合来完成任务，有合作的含义；而协调是指使参与应急处置的各部门和单位产生协作行为的组织管理工作，协作配合是否妥当，取决于协调功能发挥得如何。关于协作的重要性，美国危机管理专家 Henry Ford 曾说："大家走到一起仅是开始，能够在一起待下去是一种进步，而真正能够在一起工作才会成功。"另一位危机管理专家也曾说过："无论一个人能做多少工作，也无论他有多大的人格魅力，如果他不能与他人在一起工作，那么他的事业永远不会领先。"人与人之间如此，单位与单位之间、部门与部门之间也是如此。协调的必要性体现在以下几个方面。

首先，机场应急救援工作是一项多部门协同的工作。

机场应急工作的特点是参与的部门和单位多、工作要求多，分工不同，易产生冲突。应急现场往往比较混乱，与应急处置工作有关的部门和单位在一般情况下都会按照通知赶到现场投入应急救援工作中。但在紧急情况之下，哪个部门最应当做什么工作、最适合做什么工作，如何保证每一个应急的组织结构都有适当的工作去做，每一项具体工作都有人去做，出现问题向谁请示、由谁解决等，这些问题在实践中都需要组织指挥者进行有效的协调。

其次，机场应急资源合理调度是一个复杂的问题。

在多部门的协同过程中，应急组织者需要从不同的应急服务点调配资源与应急，即确定参与应急的应急服务点、相应的应急资源数量及各自的路线。这些问题的求解是一个多目标、随机的调度问题。而应急行动通常具有时间的约束，因为迟到的救援是没有任何意义的。因此，及时且又合理的应急调度是一个复杂的问题。

再次，建立不同层级应急机构之间的合作机制。

多数情况下，应急处置工作是在不同级别的应急机构共同参与的情况之下进行的。这就需要建立一种多重层级结构的协调机制。

（2）协调机构的职责

一些发达国家的经验证明，应急机构的重要工作是协调而不是控制。协调的责任是使应急工作系统的运转更加有效，特别是战略层次，或较高层次上的应急管理。因此，协调机构应履行以下职责。

① 明确应急体系框架、组织机构及其各自职责，保证应急效果

机场应急事件类型范围广泛，种类繁多，参与部门多，而且均有各自的应急预案，每一应急事件均有特定的部门负责应急处置的各项工作。另一方面，在应急管理中，决策人面对未来发展的各种态势往往无法进行判断，具有明显的不确定性，对突发事件的发生时间、地点、原因、后果等事件，往往不能有一个准确的预估。态势演化的结果有多种可能。面对这多种可能的结果，决策人希望通过一个符合逻辑的多变量模式，得到他们可供选择的结果。这就需要决策人在制订应急预案时就明确应急体系的框架结构，明确参与应急处置机构的工作职责，保证各自预案的协调，把各种可用的应急资源安排到应急体系框架之中。

② 合理调度应急资源

在应急事件处置中，需要动用较多的应急资源，包括人力资源、物质资源、信息资源、权力资源和经费资源等。其中有些资源是唯一的，需要不同的部门共享，如各地的消防部队、医疗机构与人民警察；有些资源从属于不同的部门所有，如物质资源与一些部门的特殊职能。

机场应急系统的运行，事实上都可以看做是围绕系统资源选择调度而展开的。在不同应急情况中，决策者需要得到一个合理的、可行的、优化的方案作为应急的对策。在得到合理的力量配备后，需要明确的是各类应急资源的优选和组合。一类资源所处环境，也正是通过对系统中各类可用资源的使用和调度与应急系统发生关系并融为一体。从资源使用观点来解释应急调度，其主要关注点之一就是各种资源在系统中的合理选择与优化组合。在各类机场应急事件的协同调度中，我们最希望看到的情景是不因为应急资源调度不当而造成迟滞，使应急资源不能及时赶到，丧失了应急救援的良好时机。通过合理的资源协同组合，及时行动，避免更大损失。当角色需求确定时，这类问题就转化为组合优化问题。

资源应具有如下特性：

一是它们必须是有限的，而且是实现系统目标的行为所需要的。

二是由于它们的缺乏，在某些情况下，将会影响系统的行为，进而影响系统目标的实现。

按照应急资源的使用特性，可以将应急资源归纳为消耗性资源和非消耗性资源两大类。所谓消耗性资源是指在行为作用之后其属性发生变化不能再还原使用的一类资源，例如消防泡沫或干粉、医用药品、燃油等。非消耗性资源是指在行为发生过后其属性不发生变化，经过某种释放过程后仍可还原继续使用，如各类机场特种保障车辆、消防车、消防船、救护车、应急设备、保障车辆、消防员、医护人员、公安人员等。需要指出的是，为了简化调度模型，往往假定应急中的设备与设施均配有足够的消耗性资源，是其附带的资源，因此，在模型中所有考虑的资源均为非消耗性资源。

考虑到应急资源到达应急点的时间为随机变量，应急调度问题为随机调度问题，调度的目的是求解各出救点协同的数量及调度组合。并且，在突发事件初始行动调度中，需要调度的后续资源存在于不同的位置，预先并不是针对某一类突发事件有序存放的，特别是针对某一行业领域的特殊应急问题，由于其行业的特点的特殊性，需要全方位的、最大可能地调度与协同，以保证资源的有效配置、措施的实施和行业应急技术的需要。这不仅需要调度与使用，还要求各方面责任明确，协调配合，才能发挥出较好的应急效果。

③ 信息沟通

在灾难性事故与事件的应急处置过程中，信息的获得与沟通起着关键性的作用。无论是应急资源的配置，还是做出重要的决策，都离不开信息的收集、分析与沟通。对于常设性的协调管理机构来讲，不仅要获取、沟通事件发生后的信息，事件发生之前的监测、预警性的信息也需要及时获取。

（3）协调的职权

为有效处置灾难性事故与事件，履行好职责，协调机构应当拥有多方面的权力。这些权力包括：

① 及时获取信息的权力

应急事件发生之后，机场应急指挥机构有第一时间获取相关信息的权力。

② 请求协助的权力

必要时，可以要求互助组织和个人予以协助，这是保证其履行应急资源配置的重要组成部分。有关组织和个人也有协助的义务，如果没有法定理由或特殊情况，被要求人不得拒绝协助。

（4）协同机制的系统方法

保证应急方案及协同的有效性，一个基本的思路是保证应急计划的有效性。通过实践或演练完成检验所有的应急计划是不现实的，需要用系统的方法协助决策。

① 数学模型方法

利用数学模型进行决策方案的分析、优化、预测与评价是常用的形式。国内学者运用数学模型的方法在应急规划、调度、路径选择方面做了一些有益的工作。运筹学、管理科学、经济学的各类模型，均可以用来辅助应急管理决策。

② 利用信息知识的方法

利用信息系统通过收集、存储与利用专门领域的知识与经验，以及人们具备的知识、经验来辅助决策。用基于案例推理方法形成预案，就属于基于知识的方法。

③ 计算机仿真的方法

验证计划的一个可行的方法是计算机仿真。通过在计算机上建立与所研究的对象在属性、结构和行为以及运行环境上严格相似的模型，通过运行、分析来辅助决策。对突发事件应对方案的分析与设计中，就可以采用计算机仿真对每个方案进行分析、评价与预测。

④ 情景分析与计算机仿真相结合的方法

在管理决策方法中，情景分析是一种面向未来的决策分析与规划方法。与传统的分析、预测方法不同，情景分析是基于系统面向未来及通过未来途径多样性的假设。由于情况复杂多变和信息不全，系统的不确定性强，在许多情况下难以用概率论、随机过程、模糊数学等数学工具加以定量描述。情景分析方法充分发挥人的主观能动性和创新精神，利用人的知识、经验以至想象力描述系统未来的种种情景和通向未来可能出现的种种变故。对系统未来的某种状态的描述，称为一个情景。在一个应急情景中，通过决策者认定的各种事实和假设组成的各种因素相互作用，使系统一步一步展开情节，从现在演化到未来。情景分析与仿真相结合的方法，是信息系统辅助机场应急管理决策的新形式，通过建立航空器应急与非航空器应急情景仿真模型，为应急方案的确定与行动决策提供支持，在国内机场应急管理的研究中，已取得技术应用层面的突破。

2. 应急指挥机制

（1）应急指挥的含义

现代指挥理论认为，所谓的指挥就是指"社会组织和有组织的群体为了协调一致地达到某个目标，由领导者所实施的一种发令调度的活动。属于一种特殊的领导管理活动"。指挥与协调的功能是紧密联系在一起的，同属于应急管理的组成部分。

在多数情况下，参与应急反应的机构、单位与人员组成一个复杂的工作系统，各自功能的发挥与相互关系的协调需要指挥活动来完成，因此构成指挥机制的另一个重要方面是明确各种指挥关系。主要的指挥关系包括：

① 隶属关系

是指照参与应急处置的部门与单位的科层关系所构成的上下级之间的关系，具体表现为纵向的指挥关系，如上下级公安机关之间的隶属关系。

② 配属关系

是指在应急处置过程中，由于协调工作的需要，将某一部门的应急资源临时调归另一部门指挥、使用产生的指挥关系。

③ 支援关系

是指在应急处置过程中，根据实际情况指定一个部门的应急人员支援另一个部门，以增强该部门的应急能力，保证该部门完成任务而产生的指挥关系。

在应急处置现场十分复杂的情况之下，上述几种指挥关系会在不同的处置阶段平行存在或交替使用。

（2）指挥与协调的区别

需要指出的是，指挥、协调与控制是在应急处置过程中不断交替使用的管理措施，两者相互之间的联系十分紧密，有时很难区分它们的界限，指挥过程存在着协调，而协调过程中也存在着指挥。如英国内政部在灾害事故的应急处置计划中就将指挥协调与控制的管理措施作为一个整体来考虑，无论是机构设置还是具体处置过程，并没有进行严格的区分。从此意义上说，探讨指挥与协调之间的关系也许只有理论上的价值。两者之间的区别主要体现在以下几个方面。

① 指挥的功能一般发生在应急处置现场较多

因为现场是应急处置的核心区域，各个参与的部门和人员都致力于完成应急处置的任务，有具体的应急处置目标，而且只有在各个组织与机构甚至个人的具体目标完成的情况下，才能实现应急处置的整体目标。这就必须用具体的、不断下达的指挥手段才能完成。而协调的功能可能发挥在现场，也可能发生在远离现场的高层指挥机构。

② 各部门交流保持相对的独立性

在各个参与部门职责任务清楚的情况下，各部、系统保持相对的独立性，因而指挥职能主要发生在各部门与系统内部。而协调主要是明确不同的指挥关系与协作关系，以及使各个应急参与部门、场站良好的合作与配合。应急处置的机构层次越高，协调的功能就越明显。

③ 指挥带有一定的强制性

即指挥者与被指挥者之间应是命令与服从的关系，具有不可违抗性。如在火灾事故现场，消防员必须服从指挥员的命令。而应急处置过程的协调关系虽然也带有一定的强制性，但强制的程度要低，特别是在协调各部门之间的关系时更是如此。

（3）指挥的职责与权力

为保证应急处置目标的实现，每个机场都应成立应急救援领导小组，作为应急救援的最高决策机构。民航主管单位主要负责对机场应急救援工作的检查和指导，审核机场应急救援计划的完整性和有效性，监督机场应急救援工作的开展情况等。机场应急指挥机构，作为机场应急救援领导小组的日常办事机构，负责日常应急救援工作的组织和协调，根据授权，负责组织实施机场应急救援工作。在机场应急处置过程中，现场的指挥机构与人员全面负责机场应急救援的现场指挥。现场总指挥到现场前，现场指挥官是紧急救援的最高指挥官。由于在机场应急救援中，往往伴随灭火消防，因此，往往赋予消防指挥官较大的指挥权。

现场指挥机构和人员应当拥有以下的职责与权力。

① 职责

一是识别紧急情况与潜在的危险，并进行初期处置；

二是启动与指挥、协调现场的应急力量；

三是下达预案或临时措施的指令；

四是向上级领导报告情况；

五是请求支援或其他帮助；

六是做出紧急通告。

② 权力

一是要求相关单位和个人给予配合的权力。在机场应急事件中，机场管理机构对相关部门具有要求相关单位和个人给予配合的权力。

二是紧急排险权。为了保证机场应急行动顺利展开，在机场管辖范围内避免发生重大

损失，指挥机构可以行使采取以牺牲小部分利益来保护重大利益的措施的权力。

三是紧急管制权。在机场应急救援现场，或为保证救援的需要，机场应急救援领导机构可以对有关场所、道路限制通行、停留。例如，对媒体工作人员可以通过实施现场管制权，限制或禁止他们进入现场进行采访、拍摄，以实现对他们的管理和降低他们对应急处置工作的干扰程度。

（四）预案启动机制

机场应急救援的开展一个很重要的内容是预案启动机制的建立。按照预案管理的属地原则，各机场应急救援指挥机构应根据不同的应急情况，按照预案的启动条件，调动需要的资源，启动相应的预案。

协调机制、指挥机制与预案启动机制是应急处置过程中重要的工作，同时也是机场应急救援工作中应该建立的运行机制，其中核心的问题是处理应急反应过程中各个组织机构之间的关系。尽管在各种应急救援事件的应急预案中一般会对各组织机构的责任、任务、角色、相互关系确定的明白无误，但是，实际运作时的沟通、协调仍然是保障救援行动有效开展的关键因素。

通常情况下，不同的应急处置阶段，指挥与协调的功能应有所侧重。正确的预案启动程序会使应急处置行动更加科学、合理、规范。

四、航空器应急救援

国内外民航应急救援的实践证明，在发生涉及航空器的急救事件之后，能否组织快速、有效的施救，直接关系到乘员的伤亡与生存，特别是在救援的最初 20 分钟以内。在发生航空器紧急的救援中，挽救生命是首要任务。从国内外大量航空器紧急事件处置情况分析看，将近 6.5％的航空器紧急事件会发生火灾，发生火灾的航空器紧急事件的死亡人数约占所有航空器紧急事件死亡人数的 70％左右。事实证明，涉及航空器的应急救援工作是否有效，取决于对专业人员的技术培训、设备的有效性、应急反应速度程度、出事救援机构有效的组织及航空器周边的生态环境等因素。

（一）重大航空器事故特征

1. 运输飞行事故主要特征的统计分析

（1）事故发生阶段

有关资料表明，按一般的计算，进近和着陆两个飞行阶段，所用的时间仅占整个飞行时间的 15％。但是，我国在进近、着陆（含复飞）阶段所发生的事故却占 52.6％，其中，鸟击征候引发的灾害约占 36％。其事故发生率基本上与国际相同。进近和着陆是整个飞行活动的最后阶段，也是飞行安全的关口。在这两个飞行阶段中，飞行员的工作负担最重，可能遇到的特殊情况也最多，因此，起降阶段一直被视为最关键的安全飞行阶段。这一阶段的飞行安全问题得到全球民航从业人员的普遍关注，甚至有"危险的 11 分钟"之说。尽管现代航空器和先进的地面保证系统，已经为减轻飞行员在进近和着陆阶段的工作负担，同时也为减少失误的可能性做出了很多努力，但仍然未能彻底改变进近和着陆阶段事故多发的状况。近年来，国际民航组织、飞行安全基金会等国际组织，都先后成立了由政府技术部门、制造厂、航空公司等组成的进近和着陆事故分析研究小组，其任务是通过分析、研究，提出解决进近、着陆飞行阶段安全问题的措施。

（2）事故主要原因的统计分析

在国内外航空业中，对航空器事故的统计各有侧重，民航业比较注重直接责任者和主要原因的统计。

① 根据国际上的统计，除鸟击灾害和自然灾害以外，航空器事故发生的统计，机组原因在事故的诸多原因中，一般占70％左右，而我国民航统计的数据大约为60％。国际上在对事故进行分析时，通常用"事件链"的方法，即按照事故发生和发展过程，将所有与之有关的因素一一列出来进行分析。按照这一思路，一次事故可能包含了若干个因素，称之为"事件链"，而每个事件的产生原因都在统计之列。应该说这种做法更符合事物的发展规律。如果我们用这样的方法，对已成为历史的事故结论重新分析就会发现，在当时确定的、以调度指挥或恶劣天气为主要原因的事故中，飞行员没有能够给予恰当的处置也是相当重要的一个因素，单一的指挥调度不当或天气不好，往往并不构成事故发生的必然结果；当然，在相当多的被确定为飞行机组是主要原因的事故中，也不乏指挥调度方面的因素。

② 从近年来所发生的事故统计分析，因机组失误为主要原因导致的事故比例并没有因设备技术的进步而减少。

从世界民航业事故统计看，由于现代运输机提高了自动化程度，设计中更多地考虑了人为的因素；同时，改善了飞行人员的培训手段，从而使得飞行员失误的因素下降了约2％。我国民航在注重硬件条件改善的同时，也注意到人员总体素质和管理水平等综合能力的提高，努力阻止"人为失误"的发生。

③ 航空器及部件的机械故障，以及维护不当是造成同样的事故的重要原因。统计结果显示，近50年来由于航空器/部件突发失效导致的事故共有5起，事故的原因主要是由于飞机或部件老旧失修等。从机械本身所固有的"浴盆曲线"规律看，随着使用寿命的临近，机械故障率会出现升高的现象。航空器管理和维护部门应对这一规律有必要的认识和准备，并给予足够的关注。

④ 调度指挥也是发生航空器事故的因素。近年来，机场建设以及通信导航设备的迅速更新，的确明显改善了民航主要机场及空域的空中交通管制能力，并为保证飞行安全起到十分显著的作用。但是调度指挥同样关系到飞行安全，是航空器事故发生的重要原因。

⑤ 天气原因。从统计数字看，近50年来因天气原因直接导致的事故只有一次，而近10年却没有发生。但在机组原因造成的事故中，有多次是在恶劣的天气条件下发生的。

⑥ 鸟击灾害。现有的统计数据分析，近10年来，国内外鸟击灾害的征候率和灾害率，一直保持在民航总事故率的40％以上。由于生态改善，加之人们保护生态的意识增强，鸟击灾害近年来呈上升趋势。

（3）事故中事件类型的统计分析

在有关统计中，在事故中包含最多的事件类型有：CFIT（可控飞行撞地）、失控（因机组）、部件和系统失效、失控（因飞机或其他原因）、冲出跑道和恶劣天气相关等。其中，机械失效的事件率上升，导致因机组原因之外的失控事件率大为增加，而且事件更加

集中在 CFIT、失控、冲出跑道等方面。

（4）事故发生季节的统计

根据不完全统计，国内外运输飞行事故，每年的 1 月、11 月、12 月为高发期。尽管在这个统计中，并没有考虑各个月飞行量的因素，但是，根据多年的实践数据分析，通常这 3 个月绝不是一年中飞行量最多的月份。因此，上述现象是否与冬季相对恶劣的气象条件有关，以及年末岁初之交的节日气氛等因素，会对飞行安全产生一些客观和主观方面的影响。

（5）事故发生机场的统计

机场及周边地区具有较复杂的地形和气象条件；有些机场进近、着陆设备和服务设施比较差；或者机场选址在鸟类迁徙过境路线上，有的距鸟类迁徙聚集地较近，上述这几方面因素，都是导致事故发生的一个潜在危险。

2. 通用飞行事故统计分析

我国通用航空业务始于 1951 年，从初创的当年 5 月就使用 C－46 型飞机，并首次执行了第一次通用飞行任务。此时，我国民航的通用飞行业务量很小。直至 1956 年 6 月，才在安－2 飞机上发生第一次通用航空二等飞行事故。在新中国成立以来的 60 多年里，通用航空共发生了二等和重大以上飞行事故 103 起。其中，一等飞行事故 11 起，二等事故 45 起。

（1）事故发生阶段

通用航空飞机与运输飞机事故明显不同的是，通用飞行事故集中发生在航线作业阶段和起飞上升阶段。据统计，其事故约占全部飞行事故的 70％。其原因源于通用与运输航空的四个主要不同点：

一是通用飞行大多不存在相对稳定的阶段，如运输飞机的巡航阶段。

二是在作业飞行中，飞行员要操纵飞机，并应付低空或超低空飞行等，特别是一些更加复杂的地形和环境，从而分散了飞行员的注意力。

三是通用航空使用的飞机在性能和设备上，都与运输飞机存在明显的差距，使执行通用飞行任务的飞机，更难以抵御在飞行中所发生的突发故障、恶劣天气和鸟击灾害。

四是通用飞行在低空或超低空时，多与鸟类在一个空间飞行，鸟击的概率明显高于运输飞机。

五是通用飞机常执行一些林区、湿地和海岛地带的飞行任务，这些环境中，鸟类体型较大，增加了鸟击灾害损伤程度。

六是通用飞行大多数是在简单气象条件下着陆。因此，进近和着陆阶段的事故比运输飞行事故少。

（2）事故中时间类型的统计分析

从通用航空事故统计分析，该航空事故类型最多的是"失控"，其中包括因航空器系统或发动机故障、不正确的装载、飞行员的错误操作等原因，使飞机陷入无法控制的局面。其次，是航空器在尚可操纵的情况下撞地、坠入水中以及鸟击灾害。这类事件在通用航空事故中占 70％以上，是通用航空事故的多发性事件。特别是近 20 年，由于生态环境改善，鸟类资源增加等，使得鸟击灾害大大增加，由此造成的失控事件也明显上升。加之通用航空的投入不足，航空器材老化、维护能力的削弱等造成系统和部件故障等事件也有所上升。

（二）航空器重要事故类型特点和发生原因分析

从以上的多项统计看，在国内外航空业中，无论是运输飞行还是通用飞行，它们所涉及的事故和事件类型，大多集中在下面几个方面：

（1）飞机在可控情况下坠地、撞山或坠入水面。

（2）飞机由于种种原因失去控制而发生事故。

（3）恶劣的气候条件对飞行的干扰。

（4）鸟击灾害引发的飞行安全。

（5）航空器系统、部件或发动机故障。

1. 航空器在可控情况下的飞行事故

国际上将这一可控事故类型简称为"CFIT"（可控类型的英文缩略）。有很多资料中都论述了 CFIT 的定义，当然，不同的资料对其定义略有差别，特别与"失控"定义有时难以明显区分。但是，从概念上说，CFIT 与失控的区别主要在于：发生 CFIT 事故时，飞机是在人为控制中，但是，此时因某种原因，飞行员失去了对地形状态，如山、水、其他障碍物及飞机姿态、高度等的察觉或感知，未能及时采取正确的措施而使飞机坠入地面、水面、撞山；还有一些是在低空或超低空飞行中，未能及时避让鸟群等。在我国民航 60 多年的历史中，运输飞行发生这类事故 13 次，而通用飞行竟达 46 次之多。

CFIT 在国际上也被视为最严重并引起关注的重要事故类型。据美国的飞行安全基金会统计，自从喷气式商业运输问世以来，共有 9000 多人死于 CFIT 事故。

CFIT 事故发生的原因通常可以归纳为以下几点。

（1）飞行员失去了对地形、位置和高度的意识

从历年飞行事故的统计分析，早期的 CFIT 事故多在这种情况下发生。不管是运输飞行还是通用飞行，都曾屡次出现飞行人员失去对地形、位置和高度的意识，因此，造成撞山、撞地等事故。究其事故的原因主要有以下几个方面：

一是飞行人员在云端中飞行，不明确周围地形和环境。

二是急于目视而盲目下降高度至安全高度以下而撞山。

三是仪表飞行或领航技术差造成偏离预定航线，误入山区。

四是作业前对地形观测不周，对前面障碍物高度估计不足，或对飞机的爬高性能估计过高。

五是产生错觉，把水面错当天空。

六是高度表调错，或者对高度产生错误认识。

上述问题主要表现在飞行员的主观因素方面，但是，这一时期落后的航空技术、机场导航和通信系统、低效的管制能力、不及时又欠准确的气象预报和资料等，也促使了这类CFIT 事故的发生。

（2）飞行机组配合不够，因某种原因分散了飞行注意力，一时忽视了对飞机状态的监控

1992 年 11 月 24 日，一架 B737 飞机在桂林机场下降时撞山，造成了一场震撼全国的空难事件。在事故调查中发现，失事前约 1 分钟，当飞机由下降改为平飞时，右发动机自动油门出现故障。这一故障使左右发动机推力不一致，从而使飞机逐渐改变了姿态。这本

是容易觉察而且不难纠正的，但不知道是什么原因分散了飞行员的注意力，更令人费解的是飞行组所有人员在将近 1 分钟的时间里都未能纠正这一简单的故障，从而造成了灾难的发生。1997 年 9 月 25 日，加拿大皇家空军一架 CT—114 教练机，在阿西尼博亚上空进行飞行训练，因飞行员对来自左前方的鸟群判断失误，故未及时避让，被群鸟击伤坠地。另外，2005 年 6 月，美国陆军第一架直升机被猛禽迎向击中，飞行员受伤，幸运的是没有人员死亡。（图 2 - 3）。

2. 航空器故障与地面安全事故

民用航空生产的主要工具是航空飞行器、支持或为其服务的各种设备。民用航空生产，体现在通过航空器把旅客、货物等各类物资安全地运至目的地；同时，保证安全，并充分满足用户的要求。

在发生航空器紧急事件之后，挽救生命是头等的重要任务，也是救援与消防的主要目标。通过对国内外大量航空器紧急事件的分析，我们可

图 2 - 3 被猛禽击伤的直升机

以看出，大约有 6.5% 的航空器紧急事件会发生火灾，但是，这些紧急事件的死亡人数却占所有航空器紧急事件死亡人数的 70%，因此，国际民航组织在机场应急救援工作当中，特别重视航空器紧急事件的救援和消防工作。国内外的实践证明，良好的救援和消防工作，取决于对专业人员的培训、设备的有效性和反应速度。

从民用航空器失事案例分析看，机上人员的存活和伤亡情况，在很大程度上取决于航空器是否发生火灾和在发生火灾时能否迅速逃离航空器。国际民航组织要求，在最佳能见度条件下，机场消防车辆应当在接到警报后 3 分钟以内到达机场内任何区域，这一要求使得大型民用运输机场不得不设立多个卫星消防站和消防点，增加消防机动设备等，这一切都是为了保障消防工作必须达到国际民航组织的要求。

（三）航空器应急救援

在机场应急救援实践中，人们通过对事故类型特点和发生原因的综合分析，可将在机场范围内发生的航空器应急救援事件分为以下几种：航空器空中故障、航空器失事、航空器与航空器相撞、航空器与障碍物相撞、航空器鸟击灾害等。各类航空器紧急事件的应急救援工作，其实施过程基本相同，但是，由于各航空器紧急事件性质存在差异，造成的后果也会各不相同，因此，在航空器事故的应急救援行动中也存在不同之处，应根据发生紧急事件的种类、危害程度来判断启动应急救援的等级。在应急救援实施过程中由于事故类型不同，其应急救援的方法也有所区别。我们通过"航空器失事"的案例，说明其应急救援过程，并说明处置其他类型航空器事件过程中需要注意的事项。

1. 模拟航空器失事案例

某航空公司一架飞机在机场降落过程中，突然飞机的前起落架折断，导致飞机冲出跑道，在草地上停下来。对于该类事件应如何进行处置？在处理该紧急事件的时候，应该考虑该事件可能造成哪些后果，各救援队的职责是什么，应该安排何种救援人员进行救助，以及如何开展现场救援等。下面就应急救援信息传递、救援处置（应急响应）、事故现场

恢复三个阶段，对该事件应急救援过程做简要的描述。

（1）应急救援信息的传递

首先，空中交通管制部门应及时将信息向机场应急指挥中心通报；机场应急指挥中心接到通报后，应立即启动救援程序，向机场消防、急救、公安等应急保障部门下达"紧急出动"指令，并立即向救援领导小组报告。

其次，各应急救援保障单位接到指令后，应立即赶赴应急事件现场；现场消防、急救、公安等部门，应根据实际情况及时向协议单位请求支援。

（2）救援处置

第一，空中交通管制部门。关闭受影响的跑道、滑行道；及时发布航行通告；根据飞机失事地点，及时调整、指挥其他飞机进行安全避让。

第二，应急指挥中心。迅速赶赴事故现场，并迅速建立现场指挥部；指定未受伤人员停留区，疏散失事飞机上的旅客；转移将可能受到失事飞机威胁的其他飞机，并及时疏散旅客，暂停上客服务；根据事态发展，适时下达新的指令。

第三，机场消防部门。消防部门一旦接到指令，必须在3分钟内到达现场，并迅速展开救援行动；及时扑灭飞机失事现场的大火，控制火源；实施拯救人员行动，必要时对飞机进行破拆。

第四，机场急救部门。急救部门要对伤员进行鉴别，分出轻、重伤员，进行初步处理，给伤者佩戴救护标签，实施转移；协助航空公司妥善安置遇难人员的遗体；派人在未受伤人员停留区进行医疗服务。

第五，机场公安部门。接到通知后，迅速组织、实施飞机失事现场的保护、警戒，以及交通疏导等工作；保护飞行数据记录仪和座舱语音记录器；参与飞机事故的调查取证；协助航空公司收集、保管旅客财物。

第六，航空公司。作为航空公司，在应急救援时，应向指挥中心提供有关失事飞机或其他航空器的资料、数据等；运送未受伤旅客和机组人员到停留区；协助医护人员照顾受伤旅客和机组人员；设立接待机构，负责接待、查询及善后工作，做好受伤人员的心理安慰；妥善安置遇难者遗体等。

（3）事故现场恢复

第一，空中交通管制部门。当事故现场清理完毕后，恢复该区域的可用状态。

第二，应急指挥中心。组织各保障部门对事故现场进行清理；组织搬移残损航空器，整理地面被撞物体等。

第三，机场管理部门。组成事故调查小组对事故进行现场勘查，组织力量对现场溢漏燃油、液压油进行处理；恢复道面、灯光等助航设备、设施；参与残损航空器的搬移及地面被撞物体的整理工作。

第四，机场消防部门。负责残损航空器搬移过程中的消防、警戒等工作。

第五，航空公司。协助事故调查小组的调查工作；协同机场管理部门对事故现场进行清理；负责遇难人员的善后处置工作；负责残损航空器的搬移工作。

2.各类航空器紧急事件救援过程注意事项

（1）航空器空中故障

注意以下几方面事项：

① 航空器应急救援是一项复杂且比较危险的工作，因此，在其应急救援中，应充分了解机组意图，根据不同的故障种类以及可能产生的后果，决定启动应急救援的等级。

② 空管部门应及时调整地面航空器运行秩序，做好受损航空器的迫降应急准备工作。

③ 确定故障航空器着陆后的停放位置，并清理临近、可移动的设备等。

④ 航空器故障或被鸟击受损较严重时，各救援保障单位应在指定集结点待命，如需要消防车辆尾随时，应与空管部门协调，并安排消防车辆在指定位置等候。

⑤ 由于航空器空中故障原因不明确，或被鸟击损失十分严重，有可能导致在降落过程中发生机毁的严重事件。当出现这种情况时，应立即转变为"航空器失事"处置程序按失事进行应急救援。

（2）航空器与航空器相撞

在机场应急救援中，可能出现航空器与航空器相撞的严重事件，故应急救援工作必须注意以下事项：

①空管部门应及时调整其他航空器的滑行路线，不得在可能降落的坠机点有航空器。

②迅速疏散事件航空器和紧邻航空器上的旅客，视情况还应将紧邻航空器拖离事故现场。

③指定未受伤人员停留区，航空公司应做好旅客的安抚工作。

④采取最有效措施，及时处置航空器燃油泄漏问题，严防发生次生性灾害。

（3）航空器与障碍物相撞

在应急救援时，由于种种原因，可能发生航空器与地面障碍物相撞等严重事件，故在这类事件的应急救援中，应注意以下事项：

①空管部门应及时调整其他航空器的滑行路线，预计受损飞机着陆区，停止一切飞行器进出。

②迅速疏散事件航空器和紧邻航空器上的所有旅客，为了安全应将紧邻航空器拖离事故现场。

③如撞击航站楼或其他公共场所时，应紧急疏散公共场所的旅客。

④指定未受伤人员停留区，航空公司应做好安抚、减轻心理压力等工作。

⑤航空器燃油泄漏的处置。

五、消防救援

机场应急救援中，消防救援是应急救援工作的重中之重，其主要目标是：在紧急事件中，消防人员首先要拯救机上所有人员的生命和扑灭火灾，控制次生灾害的发生，保证航空器上的人员和救援人员的安全。

（一）机场消防救援的基本要求

（1）消防时间要求

机场消防救援的目标应当是在最佳能见度和地面条件下，在3分钟内到达每条跑道和活动地区的任何地点。反应时间是从接到消防救援出动命令，到第一辆应急车（或数辆车）到达事故现场。

为了保证在施救中能连续施用灭火剂，应该在第一辆应急车或几辆车到位后，负责运送灭火剂的车辆在1分钟内迅速到达事故救援现场。

（2）消防人员要求

参加应急救援中的人员必须经过严格培训，不管是正规的还是辅助的消防人员，参与消防的车辆和人员，应保证在飞机失事或发生事故时，能够按车辆最大的设计能力，有效、快速、准确地进行灭火剂的喷射。

（3）消防设备要求

在航空器应急救援设备方面，应满足机场不同等级消防保障的要求。消防保障等级的划分，按使用该机场的最大飞机的机身全长、机身宽度和起降频率确定。消防车辆及其他设备，应按要求配备，同时，配备通信器材及方格网图等。平时还要确保消防设备齐全、完好、高效。

（4）消防救援过程安全要求

在机场应急救援过程中，应确保现场救援和消防人员的生命安全，尽最大努力，保证消灭火情。

（二）航空器结构及火灾危险

航空器火灾的特点是：燃烧快，人员伤亡重、经济损失多、政治影响广和扑救难度大。因此，在应急救援时，消防人员一旦扑救不当或措施不力，就可能酿成机毁人亡的惨重后果。

1. 飞机的简介

随着科学技术的发展，飞机设计变化较大，特别是外部形态；加之，飞机种类繁多、结构复杂。因此，要做好飞机及其他航空器的应急消防工作，必须对飞机及其他航空器有所了解。这里拟介绍一些常见飞机的主要构成、材料的火灾危险性和主要起火危险部位。

（1）飞机的主要构造

不管飞机的外形如何变化，其主要结构大同小异，主要是由机身、机翼、尾翼、驾驶舱、发动机吊舱和起落架等构成（图2-4）。

①机身：机身是飞机的主体，也叫机舱。它是由桁梁、桁条、隔框、地板骨架和蒙皮铆接而成，其形状呈长筒形；为气密增压舱。

机身的功用主要是装载人员、货物、燃油等多种设备和其他物质，还用于连接机翼、尾翼、起落架和其他有关的构件，使其连成一个整体。机身内一般都设有客舱、驾驶舱、行李舱、服务舱、辅助舱、通风保暖、照明、供氧、消除噪音等设备；机身根据需要设有舱门、舷窗和应急出口等。除此以外，机身上还标有明显的破拆位置标志符号，这类标志符号，就是方便消防员在紧急情况下，在消防应急救援时准确、快速破拆。

②机翼：固定在机身两侧，控制飞机起飞、降落的构造。

③驾驶舱：位于机身最前部，它与客舱用隔板分开，里面有驾驶、导航、通信等仪器设备，舱壁上密布各种仪表和控制键。

④水平尾翼：机翼的一部分，水平固定在机尾两边，它的主要功能是控制飞机的纵向

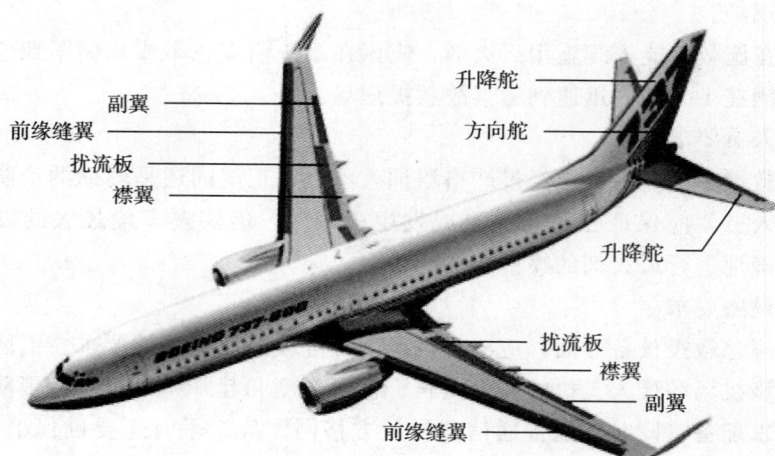

图 2-4 民用飞机主要结构

平衡。

⑤垂直尾翼：它是机尾的一部分，垂直固定在机尾中间，控制飞机的定向平衡。

⑥起落架：飞机的起落装置。飞机在地面或水上起飞、着陆和停放时，起落架具有吸收着陆时的撞击能量和改善起落性能。

⑦舱门、滑梯与紧急出口：为了方便乘客和机组人员上、下飞机，特别是在紧急情况下脱险的需要，飞机上设有客舱门、驾驶舱门、紧急出口，并在舱门部位设有紧急疏散滑梯。随着技术的进步和不同需求，飞机种类很多，其舱门、滑梯和紧急出口设置的部位以及使用、开启方法并不相同。

（2）飞机的火灾危险

第一，航程远、载燃油量大。飞机使用的燃料主要有航空煤油、汽油和喷气燃料。通常情况下，一些小型客机装载燃油量为 1200～5000L；中型客机装载燃油为 10000～100000L；大型客机装载燃油量为 170000L 以上。

第二，通道窄、出口少、载客量大。飞机客舱内的过道和舱门宽度一般为 1 米。一般民航飞机均设有应急出口，大、中型飞机上还备有救生滑梯。

第三，可燃物质多，火灾危险性大。现代化民航飞机的客舱设计，要求为旅客提供优美的环境、舒适的条件。因此，机舱的装饰比较豪华，装饰材料一般都采用易燃、可燃材料。例如，座椅结构装饰、地毯、救生器材、毛毯、木材、窗上的窗帘、飞机的电气线路等等。

（3）飞机金属材料的火灾危险性

在应急救援之前，从事消防工作的人员必须了解制造飞机所用的主要金属材料的性质及其火灾危险性，从而能有效地采取灭火破拆、救援等措施。

一是铝合金。铝合金是飞机上应用最多的金属材料。一般飞机的蒙皮和机翼、机身的某些受力构件，如翼梁、隔框、杵桁条、翼肋等都是硬铝制成的。机壳上的铝合金蒙皮有厚有薄，薄的部位容易破拆，厚的部位可用电动破拆工具破拆。铝合金在火灾情况下不燃烧，但在高温、火焰作用下可迅速熔化。

二是钛合金。钛合金主要用于制造涡轮发动机的某些部件和喷气飞机的某些主要部件，如尾喷管、排气管、燃烧室套和喷气机转子叶片等部件。钛合金属于难燃材料，其燃点为610℃，熔点为172℃。因此一旦燃烧，其火焰猛烈，用普通灭火剂根本无法扑灭。只有用喷射泡沫、雾状水的方法方可维持到钛合金部件烧完，从而保护周围飞机的结构不被损坏。钛合金的部件较易破拆，但是破拆时易产生火花。

三是镁合金。用于制造轮毂、发动机托架、螺旋发动机轴箱、涡轮发动机的压气铸件等。镁合金是一种难燃材料，加热时易氧化，当温度在600℃以上时，就能够燃烧。一旦燃烧，相当猛烈。

四是镍合金。用于制造发动机部件，加固高速飞机的外壳。镍合金外壳用普通破拆工具很容易破拆，但是破拆时会产生火花。

（4）飞机上的主要起火部位

大量的实践表明，一旦飞机发生灾害性事故，飞机上容易引起大火的部位有燃油箱、润滑油箱、电池组、汽油燃烧加热器、液压液剂储存器等部位。

①燃油箱：民用飞机的燃油箱一般设置在机翼内，有些油箱为了增加储油量和保持飞行平衡，设计时直接穿过机身，其余的均装在内外侧发动机上，有软油箱、硬油箱之分。软油箱，又称为油囊或油箱，燃料油储存在胶袋内。软油箱在发生火灾情况下易破裂，使大量燃油泄出并流淌燃烧。硬油箱一般用硬质塑料制成，起火后易发生爆炸。燃油箱相互连通，并有供油阀。装载的燃料主要是航空煤油。

②润滑油箱：该油箱一般设在发动机吊舱内，有些设在发动机防火壁后部，有些设在防火壁前部。

③电池组：通常设置在飞机的前部，电池组的外壳有明显的标记。飞机降落后如果起火，应急救援人员应立即将其拆除。

④汽油燃烧加热器：这一部件构造通常设置在机翼、机身或尾部。

⑤液压液剂储存器：通常设在机身前部或靠近机翼根部。

⑥其他部位：如内装饰座椅、地毯等设施，也是容易引起火灾的部件之一。

2. 航空器火灾的特点

航空器发生火灾与其他火灾相比有其特殊性和复杂性，特别是在空中发生火灾时更加复杂，因此应急救援必须保持其特殊性。

（1）火灾原因复杂

飞机发生火灾的原因涉及飞机装置与设备故障、非法干扰、爆炸物、人为纵火破坏及鸟击飞机发动机等。

（2）火灾区域不定，突发性强

据国际民航组织的资料统计，在航空器火灾事故中，大约有69%是发生在机场内，约有19%是发生在机场周边地区，约有12%是发生在飞行途中。在机场内起火的飞机火灾，有80%以上是停在距跑道两端300m、跑道两侧约100m的范围内。飞机在飞行途中起火，失去控制或没有可供其降落的机场时，飞机坠落地点没有固定性。多数飞机火灾或爆炸事

故在发生前并没有明显的征兆，即使有的出现征兆后，也来不及采取措施或因处置不当而突然发生，具有较强的突发性。

（3）燃烧猛烈，发展迅速

飞机机舱内的装修、装饰材料、电气线路、氧气钢瓶、机翼和机身上载有大量的燃料油、润滑油、液压油，以及旅客携带的行李物品等都是燃烧源。一旦发生火灾，其火势发展十分迅猛，蔓延速度极快。特别是燃油的爆炸、破裂，会使大量燃油流淌到其他部件或地面上燃烧，包围机身。火势迅猛时，一般仅1~2分钟就能将飞机烧毁。据有关方面测定，航空燃油燃烧时，火焰在油面上蔓延的速度很快。

（4）燃烧与爆炸相伴

飞机上的燃油箱、氧气钢瓶、灭火器和轮胎等物体，在受到高温烧烤后很容易发生爆炸。尤其是燃油箱，起火后几分钟就有可能发生爆炸，而且具有连续性。燃烧引起爆炸，爆炸使燃烧高速度、大面积蔓延开，从而给灭火救援行动带来危险，严重影响扑救工作的顺利进行，如果处置不当，有可能造成机毁人亡的严重后果。

（5）疏散困难，伤亡严重

民航客机上旅客较多，特别是大型民航客机，如空客A380，满载乘员500多人，一旦发生火灾，因受飞机结构的限制，机上的疏散途径比较少，并且由于舱内通道狭窄，很难使人员迅速逃离到机外。因此，一旦发生火灾，就有可能造成严重伤亡。

（6）舱内烟雾弥漫，燃烧物毒性大

飞机客舱内的可燃物质起火后，会迅速产生大量的热烟和有毒气体，如一氧化碳、二氧化碳、氰化氢、氯化氢和二氧化硫等。加之，飞机客舱处于密闭状态，烟气和热量散发不出去，顷刻间舱内温度升高，烟雾弥漫，高温浓烟会使灭火行动受到阻碍。

（7）不易破拆，救援困难

飞机机身材料大部分是铝合金，部分是镁合金，其材料比较坚硬，因此，采用一般破拆工具破拆比较困难；且又因飞机蒙皮与夹层之间布满了各种线路，机内线路和结构不同，破拆部位、开口的数量与面积的大小均有严格的限制，必须在规定标志内进行，不能随意开口。在正常的出入口损坏不能开启、在紧急出口错位变形封死的情况下，仅靠数量有限的破拆孔洞实施救援，其艰难性是可想而知的。

（8）经济损失大，社会影响大

民航飞机价格昂贵，一般每架中、大型民用飞机，其单机价格在1亿美元以上，一旦发生火灾，其经济损失巨大。从社会影响看，民航飞机具有国际通航的性质，发生火灾后，能在几小时里遍传全世界，因此，会造成极其恶劣的国际影响。

（三）航空器灭火扑救

从航空器发生火灾的案例分析看，飞机一旦发生火灾，会给机上人员的生命安全造成直接危险。在扑救火灾时，战术上实行救人与灭火同步进行，冷却、破拆、排烟并举，主要灭火剂与辅助灭火剂并用，以最快的控制措施、最大的喷射量，向燃烧部位和危险区域喷施灭火剂。

1. 起落架火灾的扑救

起落架是飞机的重要组成部分之一，它的任何部位发生火灾，都可以引起一场严重的飞机火灾事故。最危险的是危及油箱、无法降落或造成飞机翻倒，使火势蔓延到整个机身。起落架火灾的发展，一般需要经过过热发烟、局部燃烧和完全着火三个阶段。扑救起落架火灾时，应在飞机停稳以后进行（图2-5）。

（1）过热发烟阶段

由于飞机机轮在维修时装有新的刹车垫、机轮上附着残油，或在飞机紧急刹车制动被卡等原因，使机轮或轮胎在摩擦过程中产生高温，引起轮胎橡胶的热分解和易燃液体受热后冒烟，有引起火灾的可能。对此，扑救方法是：

图2-5　一架降落时起落架着火的飞机

一是准备好干粉和水枪，并时刻严密观察。一旦发现起火，立即喷射。

二是如果烟雾逐渐减少，应让机轮或轮胎自然冷却，避免发热的机轮或轮胎因急剧被冷却特别是局部的冷却，而可能引起机轮或轮胎的爆炸；

三是如果烟雾增大，可用雾状水流快速冷却。喷施雾状水流时，应该是断续喷施，避免使用连续水流，更不可用二氧化碳冷却。

（2）局部燃烧阶段

局部燃烧阶段燃烧比较缓慢，火焰不大，热量也不十分大，但是，能够在短时间内使整个机轮或轮胎全面燃烧，使轮胎报废，并将对机身和机翼下部形成威胁，有引起机身和机翼火灾的可能。

对此，扑救的具体方法有：

一是用干粉迅速扑灭火焰。

二是用雾状水流冷却受火势威胁的机身或机翼下部，以及其他危险部位。

三是发生火灾时，快速撤离机上所有人员。

四是清理出轮轴方向的安全地区，保证火势不向上蔓延。

五是灭掉明火后用雾状水流，对机轮或轮胎进行均匀的冷却，预防复燃。

（3）完全着火阶段

除上述原因外，由于液压油的外泄，造成起落架完全着火，这时的火势猛烈，辐射热强，对机身或机翼的危险性更大，要求消防人员在最短的时间内将其火焰迅速扑灭。

对此，扑救的具体方法有：

一是同时使用大量的泡沫与干粉，对其火焰迅速扑灭；

二是迅速撤离乘客和机组人员。

三是喷射泡沫冷却机身下部或机翼。

四是清理出在轮轴方向的安全地带。

五是随时准备对付火势的蔓延或可能出现的突发大火灾。

（4）灭火注意事项

起落架构件的材料较多，而且遇火后其燃烧特性不同，因此，在扑救这类火灾时，须注意以下几个方面的事项。

① 接近方法：在扑救起落架火灾时，要求消防人员全身穿好隔热服，戴头盔和手套，并把面罩放下。在接近起落架灭火时，应由起落架前部或后部小心接近，切勿从轮轴方向接近。

② 危险区域：当轮胎着火或轮毂处于高温时，轮毂容易爆炸，其爆炸方向为沿轮轴方向向外。因此，在其危险区域，不准任何车辆或人员进入。

③ 危险点的处置：如果有可能，可利用锁定销将减震柱锁定。

④ 控制渗漏：一旦发现起落架下面有渗漏的油品，应迅速用泡沫全部覆盖，以防起火燃烧。

⑤ 阻死漏油点：液压油管漏油时，先把液压油管折弯，然后再找出渗漏点把它控制住，从而有效地止住油的渗漏。

⑥ 镁及镁材料火灾的扑救：镁易燃烧，在刚起火时，用"7150"灭火剂将其迅速扑灭。若大量含镁金属起火，可用强大水流加以控制，即使瞬间产生局部火焰并出现迸发相当大的火花，仍然是可以控制的；对小规模的镁火，还可以用砂土控制和扑救；干粉也可以扑救镁铝合金火灾。但是，不能用二氧化碳和以碳酸氢钠为基料的干粉扑救。

⑦ 机上成员的撤离路线：机上乘员撤离时，应朝上风沿机身方向快速离开。当起落架还在燃烧时，撤离人员切不可进入危险区域。撤离路线可以从机身前舱撤出，也可以从机身后舱撤出。为了保障撤离人员的安全，应有专人看管危险区域，防止误入而发生意外，造成不必要的伤亡。

⑧ 轮胎着火的扑救：如果只有轮胎着火，可用二氧化碳和喷雾水流扑救。

⑨ 油类着火的扑救：对于流淌油和液压油起火，可用干粉灭火器扑救。如果采用二氧化碳扑救，距离要保持在 2m 以上。

2. 飞机机翼火灾的扑救

飞机机翼作为贮油的一部分，装有大量的航空燃料，一旦发生火灾，燃烧会十分猛烈，其火势很容易向机身蔓延，并在短时间内烧毁机翼，引起机翼内燃油箱发生连续爆炸，使大量燃油漏泄到地面流淌燃烧，并迅速包围机身，对飞机起落架、机身及其内部人员构成严重威胁。因此，灭火与疏散机内人员是重中之重的头等急事，消防人员应冷却保护机身，抢救旅客疏散为先，采用上风冲击、两翼外推阻挡火焰，干粉、泡沫联用围机灭火的方法。

一侧机翼根部起火，使用两辆消防车灭火，迅速冷却机身，使其不受热辐射的影响，由机翼根部向外推打火焰，防止火焰烧穿机身，保护机内人员由机身前舱和后舱安全撤离；干粉、泡沫同时使用，夹击扑灭火焰。

针对机翼灭火特点，在灭火时应注意以下几个方面的问题：一是向机身上喷射泡沫时，应沿机身由近及远将火向前驱赶，集中所有的泡沫保护机身；二是切忌沿机翼线向机身方向喷射，防止把机翼上的游离燃油驱赶到机身上燃烧；三是几辆泡沫车上的泡沫同时喷射，要避免某一门泡沫炮喷出的泡沫冲开其他炮喷出的泡沫覆盖层。

不能接近危险区域时，可用泡沫炮喷射集束泡沫进行远距离灭火；能够接近实际危险区域时，可将泡沫炮喷口改成鸭嘴形，使喷出的泡沫呈扇面状，实现快速、大覆盖灭火。泡沫炮操纵手应根据燃烧区面积和距离，适时改变消防车位置和泡沫炮喷口形状，将泡沫准确、均匀地喷射到燃烧区，并避免使机上人员受到泡沫强大冲力的伤害。喷射干粉时，主要用于压制火焰，应实施上风向喷施，以减少灭火剂损失。

疏散撤离机内人员时，应用雾状水流掩护，并对下飞机困难的人员给予全力的帮助。如果消防人员皮肤或衣物上沾有航空燃油和液压剂，要尽快用水和肥皂冲洗干净，防止引起皮肤炎症。

3. 飞机发动机火灾的扑救

发动机是飞机的心脏，结构比较复杂，通常安装在发动机吊舱、机舱尾锥、机身腹部或机身底部和侧面。发动机内部发生火灾，会使飞机瘫痪或从空中掉下来。消防人员在扑救发动机内部的火灾时，应根据发动机的不同类型，采取不同的扑救方法。

(1) 发动机内部起火

内部燃烧时，排出的火焰颜色呈灿烂蓝色，带有高温气柱，除非在相对湿度70％或更大时，几乎看不见烟。在推力消失时，发动机内部燃烧的残余物，如橡胶垫片和毡纤维垫片，在燃烧时能产生一阵黑烟。但是，在某些情况下，残留物质会继续慢慢地燃烧2～3分钟，在管嘴内产生小的火焰。

当发动机内部起火燃烧时，因为其内部燃烧室耐热性比价好，一般情况下需持续几分钟的极高温度机体才能燃烧起来。在这种极高的温度下，其内部一般早已完全毁坏，若发动机尚未着火就不需要抢救。如果火包围了发动机，使发动机体燃烧，可用水和泡沫有效地控制其周围的火，防止火势向机身外蔓延。因为燃料本身含氧化剂，短期内会剧烈燃烧，一时不可能扑灭这种火，控制这种火灾的蔓延十分重要。

(2) 对钛火的控制

有些发动机的零部件含有钛的成分。一旦发生火灾，使用普通的灭火剂一般是扑不灭的，其处理方法是：如果含钛部件着火被封闭在内，应尽可能让它烧完。只要外部没有可燃火焰，通常这种燃烧不致严重地威胁飞机本身。用泡沫、雾状水喷洒覆盖吊舱及周围暴露的飞机结构就可以了。

灭火时注意事项：

一是登高问题，由于发动机高出地面，扑救时，不宜站在地面上进行，因此，扑救飞机发动机火灾时，要准备好登高工具。常用的有消防梯、举升工作平台，以及用来喷射适当灭火剂的可伸缩喷筒。现代发动机内腔舱容量很大，灭火剂中的喷射量也必然很多，当高速喷射灭火剂时，灭火剂喷离喷嘴时会产生很大的反作用力，因此，在登高作业时，必须稳定、准确地握住喷筒，并采取有效措施，以保障登高作业人员的安全。

二是发动机下禁止站人：正在扑救发动机火灾的人和设备，不要位于发动机正下方，因为这些位置可能有漏油、熔化金属或地面火势的情况。在实际灭火时，只要有合适的喷

筒或射程，并具有有效的喷射灭火剂的形式，喷射位置在发动机的外侧、前面和后面都可以。

三是灭火剂的选择：扑灭发动机火灾时，应选用卤代烷或二氧化碳灭火剂来控制发动机内的火灾；当发动机火势已发展到危及其他结构时，可使用其他灭火剂，喷射水雾，冷却油箱和飞机机身等危险性大的构造。

4. 机身内部火灾扑救

飞机机身内部一旦发生火灾，将直接对机身内部人员的生命造成严重威胁，消防人员应把营救机身内部的人员脱险作为救援的首要任务，灵活运用冷却降温、阻截火势、破拆排烟、抢救疏散、内外扑救、多点扑灭、灌注灭火剂等方法，控制火势的发展，保证机身内人员的安全。

（1）机身尾部客舱发生火灾

第一，消防员迅速进入机舱及时疏散内部人员：消防员从中部舱门攻入机身内部，用雾状水阻截火势向中部客舱蔓延，抢救乘客和机组人员从前、中部舱门和应急出口撤离飞机，疏散到安全地带。

第二，采取有效措施控制烟雾：打开尾部舱门或打碎舷窗进行排烟，以快速降低舱内烟雾浓度；同时，在打开的舱门或舷窗开口处布置水枪，阻击火焰从开口处向机身外部蔓延。

第三，用泡沫覆盖或用水流喷洒机身外部，降低温度，控制受火势威胁较大的危险部位。

第四，消防人员主动配合，合力扑灭舱内火灾：在控制住火势向中部客舱蔓延的同时，消防员从尾部舱门突破烟火封锁，强攻进入尾部客舱，中部客舱水枪手与之形成合击；在舷窗间处的水枪手，应将水枪从舷窗口伸入客舱内部，与内部水枪手协同配合，打击火焰消灭火灾。

（2）机身中部客舱发生火灾

一是消防人员迅速进入机场，救援机舱内人员：消防员应同时从前舱门和尾舱门将机组人员和乘客撤离飞机，并由地面救援人员将撤离飞机的人员快速疏散到安全地带。

二是及时排烟，控制火势：在机身外的消防人员在下风处打碎舷窗进行排烟，并从舷窗口伸入水枪，多点进攻打击火焰，配合内部水枪手消灭火灾。

三是控制机身高温，防止油箱起火：消防员在进攻灭火的同时，应采用泡沫覆盖或散状水喷洒的方法冷却机身下部机翼，预防高温辐射引起机身和机翼处的燃油箱发生爆炸。

（3）机身前部客舱发生火灾

① 消防员从前舱门、中舱门进入机身内部后，快速用雾状水控制火势向驾驶舱或中部客舱蔓延，抢救乘客和机组人员从中、尾舱门和应急出口撤离飞机，并由地面人员协助疏散到安全地带。

② 当火势凶猛、前舱门进攻受阻，并且火势已越过前舱门的情况下，火势已威胁驾驶舱，此时，消防员要当机立断迅速打碎两侧舷窗，将水枪从舷窗口伸入机身内，用雾状水封锁空间，阻截火势蔓延，保护驾驶舱，并配合机舱内攻水枪手，里应外合，消灭火灾。

（4）驾驶舱内发生火灾

一是消防人员从前舱门攻入机身内部后，首先用雾状水冷却驾驶舱与客舱之间的隔墙，防止火势蔓延到客舱，掩护乘客和机组人员从前、中、尾部舱门和应急出口撤离，人员一旦到地面安全地带就快速逃生，以防次生灾害的发生。

二是使用卤代烷（1211等）灭火剂，扑救驾驶舱内火灾。在没有卤代烷灭火剂的情况下，可用干粉或二氧化碳灭火剂替代。在迫不得已上述灭火剂都没有的情况下，可以用水泡沫扑救。用卤代烷灭火，其好处是灭火后，它不会留痕迹，用其他灭火剂会使驾驶舱的贵重仪器仪表设备遭受不同程度的水渍或损坏。

（5）货舱（行李舱）内发生火灾

在火灾发生时，如果飞机上有乘客，首先要组织力量疏散客舱内所有人员；当货舱装运普通货物时，用喷雾水或泡沫扑救；当货舱内装运化学危险品时，应根据所装运货物的性质选用灭火剂。

货舱灭火应注意事项：

第一，做好个人防护。深入机身内部的消防员必须佩戴呼吸器，穿着防火服或隔热服。

第二，防止形成爆燃。机身处于全封闭状态，起火后产生的烟雾和温度很难散发出去，会在机身内迅速积聚，一旦完全打开舱门，空气进入机舱内，很容易产生爆燃。消防人员应先手持喷雾水枪站在机舱门后，稍微打开一点机舱门，将喷雾水枪伸入机舱内射水；而后再完全打开机舱门，进入机舱内救人、灭火。

第三，在飞机客舱内没有旅客时，可从机身上部破拆口灌入高、中倍泡沫，对客舱进行封闭灭火，扑救火灾的效果更好。

第四，当飞机内的氧气瓶受到火势和热辐射威胁时，应快速用雾状水冷却。如没有危险，可将钢瓶疏散到机身外安全地带，预防氧气瓶受热产生爆炸。

第五，在最短时间内，安全疏散机身内乘客，要在机组人员协助下充分利用救生设备（自动滑梯、救生索等）疏散。

第六，在灭火过程中，灭火人员要酌情打开舱门、紧急出口，并打碎舷窗等进行排烟，为机身内人员安全脱险提供条件。

第七，消防人员在救护机身内人员疏散和内攻灭火时，要注意避免盲目射水，防止水枪射流伤人。

第八，扑灭火灾时间较长时，应组织预备力量，及时接替机舱内消防人员，以保证第一批进入机舱内的人员得到休整。

5. 飞机坠落火灾（事故）的扑救

发生严重鸟击灾害，可能导致飞机坠落。飞机一旦坠落，整个飞机都有可能发生燃烧，这时救援人员首先要用干粉压制机身外部火焰；同时，用泡沫覆盖冷却机身，降低高温对乘客的影响，为机身内部人员的生存提供条件。在救援人员充足的条件下，也可重点考虑扑灭油箱、发动机和起落架等部位的火。

当飞机油箱破裂、大量燃油洒落到地面燃烧时，救援人员首先要用干粉和泡沫直接射向机身下面火焰根部，将火焰与机身分隔开；然后，快速向机身周围火焰喷射；最后，覆

盖整个火区，扑灭大火。

当飞机与洒落地面的燃油同时起火时，首先应扑灭机身上的火焰，用泡沫覆盖冷却机身；再向机身下部和周围地面喷射泡沫，将地面火焰与机身隔开，控制住燃油火向机身蔓延，为展开救援工作创造条件，最后扑灭地面燃油火。

飞机坠落时，机身许多结构可能变形，使舱门、紧急出口等无法开启。消防人员应尽一切可能，以最快的速度、最有效的措施，打开舱门或其他通道，保证救出机身内部所有人员。其救援的具体措施是：

一是降温灭火。消灭机身内部火焰，排烟降温，对内部人员施加保护。消防人员应首先打碎火焰附近的机身舷窗，采用多点进攻的方法消灭机身内部火焰，然后用雾状水排烟，降低舱内温度，对机身内人员施加水雾保护。

二是打开舱门救援。在条件许可的情况下，消防人员应迅速打开飞机舱门和应急出口，深入机身内部，对伤残者实施救援。

三是从机身尾部入孔救援。如果飞机尾部毁坏折断，消防人员可通过尾部增压舱隔墙入孔，从尾部进入机身内部实施救援。

四是破拆救援。在舱门、紧急出口无法开启的情况下，消防人员应用斧头、撬棒、机动破拆工具等实施破拆救援。破拆位置应选择在舱内水平线以上行李架以下的舷窗之间，或在机舱顶部中心线两侧。飞机上有用红色或黄色标记明确的破拆位置点。

飞机坠落灭火时注意事项：

第一，一旦发生飞机坠落，消防人员到达失事飞机地点时，不论飞机内部是否起火，消防人员和消防车都应处于临战状态，按灭火应急预案各就各位，随时投入灭火救援。

第二，喷射灭火剂时，应选择最佳的位置和角度，充分利用风向、地势等有利条件，边移动，边喷射，调整落点，力求打准，加快覆盖速度。

第三，避免随意破拆，防止伤及机舱内人员。由于机身的金属外壳坚硬，内部结构又较复杂，随意破拆不仅难以奏效，而且容易造成燃油箱破裂，甚至伤害机内人员。因此，消防员必须掌握正确的破拆位置与破拆技术。

第四，在灭火过程中，消防员不得随意搬移、乱动失事飞机的残骸。如果必须搬移，需要记录下它们的原始状况、位置和地点，并保存所有的有形物体，以便于对飞机火灾原因的调查分析。

（四）飞机迫降与跑道喷施泡沫

据国内外机场应急救援统计分析，起落架故障引起的紧急迫降占所有航空器紧急迫降的比例较大。这类紧急迫降事件，多数是由于起落架状态显示异常引起的，并且国内外都出现了由于起落架不能放下导致航空器在跑道迫降的一系列紧急迫降事件。对于这类紧急迫降事件的反应措施，各国民航管理部门的政策仍存在一些差异。这里仅就跑道上喷施泡沫问题进行以下探讨。

1. 飞机在跑道迫降是航空界普遍认可的方式

凡是因起落架故障导致的飞机或因鸟击发生的飞机火灾和飞机其他结构的损坏，致使飞机在机场跑道上迫降，通常其迫降方式有三种：

（1）草地迫降（飞机在内场地草地区内迫降）；

（2）跑道迫降（飞机在主跑道上迫降）；

（3）先在跑道迫降，后滑向草地（飞机先在跑道上迫降，因惯性或飞机方向失灵等，飞机滑入草地区）。

从保护飞机结构来看，在跑道迫降时的飞机机身和跑道的摩擦系数远远小于在草地上的摩擦系数，在草地迫降时，由于草地碾压不良还有可能造成飞机出现翻滚事件，因此，目前，各国一般都采取在跑道上迫降的做法。即使是在冬季一些气候寒冷的机场，为了飞机的安全，一般也要尽量避免在草地迫降。

2. 国际民航组织的推荐措施

《国际民用航空》在附件 14 中，对消防与救援工作有明确的指导性措施，如对跑道喷施泡沫问题进行了详细的分析。有关专家认为，没有证据显示喷施泡沫有助于减少此类紧急迫降事件造成的人员伤亡和财产损失。为什么要喷施泡沫？他们认为，一些国家之所以喷施泡沫，主要是满足飞行员心理上的需要；同时，提出了喷施泡沫的推荐措施。

（1）喷施泡沫的实践分析

从喷施泡沫的实践看，在飞机迫降时，及时喷施泡沫，不仅对飞行员有心理安慰，而且在理论上，喷施泡沫也具有以下好处：

一是减少机身和跑道摩擦引起的火花，从而减控火灾发生的危险概率。

二是可以降低飞机结构，特别是底部结构的损伤。

三是降低机身和道面的摩擦系数。

四是减少泄漏燃油，防止因燃油引起的火灾危险。

然而，经过多年飞机迫降实践检验，国际民航组织通过大量的试验和分析研究，认为，喷施泡沫不会产生上述所分析的理论上的效果。尽管如此，目前，各国机场在飞机迫降时，仍使用这一措施，这可能与减缓在飞机迫降救援中的心理压力有关。

（2）在飞机迫降救援中，喷施泡沫应当注意以下几个问题

第一，喷施泡沫的类型和设备的要求。国际民航组织的推荐措施中规定，由于常见泡沫排放时间的长短不同，在跑道上喷施泡沫时只能使用蛋白质泡沫。同时，机场在喷施泡沫后，必须保证车辆和泡沫储备量能够达到机场运行消防等级的要求，这就要求机场当局尽量避免使用机场内部消防车辆施放泡沫。

第二，喷施泡沫的长度、宽度要求。为了保证机场当局能够有效迅速地完成跑道喷施泡沫工作，一般释放泡沫宽度的原则是，对于 4 发喷气式飞机，泡沫宽度大于内侧发动机宽度；对于螺旋桨飞机，应该大于外侧发动机宽度。泡沫的长度根据起落架失效的位置和飞机的构型不同，长度为 450～900m。

第三，泡沫的起始位置。起落架处于收起状态的航空器迫降时，由于机身和道面之间的地效作用，航空器机身接地点同正常接地点不同，根据故障起落架位置和航空器构型不同，接地点要在正常接地点的后部 150～600m。这一点在实际救援工作中十分重要。在很多救援实例中，由于泡沫施放起始位置确定有误，导致航空器全部或者部分不能降落在泡沫区域，浪费了大量的救援时间和物力。甚至，还会产生其他不良影响，如内场区的环境等。

2001 年 8 月 4 日，在芬兰赫尔辛基机场一架塞斯纳 750 飞机出现前起落架故障，机

场、空管和飞行员协商后，决定在跑道上喷施 3m 宽、800m 长的泡沫，泡沫起始位置在计划接地点后方 200m 左右（图 2-6），飞机接地后，机身和道面摩擦出现大量火星但没有出现火灾，消防车辆向飞机喷施泡沫，没有出现人员伤亡。飞机前起落架损坏，机身下部出现擦伤。

图 2-6　喷施泡沫和飞机降落的位置

第四，关于喷施泡沫的厚度。从理论上看泡沫厚度越高，对于减少飞机起火越有利，但是，由于泡沫可能受到当时气温和风的影响，厚度不可能太厚，国际民航组织推荐的泡沫厚度为 35~50mm。

第五，控制好喷施泡沫的时间。在实施应急救援工作时，应当控制好喷施泡沫的时间。首先，详细计算航空器在空中的等待时间和施放泡沫所需要的时间。喷施泡沫需要在飞机降落前一段时间进行。一般应当给所喷施的泡沫 15~20 分钟的时间，使得泡沫中的水分充分浸湿所喷道面，随后实施飞机迫降更好。

3. 美国民航管理部门及机场对跑道喷施泡沫问题的意见

2002 年 7 月 11 日，美国联邦航空局（FAA）颁发了《机场使用通告》，在这一建议性通告中，对在机场消防工作中使用泡沫类型和跑道喷施泡沫问题做出了说明。

美国各民用机场一般使用水成膜泡沫（AFF，我国称清水泡沫），而不是国际民航组织要求的蛋白质泡沫。通告中指出"FAA 不建议在紧急迫降时喷施泡沫，同时，反对除了蛋白质泡沫以外泡沫的措施。氟蛋白泡沫、成膜氟蛋白泡沫和水成膜泡沫由于排放时间较短，不适合在跑道上施放。同时，FAA 建议机场航空器救援和消防人员拒绝飞行员要求喷施泡沫的要求，因为机场没有专门的设备和蛋白质泡沫。"

FAA 援引国际民航组织的推荐措施，指出实际研究不能完全证实喷施泡沫的有效性。另外，国际消防服务培训协会（IFSTA）和美国国家消防协会（NFPA）都不建议在跑道上喷施泡沫。

机场在实施应急救援工作时如喷施泡沫，还会带来的一系列问题，如确定接地地点和起落架接地状态、喷施泡沫需要的时间、机场的消防能力，以及救援后机场的清理工作和处理各种极端气候下的泡沫特性等问题，因此，FAA 认为弊大于利。

美国目前的几个大、中型枢纽机场，例如火奴鲁鲁、达拉斯和奥兰多等，这些机场消防部门明确表明，起落架使用困难的航空器迫降时，在跑道上不施放泡沫。

从目前国际民航组织的推荐措施和其他国家民航管理部门的要求来看，没有充分证据能够说明，喷施泡沫有助于降低航空器迫降时的人员伤亡和飞机结构损伤。在机场应急救援过程中决定喷施泡沫之后，应当选择合适的泡沫类型，正确确定泡沫的位置、长度和宽度，在保证充足的消防设备力量和时间允许的条件下实施。

（五）民用机场消防设备设施配备

1. 国际民航组织在消防和救援工作方面对机场的分类

（1）机场消防保障等级

机场消防保障等级，通常是指机场应提供救援和消防保障的分类。保障等级划分按使用该机场的最大飞机的全长、机身宽度和起降频率确定。

（2）机场消防站机构

机场消防站按所在机场消防保障等级类别，结合机场消防责任区，来确定消防站的站级。

（3）国际民航组织的要求

国际民航组织在机场勤务手册中，对机场提供的保障等级有以下规定，机场的等级按照使用该机场的飞机的尺寸为依据，并按其运行频率进行调整。

对应急救援工作和消防而言，机场的分类，通常以使用该机场最长的飞机的总长度和机身最大宽度为依据。按照使用机场的飞机类别，从表 2-1 就可确定机场的类别。首先，估计飞机的总长度；其次，应是飞机的机身宽度。如果选择了合适于某架飞机总长度的某一类别的机场，而那架飞机的机身宽度却大于该类机场第 3 栏的最大宽度，则适合于该飞机的机场类别实际上为更高一级。

表 2-1　机场消防保障等级类别

机场类别	飞机总长度（m）	机身最大宽度（m）
（1）	（2）	（3）
1	0～<9	2
2	9～<12	2
3	12～<18	3
4	18～<24	4
5	24～<28	4
6	28～<39	5
7	39～<49	5
8	49～<61	7
9	61～<76	7
10	76～90	8

2. 消防站选址

机场消防站，主要承担机场及其邻近地区的飞机事故、应急事件的救援和消防服务。这里需要指出的是，机场内应急响应时间，通常与应急出救地点的选址布局关系密切。根据飞机应急的时间特点，大型机场主要依靠建立卫星消防站和机动执勤点来满足快速反应时间的标准。因此，机场内应急救援点的选址问题，是机场应急响应的关键点。

机场消防站的选址，首先应该满足车辆行驶至跑道端路线尽量少拐弯或少设置其他有碍消防车通畅的设施。

3. 消防器材装备配备

我国境内的民用航空运输机场（含新建，改、扩建机场）消防站机构设置与器材装备的配备除了符合国际民航组织、国家相关法规要求外，应当符合民航总局颁布的《民用航空运输机场消防站装备配备》标准的要求。民用机场消防设备设施配备是以预防、扑救飞机火灾和救援机上乘员为目的，规定了民用航空运输机场（含军民合用机场的民用部分，下同）消防站的机构划分准则、人车比例和装备基数。用于训练的机场可根据机场消防等级和实际情况参照本标准执行。

消防站器材装备分为：车配器材、人身防护装备、通信器材、破拆抢险救生工具、车辆维护修理设备、防火检查仪器、体育训练器材、备用灭火剂等。执勤车辆的器材配备按其车型性能要求，以具备独立完成执勤的灭火任务为原则。

（1）车辆配备与单车定员

机场消防车辆配备是根据机场消防保障等级确定的，战斗员人数按照车辆性能需要定员。消防站业务车辆包括：快速调动车、主力泡沫车、重型泡沫车、中型泡沫车、重型水罐车、干粉车、通信指挥车（图2-7）、破拆抢险车（图2-8）、跑道喷涂泡沫车、药剂补充车与后勤保障车。

图2-7　美洲豹曲臂泡沫消防车

快速调动车的发动机不用预热，气温在7℃以上，满载行驶速度在0～25s内大于80km/h；主力车满载时应在0～40s加速到80km/h；最大车速均应为100km/h以上。

中型消防车：消防车底盘的厂定最大总质量大于或等于9000kg，但是，小于或等于11000kg。重型消防车：消防车底盘的厂定最大总质量大于或等于15000kg。当主力泡沫车速度满足快速调动车标准时，快速调动车不配备。

图 2-8　美洲豹快速泡沫消防车

单车消防（含驾驶员）的数量，应根据消防车性能、用途、操作要求及有关标准规定定员。

（2）人身防护

为保证救援人员的安全，参与飞机灭火抢险的作业人员，必须按规定穿戴防护服，以保证他们能够执行指定的任务。这种防护服必须准备齐全，安全存放，细心保管，要确保在使用时便于取用，待应急之时使用。

第一，防护服。在机场应急救援中，一旦发生火灾，防护服应当对以下情况起到重要的保护作用：一是偶尔与火焰接触，起到保护作用；二是辐射热为3瓦/平方厘米时，2分钟内确保不受热辐射的伤害；三是辐射热为8瓦/平方厘米时，1分钟内确保不受热辐射的伤害；四是尖锐物体的撞击，不会直接伤及身体；五是防止渗水；六是防止电击。

第二，呼吸设备。一旦发生火灾，飞机机舱内层材料着火或烧焦，会产生危害的有毒气体。这类气体主要有：一氧化碳、氯化氢、氯气、氰化氢和氯化碳酰（光气）。需要进入烟雾弥漫的机舱的消防队员，必须配备呼吸设备。要求这种设备应当是独立的装置，如果标准的接近火区所用的安全帽没有配备防毒面具，则有必要采用专门的兜帽或安全帽。

消防人员所选用的呼吸设备，能够充分发挥功能，并在作业进程中达到足够长的效能时间。从功能上看，一般工业使用的防烟尘面具和某些容量有限的压缩空气设备，是不能满足消防作业的要求的。对那些被派穿戴呼吸设备的消防队员来说，具备高水平的胜任能力是不可少的要求。胜任能力必须包括对设备的掌握，一整套检查、试验和维修的极其严格的规程。如果在定期的训练中达不到或者保持不住高的标准，这种设备就可能失去其效用，还可能对使用者造成严重伤害。机场的救援和消防单位，并不一定在任何时候都有这种设备；在随后的训练过程中，也未必都有合格的教师。在这种情况下，可以寻求当地市政消防部门的帮助，这些部门不仅设备比较齐全，而且可以帮助机场消防部门，提供机场训练设施。

每次使用呼吸设备的时候必须做好安排，将压缩空气瓶充满纯净的空气；同时保证有一定数量的备用件，以确保设备连续使用的效能。比较理想的方法是，每位被指派使用该

设备的人员都配备自己的防毒面具，并调整到他们具体的特殊要求，同时，经过清洗以确保卫生要求。

（3）常用灭火剂种类及数量

在机场配备的常用灭火剂中，其灭火的控制效用要求灭火效果达到几分钟或更长的灭火时间；配备的辅助灭火剂有迅速抑制火势的能力。但是，这些也都是只提供一个使用中才发挥出来的"短暂的"控制效用。

第一，灭火剂种类。主要灭火剂必须是符合最低性能 A、B 的泡沫以及是这些灭火剂的组合。

对于机场类别，如 1～3 类的机场，其主要灭火剂最好应达到最低性能 B。

辅助灭火剂应首先是二氧化碳（CO_2）；其次是化学干粉（B 级和 C 级粉）；其三是卤代烃（烷 halons）；其四是这些灭火剂的组合。

对于飞机应急救援和消防作业，通常认为化学干粉和卤代烷比二氧化碳更为有效。在机场应急救援中，如果选择化学干粉与泡沫一起使用时，必须小心从事，以保证两种产品的相容性。

第二，灭火剂的数量。民用运输机场消防部门，应按照本机场分类等标准来确定救援和消防车辆上配置产生泡沫用的耗水量和辅助剂用量，但是，这些数量可做如下调整：

一是对 1 类和 2 类的机场，可用辅助剂代替水，甚至可以为水量的 100％。

二是对 3 类到 10 类的机场，可使用符合性能水平 A 的泡沫。在使用时，可用辅助剂代替用水，用量可为 30％的水量。

表 2-2 中的灭火剂数量，通常是配备的灭火剂的最低数量，它是以实际地段获得 1 分钟控制时间所需的灭火剂数量，加上为随后继续控制火势和可能彻底扑灭火势所需的灭火剂数量来确定的。控制时间，一般是指灭火初期将初期火势强度减弱 90％所需的时间。

分别放在车辆上、产生泡沫用的浓缩泡沫液的数量，应与所带的水量和所选定的浓缩泡沫液成比例。在能够立即获得补给水源、以保证快速补充足够水量的情况下，浓缩泡沫液的数量应该能保证至少供两车水的配用。

产生泡沫规定的用水量，一般是按对符合性能水平 A 的泡沫（应用比率为 $8.2L/min \cdot m^{-2}$）和符合性能水平 B 的泡沫（应用比率为 $5.5L/min \cdot m^{-2}$）来计算的。这些应用比率，通常被认为是能在 1min 内得到控制效用的最低比率。

当符合性能水平 A 的泡沫和符合性能水平 B 的泡沫同时使用时，其应配备产生泡沫的总水量，首先应基于假如只使用符合性能水平 A 所需的用水量，然后，按每 2L 为符合性能水平 B 所需用水量减少 3L。

在机场应急灭火中，为了用辅助剂代替产生泡沫的水，可以采用相当的代用品：

一是用 1000g 干粉 1.0L 产生符合性能水平。

二是或者用 1000g 卤代烷＝A 的泡沫的水。

三是或者用 2000g 二氧化碳。

四是用 1000g 化学干粉 0.66L 产生符合性能水平。

五是或者用 1000g 卤代烷＝B 的泡沫的水。

表2-2　灭火剂的最小用量表

机场类别	符合性能水平 A 的泡沫		符合性能水平 B 的泡沫		辅助剂		
	水（L）	喷射率（泡沫溶液 L/min）	水（L）	喷射率（泡沫溶液 L/min）	化学干粉（kg）	卤代烷（kg）	二氧化碳（kg）
(1)	(2)	(3)	(4)	(5)	(6)	(7)	(8)
1	350	350	230	230	45	45	90
2	1000	800	670	550	90	90	180
3	1800	1300	1200	900	135	135	270
4	3600	2600	2400	1800	135	135	270
5	8100	4500	5400	3000	180	180	360
6	11800	6000	7900	4000	225	225	450
7	18200	7900	12100	5300	225	225	450
8	27300	10800	18200	7200	450	450	900
9	36400	13500	24300	9000	450	450	900
10	48200	16600	32300	11200	450	450	900

装备在救援和消防车辆上的各种灭火剂的数量应当与机场类别和表2-1相一致。机场应保持有相当于救援和消防车辆配置数量的200％的浓缩泡沫液及辅助剂，以备车辆补充之需。这就使得车辆在一次应急之后，如有必要得以立即进行全部再装载，并且在机场储备得到补充之前，如果发生另一紧急情况，保证在第二次有完全再装载的能力。

消防车辆在执行勤务时，车辆的泡沫罐必须在所有时间都保持装满状态。因为当车辆高速转弯时，没有装满的液罐会晃荡不稳。同时，如果在泡沫上面有一层空气，蛋白质泡沫通过氧化作用和搅动，会自然产生严重的残渣现象。在使用蛋白质泡沫浓缩液的地方，罐内的全部液体应定期排放掉，并且对车辆整个系统都应该彻底清洗干净，以保证罐内不残留有失效的蛋白质泡沫。

（4）通信和报警系统

在机场应急救援中，应当设置独立的通信系统，使得消防站能与指挥塔台、机场内其他的消防站以及救援消防车队等迅速取得联系。

机场应当在消防站为救援和消防人员提供报警系统，以便除本站外的其他机场消防站和机场指挥塔台与其联系和进行操作。

（5）车辆数量

为了有效地运送和分配机场类别规定的灭火剂，机场应当配备应急所需最少数量的常规车辆，如救援补给车和消防车辆；同时，要求车型必须符合要求。

除了上述情况以外，需要抢险的地区还有水域、沼泽地或其他环境困难的地段，这些特殊地段，一般不能靠常规轮式车辆来完成特殊的任务，在机场必须设置相应的合适的设备和配备相应的专业抢险人员。配备专用车辆的目的，就是如果在于这些地段如发生飞机失事时，可用这些专用车辆帮助救援人员抢救机上乘客或机组人员。

六、医疗救护及医学紧急事件

大量的实践证明，医疗和救护服务工作是机场服务的重要组成部分，在任何时候、任何情况下，它都是机场救援的重要内容。机场应急救援中的医疗服务工作，其主要目的就是提供伤员鉴别分类、急救与医护，同时在机场其他医学紧急事件中发挥其专业职能。

（一）航空器医疗救护

1. 伤员紧急护理的需求

在飞机失事后，参与其伤员救援的人员，必须具备专业救援技术，以提供及时、有效的医疗护理，否则将造成许多生命的丧失和伤员的伤势加重。按照应急救援相关的要求，幸存者必须按伤势分类，并给予所需的应急医疗救助，然后迅速疏散到就近的、有条件的医疗部门进行医治。

2. 伤员鉴别分类原理

飞机失事后的"伤员鉴别分类"，通常是指对受难者进行分类，并按伤情排先后次序，以决定治疗与运送的先后。一般情况下，飞机失事的受难者应被分成四类：

（1）迅速救治受伤人员；

（2）暂缓救治受伤人员；

（3）略加救治的一般受伤人员；

（4）在飞机失事中，已死亡的人员。

凡是受过医疗训练、并能胜任分类工作的救护人员，在到达现场之后，应立即对受伤人员开始初步分类。需要治疗的伤员，应将其从分类区转移到救治区。伤员应被稳定在救治区，然后被运送到适当的医疗救治机构中进行治疗。在伤员救援中，应尽最大努力确保重伤员最先被救治，并在现场初步稳定后，优先、快速用救护车运送伤员。这是伤员分类人员的重要职责。

飞机一旦发生空难以后，在原位进行伤员分类的效率最高。但是，由于失事地点的条件限制，可能在分类工作完成之前，需要移动受伤的人员。在这种情况下，应尽可能使伤员移动距离最近，并且远离灭火的位置，其位置应处在上风和上坡位置。

3. 标签在伤员鉴别中的用途

机场应急救援工作中，伤员鉴别标签必须标准化，应通过颜色、编码和符号使其尽可能地简单。标签有助于在分类的情况下，加快对众多伤员的治疗与管理，从而加快伤员疏散到医疗设施医治的进程。

标准标签只需填入尽可能少的信息，可用于恶劣的天气，并且该标签是防水的。在此标签中，一般用数字与符号表示受伤人员医疗级别的分类。

在应急现场如果没有标签，可以在胶带上用罗马数字来区分伤员的类别，或者直接在伤员额头上或其他皮肤暴露的区域作标记，以标明伤员的级别、治疗需要。没有记号笔时，还可以使用口红做记号，但是，不要使用毛笔。因为毛笔的笔迹在雨雪中，会随水扩散使字迹变得模糊不清，并且在低温时会被冻住。

4. 医护原则

机场现场应急救护工作，应当遵循以下原则：

（1）首先要在失事现场使重伤人员得到稳定；

（2）必须注意的是，应避免在重伤员安定之前进行转移。

在医治措施的最初几分钟，医务人员采取的行动是伤员稳定工作。当飞机失事发生在机场附近时，消防人员和救援人员通常是最先到达现场的人员。这些人员在火情控制或消防工作不需要时，应在受过外伤训练、有资格的人的指导下，立即开始协助受伤人员的稳定工作。

最先反应的救援车辆，应携带应急护理的初级装备，如人工气源、绷带、冷敷布、氧气和其他用于稳定吸入烟雾的伤员及严重外伤的伤员的相关设备。在燃料泄漏区域和燃料渗透衣物时，由于这些物质存在爆炸的危险，因此，在应急救援时不可使用氧气，以防发生次生性灾害。

5．不同伤员的救护

（1）Ⅰ级

一是有严重出血现象；

二是严重烟窒息；

三是窒息性的胸部外伤、颈部、上颌骨和面部外伤；

四是出现昏迷和迅速发展为休克的头部外伤；

五是四肢或受伤处骨折；

六是烧伤面积超过30％的大面积烧伤；

七是被物体撞击受伤；

八是出现的各种休克；

九是脊髓受伤。

建议采取以下措施：

一是急救（清理气管），用止血钳止血，并使受伤人员处于恢复的位置；

二是帮助恢复正常呼吸；

三是使用氧气抢救，但是在燃料渗透或燃料浸透衣物的区域严禁使用氧气；

四是将受伤人员放在有遮蔽的场所，等待向医疗部门转移。

（2）Ⅱ级

一是非窒息性胸部外伤；

二是末端的闭合骨折；

三是烧伤面积小于30％的小面积烧伤；

四是没有昏迷或休克的面部外伤；

五是软组织受伤。

在机场应急救援现场，对于不需要急救医疗护理救治的受伤人员的救护，可以延迟到所有Ⅰ级受难者都被稳定之后；或在少量Ⅰ级受伤人员现场医治之后，可以转移Ⅱ级受难者。需说明的是，一些年岁较大或年龄较小的Ⅱ级受伤者，应及时进行救护，以免延误救治时间。

（3）Ⅲ级

这些类型的受伤人员，仅包括受轻伤者。在飞机的某些失事或事故发生时，乘客未受

伤或仅受轻伤，或者看上去未受伤。由于这些受伤者处理不好，就会干扰其他级别的受伤人员的救助，所以，应将他们从失事或事故发生地分类运送到指定的区域，并进行必要的复查与心理帮助。

对于Ⅲ级受伤人员，应提供安慰及医护的供应品。因此，应预先指定特定的治疗地点，这些地点的安置条件从硬件和软件方面都应满足基本的保障需要。

6. 对伤员流动的控制

在机场应急救援中，通常受伤人员应通过 4 个地区，这些地区应被仔细定位并易于辨认。

（1）集合区：该区是安置重伤员的地点，建立这样的区域，依赖于失事的类型以及失事地点周围的环境。在此地点对受伤人员的监护，将从救援和消防人员手中转移到医疗机构中。但是，在大多数情况下，这种转接发生在伤员鉴定区。

（2）分类区：这一区应至少在失事地点的上风 90m 以上，以避免次生性灾害，如火及烟的伤害。如果可能的话，应建立一个以上的分类区。

（3）医护区：这一区在初始时，只有一个单一的医护区，接着，该区域应该根据受伤人员的 3 种分类被细分为 3 个区域，即迅速救治（Ⅰ级），暂缓救治（Ⅱ级）和略微救治（Ⅲ级）。为了便于对上述三个区域的辨别，医护区可以用颜色标识，红色为快速救治、黄色为暂缓救治、绿色为略微救治。可以使用带颜色的锥体标识牌、旗帜、彩带或其他方式等。

（4）转移区：该区一般位于医护区和出路区之间，是用于登记、派送和疏散生存者的区域。通常仅需要一个转移区。然而，当存在多个转移区时，它们之间应保持畅通的联络。

在机场应急救援中，对Ⅰ级和Ⅱ级伤员的救治，建议使用移动设施，并且要快速执行，一般要求在 30 分钟之内投入运行。这些移动设备必须方便地运送到失事地点，并且能迅速、有效地投入使用，确保应急救护的需要。这些设施应包括：

（1）常用的传统救护车或复苏救护车：对Ⅰ级受伤人员而言，复苏救护车是理想的遮蔽场所。受伤人员可在此接受治疗，减少受伤死亡率；然后，再直接送到医院。

（2）红色帐篷：用于接收严重受伤人员或紧急的病例。这些设施往往和一体化的加热、照明以及其他必需的医疗设备，一起被运送到事故现场。

（3）黄色帐篷：主要用于容纳Ⅱ级受伤人员。可以用移动的战地医院或救护车，治疗所有的受伤人员。

7. 对受轻伤人员的医护

在机场应急救援中，机场管理机构及其他参与救援活动指定的机构，其主要职责有以下几个方面：

（1）针对不同的应急情况，在制订机场救援计划时，预先选择和指定最适合的救护停留区。将轻伤人员或未受伤人员从失事现场转移到指定的救护停留区。

（2）准确列出全体乘客及机组人员的清单，会见未受伤人员，记录他们的姓名、地址、电话号码，同时，要安排好上述人员 72 小时以内的生活等事宜。

（3）依据不同情况，在必需的情况下，通知受伤人员的亲友。

（4）主动与指定的救援机构相互合作。

（5）积极做好稳定和安排工作，防止未经许可的人员、与医护活动没有关系的人员对受伤人员的干扰。

在此过程中，应有护士或受过急救训练的人伴随。每个乘客及机组人员，都应接受身体或心理方面的检查，确认是否受精神创伤；对于吸入烟雾的受伤人员，要为他们提供相应物品，并保证他们的身体不再受到伤害。

在应急救援中，使用紧急滑梯撤离飞机的乘客，可能慌乱中赤脚，或没有穿合适的服装。当飞机失事发生在水上或沼泽地带时，乘客可能因身上潮湿而使体温下降。在这种情况下，救援人员应提供保暖设备和衣物，并在其被转移到指定的行走人员停留区之前，进行必要的身体检查。

8. 死亡人员的处理

在应急救援现场处理死难者时，需要指定专人负责，并主动协助法医的工作。救援人员十分清楚在机场失事调查中的技术与程序要求，在应急救援中，要确保残骸不受破坏，直到调查机构到达。

放置死难者的场所，应设置警戒，保证放置死难者的区域不受干扰，直至法医和飞机失事调查人员或其指派的人员到达为止。

应急救援机构，应向担架员提供足够数量的一次性塑料手套和皮手套。一次性塑料手套易于被飞机残骸与碎片撕破或割破，相对而言，皮手套不易被撕破或割破，但是易于吸附死难者的血液或体液，并降低触觉的灵敏度。因此，根据救援现场的情况，合理配置使用手套。在救援结束后应焚毁所有用过的手套。

在应急救援中，如果必须移动尸体或飞机残骸碎片，在移动前应先画草图、采取照相等措施记录其位置。有必要时，应打桩或做标签。同时，应保留所有发出的标签的记录。尤其要特别注意避免破坏飞机驾驶室。如果需要移动任何飞机控制部件，在移动之前应照相、画图或做记录。对于调查人员来说，形成记录的草图、图纸、照片、电影胶片、磁带和录像带及尸体和尸体碎片的标签等都具有重要的资料作用。

在法医或适当的机构到达之前，在被火烧毁或其他类似的紧急情况下，必须移走尸体时，才能将死难者的遗体移出或将私人物品移走。

在应急救援中，救援机构应提供足量的尸袋，以容纳遇难者遗体和私人物品。

（二）机场医学紧急事件应急

突发公共卫生事件及民用航空应急事件的控制，是为了严格落实各级人民政府有关医学紧急情况管理的相关规定，重点加强对来自国际疫区的飞机或国内运输中可疑高致病性病毒、污染货物飞机的检疫，防止疫情通过机场口岸传播，维护机场的生产运行秩序，保证广大旅客的身体健康和生命安全。

1. 机场公共卫生事件的防控工作

机场医学紧急事件的管控范围，适用于在机场范围内，包括在飞机及其他航空器内发生强制控制传染病、国家卫生部门确定并公布的强制控制传染病以及疑似现场的处置工作。

从公共卫生事件防控的实践看，机场应成立突发公共卫生事件处置领导机构。该机构的职责是：针对民航总行业的基本要求，根据国家卫生部门和相关部门的规定，制订机场

防控突发公共卫生事件的各项专项预案；负责机场防控突发公共卫生事件预案措施的贯彻落实；监督各保障单位突发公共卫生事件防控工作执行情况；总结和上报机场防控突发公共卫生事件工作情况。

该机构的领导成员，应由机场主管领导以及相关部门，如机场检验检疫局、空中交通管理部门、机场公安、机场急救部门领导组成。

（1）空中交通管制部门：工作要点是负责航空器上的公共卫生事件信息的通报；负责将地面处置信息传递给染疫航空器机组。

（2）机场急救中心（国内）：主要工作是负责医疗物资储备和体温检测设备的管理使用；负责国内旅客、航空器、行李货物的防控排查；负责国内染疫旅客的隔离、转运工作；负责可疑污染物品的处置以及染疫航空器、车辆及场所的消毒；负责将相关信息通报给上级医疗管理部门。

（3）机场检验检疫局（国际）：主要工作是负责国际旅客、航空器、行李货物的防控排查；负责国际染疫旅客的隔离、转运；负责可疑污染物品的处置，以及染疫航空器、车辆及场所的消毒；负责将相关信息通报给上级管理部门。

（4）机场公安局：主要负责的工作是在应急救援或其他紧急情况下，做好隔离区的现场安全警戒；保障公共卫生紧急情况下转运道路的通畅。

（5）航空公司及代理部门：主要承担的工作是负责将公共卫生事件信息通报应急指挥中心及联检单位；负责旅客处置及后续安排工作；负责配合疫情处置，提供相关设备及保障；负责向检疫、卫生等相关部门提供承载的客货资料。

（6）应急指挥中心：主要工作是负责染疫及来自疫区航空器的机位安排；负责染疫信息的收集、传递及上报；负责医疗物资航空运输的组织协调；负责发布本预案启动、终止指令；负责组织本预案的修订及持续改进。

（7）航站楼管理部门：主要工作是负责将航站楼内公共卫生紧急情况通知应急指挥中心；负责配合卫生、检疫部门，做好航站楼内疑似染疫旅客的隔离处置工作；负责在卫生、检疫部门指导下，设置航站楼隔离区域；负责配合卫生、检疫部门做好染疫区的卫生处置及运行恢复工作。

（8）飞行区管理部门：主要工作是负责配合卫生、检疫部门，做好航空器内疑似染疫旅客的隔离处置工作；负责在卫生、防疫部门的指导下，设置机坪隔离区域；负责配合卫生、检疫部门做好染疫区的卫生处置及运行恢复工作；负责执行公共卫生事件任务的外部车辆的场内引导。

（9）航空安全保卫部门：主要工作是负责协助卫生部门、检疫部门、公安机关做好公共卫生紧急情况下的秩序维护及隔离工作；负责做好旅客集结区、货物堆积区的安全保卫工作；负责将查获的可疑物品报告指挥中心。

（10）媒体发布管理部门：主要工作是负责信息的收集，并统一口径，发布信息；负责新闻发布及对外宣传工作。

2. 公共卫生事件处置程序

（1）预警准备程序

当接到上级主管部门通知，一种疫情在局部地区发生，并有可能通过航空器或其他途径传播到本地，此时本地疫情控制应启动预警处置程序。

① 机场急救中心（国内）：首先，排查设备准备。根据疫情情况确定排查设备种类；根据航站楼疫情控制特点准备排查设备及布置方案。其次，隔离场所及转运车辆的准备。根据疫情特点，准备确诊患者隔离场所及转运车辆；根据疫情特点，准备疑似患者隔离场所及转运车辆；根据疫情特点，准备需隔离排查旅客临时隔离场所及转运车辆。其三，药品医疗设备准备。根据疫情特点，准备防控所需的隔离防护、治疗药品及设备。其四，修订专项防控方案。根据疫情种类，修订有针对性的专项防控方案。其五，医护人员培训。根据疫情特点，对医护人员进行有针对性的防控业务培训。其六，对员工的防控宣传。根据疫情种类，对员工进行有针对性的防控宣传培训。其七，对旅客的防控宣传。根据疫情种类，对旅客进行有针对性的防控宣传培训。

② 机场检验检疫局（国际）：一是排查设备准备。根据疫情情况确定排查设备种类；根据航站楼疫情控制特点准备排查设备及布置方案。二是隔离场所及转运车辆的准备。根据疫情特点，准备确诊患者隔离场所及转运车辆；根据疫情特点，准备疑似患者隔离场所及转运车辆；根据疫情特点，准备需隔离排查旅客临时隔离场所及转运车辆。三是药品医疗设备准备。根据疫情特点，准备防控所需的隔离防护、治疗药品及设备。四是修订检疫专项防控方案。根据疫情种类，修订有针对性的专项防控方案。五是对旅客的防控宣传。根据疫情种类，对旅客进行有针对性的防控宣传培训。

③ 安全职能部门：一是监督检查各保障单位疫情防治前期准备情况；二是做好对外协调工作。

④ 后勤保障部门：做好防控疫情物资设备准备工作。

⑤ 指挥中心：一是信息的获取及分发；二是监督检查各单位准备情况。根据上级主管部门的通知，检查各保障单位疫情防治前期准备情况。三是启动信息通报程序。要求各部门启动每日疫情信息通报；做好每日疫情信息的收集和上报工作。四是确定染疫航空器的停放位置。选择一个相对独立的区域，作为染疫或疑似染疫航空器的停放位置。五是及时调整运行流程。

⑥ 航站楼管理部门：一是做好疫情信息通报，关注航站楼内旅客异常情况并及时通报应急指挥中心。二是做好卫生防护措施，避免交叉感染。航站楼内进行定期消毒，经常通风换气；调整航站楼运行流程。

⑦ 飞行区管理部门：机上发现有与疫情相关的异常情况，立即采取隔离措施，并通报应急指挥中心，调整飞行区飞行流程。

⑧ 航空安全保卫部门：做好疫情信息通报，发现有与疫情相关的异常情况，立即采取隔离措施，并通报应急指挥中心。

⑨ 媒体发布：在收集信息的基础上，准确做好疫情防治宣传工作。

（2）防控工作程序

当接到上级主管部门通知，并要求机场启动防控措施时，机场疫情控制部门应启动防控程序。

① 设备设施布控：急救中心负责在国内进出港区域按要求设置专用体温检测设备；检验检疫部门负责在国际进出港区域设置专用设备和现场隔离排查区域。

② 临时隔离场所：应在监测设备附近区域设置临时隔离场所。

③ 人员安排：医疗救护部门选派经培训合格的操作人员进行检测设备操作；急救中心选派足够数量的医护人员进行旅客排查和疑似患者处置、转运。

（3）处置工作程序

当在航站楼内、经停本场的航空器上以及本场员工中发现疑似或确诊染疫情况时，机场疫情控制应启动处置工作程序。

① 信息通报流程：一是可疑病人在航站楼内，信息通报内容包括病人姓名、性别、年龄、国籍（含籍贯）、现处位置、是否有同行人、联系方式、发现人姓名、发现人单位、是否还在病人旁、病人现状（含自述）、是否进行过初诊、初诊结果等。二是可疑病人在航空器上，信息通报内容包括航班号、机位、机组及乘客人数、病人或疑似病人的人数、主要症状、体征、病人性别、年龄、国籍（含籍贯）、座位号、是否有同行人、联系方式、发现人姓名、单位、是否还在病人旁、病人现状（含自述）、是否经同机医务人员进行了初诊、初诊结果等。三是可疑污染物信息通报内容包括物品种类、位置、数量、特征、发现人单位、发现人姓名、联系方式、现场处置措施等。四是内部员工异常信息通报内容包括姓名、性别、年龄、工作单位、症状、体征、家庭住址、联系方式、是否进行初诊、初诊结果等。

② 疑似旅客处置程序：国际旅客由检验检疫部门、国内旅客由急救中心对发病旅客进行现场排查；国际旅客由检验检疫部门、国内旅客由急救中心确定同机旅客排查范围（在航空器上）及接触者（在候机楼内）范围，进行信息登记和流行病学调查，对非接触者及时做出放行决定并报指挥中心；国际疑似旅客由检验检疫局、国内疑似旅客由急救中心带至隔离室进行隔离观察；国际疑似旅客由检验检疫部门、国内旅客由急救中心将信息通报指挥中心和上级管理部门；国际旅客由检验检疫部门、国内旅客由急救中心联系，并按规定由转运车转移至定点医院，并追踪后续处理结果。

③ 染疫航空器及航站楼污染区域处置程序：一是染疫航空器处置。机位分配部门负责将来自疫区航空器安排至指定机位；公安机关负责对染疫航空器周围25米的范围进行警戒，任何人员未经允许不得上下航空器，不得装卸货物；急救中心（国内）、检验检疫部门（国际）负责对来自疫区及染疫航空器进行消毒处理；急救中心（国内）、检验检疫部门（国际）负责对来自疫区及染疫航空器的垃圾等物品进行无害化处理。二是航站楼区域处置。国际区域由机场检验检疫部门、国内区域由急救中心负责对航站楼内污染区域进行消毒处理、对航站楼内污染物品进行无害化处理；航站楼管理部门和航空安保分公司协助机场检验检疫部门、急救中心对航站楼内污染区域实施隔离；针对空气传播类疾病，航站区管理部应协助医疗部门做好通风换气和卫生消毒工作，避免交叉感染；针对肠道传染疾病，航站楼管理部门应协助医疗部门做好航站楼卫生间区域的消毒处理，餐饮服务部门应做好食品卫生工作；必要时急救中心负责对航站楼内空气质量进行监测。

④ 疑似污染物品处置程序：机场检验检疫部门对来自疫区及染疫航空器的货物进行现场检查和无害化处理；各单位对发现的疑似污染物品或疫源动物实施隔离处置，并通知指挥中心，由指挥中心通知检验检疫部门、机场动植物检疫站、急救中心进行现场处置。

（三）民用机场应急救护设备配备

按其对各种设备的需要，民用机场应急救护设备的配备须按照国家标准 GB18040—

2000 执行。标准参照《国际民用航空公约》附件 14《机场》、国际民用航空组织《机场勤务手册》第一部分"救援和消防"、第七部分"机场应急计划";同时,根据我国民用机场应急救护的实际情况编写,它既是民用机场应急救护设备配备的重要依据,又是保证民用航空运输机场实施有效医疗救护的基本要求。

标准规定了民用机场及军民合用机场的民用部分,应急救护所需配置的药品、器材、设备的品类和数量的基本要求及航站楼急救站(室)用房的最小使用面积等。

1. 机场应急救护保障等级

机场应急救护保障等级划分,应以该机场起降的最大型飞机的全长、机身宽度及起降频率为依据划分。

(1) 按飞机尺寸划分应急救护保障等级的原则:机场应急救护保障等级的划分,首先应根据该机场起降的最大型飞机的全长;其次,是飞机机身宽度来确定。当选定了适合飞机全长的机场,其应急救护保障等级基本确定后,若飞机机身宽度超过相应的尺寸时,该机场应急救护保障等级应该再提高一个等级(见表 2-3)。

表 2-3　机场应急救护等级

机场救护等级	飞机机身全长(m)	机身宽度(m)
1	0~<9	2
2	9~<12	2
3	12~<18	3
4	18~<24	4
5	24~<28	4
6	28~<39	5
7	39~<49	5
8	49~<61	7
9	61~<76	7
10	76~<90	8

(2) 按飞机起降频率划分应急救护保障等级的原则:当使用该机场同一等级的最大飞机,在一年中最繁忙的 3 个月内:起降架次到 700 次或更多时,该机场应急救护保障,应采用该最大机型飞机相应的机场救护等级;起降架次少于 700 次时,该机场应急救护保障等级,可以比该最大机型飞机相应的机场救护等级低一级;各种飞机起降架次达到 700 次,但是最大机型与其他机型飞机的机身长度差别很大(级别相差 3 级以上时),该机场应急救护保障等级,可以比该最大机型飞机相应的机场救护等级低两级。

2. 急救药品、设备

机场急救车内急救箱、航站楼急救站(室)及急救物资库,均应配备一定数量的药品、设备,用于应急救护。药品、设备的品类和数量的配备,应根据机场应急救护保障等级而定;同时,应考虑突发性多机事故、意外鸟击灾害或自然灾害等造成的事故。

(1) 药品种类:抗生素、中枢神经系统药、麻醉药、自主神经系统药、循环系统药、

呼吸系统药、消化系统药、泌尿系统药、血液系统药、抗变态反应药、激素及其有关药物，调节水、电解质及酸碱平衡药，各种临床科室备用药物、消毒、防腐、收敛药及解毒药品等。

（2）急救设备的种类（图2-9）：心电图机、体外心脏除颤器、临时心脏起搏器、心脏按压装置、呼吸机、气管插管设备、供氧设备、洗胃机、吸引器、X光机、检验器材、三角巾急救包、各类夹板、各类担架、输液装置、应急照明灯、毛毯、棉被、床单、尸体袋、急救标志等。

图2-9　医疗急救设备

航站楼急救站（室）药品、设备配备，急救物资库药品、设备配备，急救车药品、设备等配备应符合规定。此外，应根据旅客、货邮吞吐量的增长，对应急药品、设备进行添置、调整、更新。

3. 通信设备

机场应急救护部门在应急救援中，应主动与机场应急救援指挥部门、当地卫生行政部门、社会急救系统建立通信网络。机场应急救护部门的值班医生、护士、司机，应配备无线通信设备，保证急救信息畅通。提供9级（含9级）以上应急救护保障等级的机场，应建立独立的通信频率。

4. 急救车辆

机场应急救援车辆的配备，应根据机场应急救护保障等级，进行标准配备普通型急救车、复苏型急救车、急救指挥车、急救器材运输车。高原地区机场配备的车型，应适合高原地区使用的标准车辆（图2-10）。

5. 急救标志

机场应急事故现场的急救区域，必须设有醒目的标志旗。标志旗应分为急救指挥标志旗、检伤分类标志旗、各类伤急救区标志旗。急救标志旗的类别及规格应符合以下规定（表2-4）。

图2-10　医疗急救车辆

表2-4　急救标志旗类别表

序号	类别	识别字样	颜色	规格（cm²）
1	急救指挥旗	急救指挥	白底红字	90×180
2	检伤分类标志旗	检伤分类	白底红字	70×140
3	一级看护标志旗	—	红	60×120
4	二级看护标志旗	—	黄	60×120

（续表）

序号	类别	识别字样	颜色	规格（cm²）
5	三级看护标志旗	—	绿	60×120
6	零级死亡标志旗	—	黑	60×120
7	伤亡识别旗			6.5×13

机场应急现场的标志应十分明显，通常情况下，伤亡分类标志为红、黄、绿、黑四种颜色区分。一级红色（立即救治）；二级黄色（稍缓救治）；三级绿色（一般看护）；零级黑色（死亡）。

通常情况下，伤亡识别标签应该用颜色编码和符号表示，以示伤情救治急缓程度。伤亡识别标签应符合规定。

6. 急救服装

在机场应急现场，凡参加急救的人员，在急救现场应穿着统一的机场应急救护服装（图2-11）。

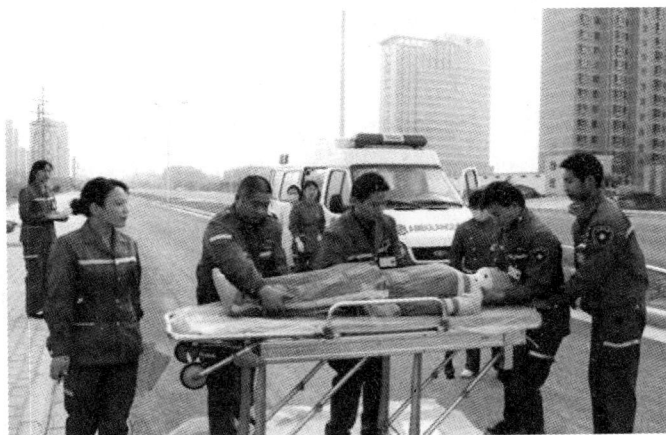

图2-11 医疗急救分类鉴别区

七、残损航空器搬移

残损航空器搬移工作，通常是在完成应急救援或是完成必要的现场调查之后的一项善后工作，为尽快恢复机场正常运行秩序，保证民航运输生产的顺利进行，所采取的一项恢复性工作措施。通常情况下，航空器搬移和修复必要的助航设备、设施是机场应急救援管理的最后一个程序。从我国民用机场发生的紧急事件处置实践看，目前国内就航空器搬移相关的设施、人员、责任和有关费用等问题，还没有具体的规定，许多技术性问题还有待进一步探讨。然而，随着航空运输业务量的不断增大，大型航空器的投入使用等，残损航空器的搬移问题已成为应急救援后续工作中的一个越来越突出的问题。因此在机场应急救援之后，为恢复机场正常运行秩序和生产管理，以及残损航空器的搬移等相关问题有待深入探讨。

（一）残损航空器搬移的责任与要求

飞机在机场运行过程中，可能发生多种紧急事件。例如机场一般性事故——轮胎爆破或飞机冲出跑道滑行道，而较大的事故，如鸟击灾害、自然灾害或机械故障等，造成飞机部分或全部解体，这些事件，严重影响机场的正常运行。目前，处理这类事件所需的设备、处置这类事故的组织并不是很广泛。近年来，飞机的体积和质量逐渐增大，更增加了这类工作的难度，搬移一架大型航空器，所需的时间更长（图2-12）。残损飞机搬移涉及

图2-12　残损航空器搬移

各种机型以及飞机各种损坏情况下搬移的实施、搬移设备设施的使用等，是一项技术性很强的工作，处置不当可能对飞机造成二次损伤以及严重影响机场的正常运行。其中，理清相关的责任和有关方面的要求是非常重要的。

1. 航空器搬移的责任

在现有的民航管理体系下，人们普遍认为，失事飞机及其他航空器搬移工作，应是各个机场管理机构为航空公司提供的服务内容之一。在发生飞机紧急事件之后，机场往往要承担搬移飞机的责任，因此，各机场也配备了大量的人员，以及各种搬移设备，如拖车、活动道面和起重设备（气囊）等。但是，国际民用航空公约的建议措施中，只要求机场在应急救援中，制订残损飞机搬移的计划，同时，提出由航空公司负责残损飞机搬移工作。我国民航业主管部门颁发的《民用机场应急救援规则》中，正式明确了航空公司应当承担搬移残损飞机的责任，机场负责飞机搬移的组织工作。在机场的残损飞机搬移计划方面，只是要求机场的残损飞机搬移计划，能够保证在需要搬移飞机时，能够找到相应的设备、专业技术人员来完成该项搬移工作，并没有提出机场必须配备飞机搬移设备。事实上，从现有调查的资料看，我国大中型机场都配备有残损飞机的搬移设备，而小型机场及军民合用机场，这类专用设备就比较少。

从过去几年紧急事件处置的实例看，由于航空公司没有能力搬移残损航空器，一般都由各个机场负责残损飞机的搬移，以尽快恢复机场正常运行。需要机场服务的航空公司应与机场签订协议，协议服务的内容要具体；并在搬移过程中，提供具体的技术支持，以尽量避免搬移过程中飞机受到二次损伤。因此，在航空公司不具备迅速提供搬移方案和相关后勤支持的能力时，机场应负责组织搬移残损飞机，航空公司参与并给予技术支持，使机场应急事件在救援过程中对机场正常运行方面的影响减到最低程度。

2. 航空器搬移的收费问题

机场残损飞机搬移的收费问题一直是飞机紧急事件善后处理的难题之一，有些条令提出飞机搬移工作应当先搬移后收费，按照双方协商的原则来进行，航空公司承担搬移航空器的有关费用。由于航空器搬移涉及航空器的地面服务、机务维修等工作，因此，搬移工作的收费标准可以参考国际上在机务维修方面的收费标准来核算。我国民用航空器在国外发生紧急事件后，也一般参照这种算法来承担经济责任。

残损飞机搬移费用主要有：临时道面铺设费、平板拖车使用费、气囊使用费、消防力量待命费、安保人员费等。

3. 国外机场航空器搬移的基本要求

据资料介绍，美国大中型机场在消防和救援服务、飞机搬移等工作中，相互间具有明确的分工。同我国各个机场的消防队伍不同，美国机场的消防人员承担消防和现场救护两项工作，所有的消防队员都要经过严格的现场医疗急救的培训；飞机搬移则由专业的搬移公司承担。我国的机场消防队伍，一般承担消防和飞机搬移等工作，日常工作主要包括飞机搬移设备的保管和操作训练等。

在搬移飞机的责任方面，在欧美及日本、韩国等机场，一般明确提出航空公司应当承担飞机的搬移工作。如，美国纽约管理当局要求，凡是使用纽约几个大型机场的航空公司，必须具备搬移飞机及其他航空器的设备与相应的技术。在纽约肯尼迪国际机场的搬移方案中，所有的飞机及其他航空器搬移设备，基本上都是来源于各个航空公司和专业救援公司，各个航空公司参加由三角航空公司为主建立的搬移共享方案；又如在英国，其机场管理当局（BAA）要求，在 1995 年以后，所有使用伦敦希斯罗机场的航空公司，必须出示和专业搬移公司签署的服务合同，保证自己的飞机及其他航空器在发生紧急事件后，能够具有迅速搬移的能力，这是允许航空公司使用该机场的要求之一。

（二）民用机场残损航空器搬移设备的配备

从国际民航组织对机场应急设备要求和应急救援工作的要求看，民用机场必须按照《国际民用航空公约》附件 14《机场》中所设立的标准和推荐措施，配备相应的消防和救援设备，这些设备直接关系到紧急事件中的所有的人员安全和财产损失。另外，对于影响机场开放和经济效益的航空器搬移设备，也提出比较具体的要求。

残损航空器搬移设备（图 2-13）具有投资高、使用频率低、寿命短等特点，为提高这类设备的使用效率，国际上存在一些航空器搬移设备的共享方案。例如，各个成员航空公司根据航班比例分摊搬移设备的购置、保管成本，在发生了紧急事件后，可以使用这些装备。我国一些航空公司在经营国际航线时，受国外机场管理当局的要求，也参加了这些共享方案。目前，我国民航局颁布的一些规定，虽然提出

图 2-13　残损航空器搬移设备

了航空公司在搬移航空器方面的责任，但是并没有明确要求航空公司在发生紧急事件后具备搬移航空器的能力，因此，我国航空公司在飞机及其他航空器搬移问题上，仍然依赖机

场管理部门的帮助。

我国民航行业管理部门一直十分重视机场应急救援、残损飞机及航空器搬移工作，其主要目的是最大限度地降低人员伤亡和财产损失；同时，在完成必要的救援和现场救护之后，尽快地开放机场，恢复民航运输生产秩序。在残损飞机及航空器搬移设备方面，民航行业管理部门曾经投资购置了一些设备，配备给几个大型机场。随着民用机场的属地化管理和民用机场投资机制发生的变化，目前，在没有出台完善的相关政策的情况下，依靠机场管理部门与航空公司之间的协商或协议，明确相关的责任，尽快完善相关程序，将有助于残损飞机的搬移工作的开展。

如何在飞机发生事故之后，及时提供各种专业设备及专业技术，这是全球各航空公司都面临的问题。目前，国际航空运输协会和国际航空公司技术联合会（IATP），在分析了航空器搬移设备的使用需求后，初步得出结论，在世界范围内分布11套搬移设备，就可以满足机场残损飞机的搬移需要。这些设备包括6个23吨的气动起重袋、2个73吨的伸长型液压千斤顶和1组拴系设备用的起重设备。这些设备现在分布在澳大利亚、巴西、印度、日本、南非、英国和美国。除了这11套设备外，还有一些用于起重宽体航空器的补充设备，包括2个40吨的气动起重袋。该11套设备都加入联合会（IATP），由该会会员国中的各航空公司使用，每年设备的使用维护费用由各航空公司进行分摊。

我国各民用机场的航空器恢复设备的配备，按照民航机场特种车辆、专用设备配备标准配置；涉及航空器事故恢复的设备，按照飞行区技术等级和旅客吞吐量两个参数衡量。用于搬移残损航空器的设备分为以下三个组别：

第一组：一般是适用于每一种机型特有的设备，如换轮胎设备、千斤顶垫和拖把等。无论是较大的或较小的事故，在许多情况下，这些设备都是急需的。这些设备几乎在发生任何事故后都能派上用场，因此这些设备必须配备，一旦发生应急事件，能在机场马上找到。

第二组：这些设备包括专用车辆（图2-14）和其他特殊的搬移设备（图2-15），但是，并不是适用于任何一种机型特有的设备。靠近水域的机场，为应急救援，还需要水上救援的特殊设备和材料。

图2-14　残损航空器搬移设备——拖车

图2-15　救援包

第三组：这些设备由一些标准的重型设备和通路设备组成，如重型吊车、运输车和修路设备。吊车、运输车和其他一些重型回收设备，在发生事故后不一定都能用得上。但是，作为应急救援和保障机场在事故之后的清场，保证恢复正常的营运与管理，这些设备还必须按规定配备。当飞机停在铺路以外时，将需要修路设备，而且一些修路设备也许在恢复作业一开始就需要，例如地面太软以致加油车无法接近飞机去放油时。

（三）残损航空器搬移程序

1. 残损航空器的搬移计划

机场残损航空器搬移属于应急救援的善后工作，按照国际民用航空公约和我国民航局的相关要求，机场残损航空器搬移由航空公司负责。为保证残损航空器搬移工作得到有效处置，各机场、航空公司都要制订残损航空器搬移计划，并且两者必须进行有机衔接，明确在残损航空器搬移过程中，机场和航空公司的责任和义务。

《国际民用航空公约》附件14《机场》建议，要建立一个关于在机场活动地区或其邻近地区的残损航空器搬移计划。在机场应急救援预案中，应明确现场指挥权及各部门工作的具体分工，航行通告的发布程序，信息通报程序，现场保护及事故调查，新闻发布，机场部分关闭，关闭及恢复运行的有关程序，物资设备、专业人员的名单及联系电话，残损航空器搬移程序，搬移后的讲评及预案修订工作程序，培训及演练要求等。残损航空器的搬移计划，应依据使用该机场的航空器的特性，通常有以下几个方面的具体工作：

（1）搬移工作所需且有效的机场内或其邻近地区的设备和人员名单。设备清单应包括所需重型设备或特殊装置的类型和存放地点。其中，还应注明这类设备到达机场所需的时间等。

（2）搬移设备进入机场所有地区的路线、路况。

（3）残损航空器搬移的机场方格网图。

（4）残损航空器搬移工作的安全保障措施。

（5）其他机场可获得的航空器回收设备。

（6）航空器制造商提供的通常使用该机场的各种机型的航空器资料。

（7）在残损航空器搬移过程中，可执行修路和其他任务的人力资源方面的信息。

（8）残损航空器放油程序。

（9）后勤物资清单。

机场应急救援实践证明，由于航空公司搬移工作的特殊性，对于机场不能提供的各种特种设备，应当同地方救援机构、专业公司建立互助协议，制定机场可以利用的航空器搬移设备清单，并且保证清单的有效性。

2. 航空公司在航空器紧急事件恢复中的责任

在机场应急救援之后，航空公司应当清楚地认识到他们在航空器事故恢复工作中的责任，应在得到管理部门发布的航空器搬移许可之后，主动地实施搬移工作。其主要责任有：提供所要搬移航空器的技术参数；提供航空器搬移的具体方案；提供搬移所需的特种设备及相关的专业技术；支付搬移航空器及相关的一切费用。

3. 航空器搬移注意事项

航空器是一种特殊的设备，其搬移具有复杂性和责任性，为此，在其搬移前，必须指定一个协调人负责总体运行。航空器搬移工作的实施，首先要考虑所有参与搬移人员的安全，并要保证航空器不会受到二次损坏；同时，还要努力减少机场跑道关闭时间。为减少总的搬移时间，一些工作可以同时进行。在搬移过程中，应注意做好以下几个方面的

工作。

（1）移去货物及放油：在航空器搬移前，必须使航空器的总重量减少到最小，如移去飞机舱内的所有货物，放去飞机上所有燃油等；检查机上是否有危险品，如果发现有危险品，要采取安全措施，必要时将所有的危险品搬移出去；在搬移航空器之前，采用符合消防安全的方法——放干航空器油箱，并记录油箱排放量和油箱识别标志，同时，消防车应在现场进行警戒。

（2）切断电源及关闭氧气瓶：为防止在搬移过程中发生火险，确保搬移现场安全，在搬移之前应切断电源、关闭氧气瓶，并保持航空器的内部通风。

（3）拍照和录像：在航空器搬移过程中，应将整个搬移的全过程进行拍照、录像。这一过程应当注重从四个方向观察航空器的全景，已损坏的或分离的部分也应拍照，还应包括反映驾驶舱内开关和控制键状态的照片。

（4）顶升和拴系：在航空器的顶升及搬移过程中，应确保航空器拴系牢固。在航空器顶升过程中，必须注意顶升部位，航空器重心位置的可靠与准确。在航空器移动中，通常仅靠机体与搬移设备之间的摩擦力是不安全的，为了更加保险，应当在机体的主要部位与牵引设备之间建立稳固的固定，保证搬移的顺利进行。

（5）搬移：在航空器搬移过程中，搬移单位必须保持与空中交通管制部门的通信联系，注意行驶中的安全。要采取措施保证航空器在滑行过程中得到较好的控制。对于较大的航空器，可以采用在后面牵引重型车辆的办法，以帮助控制其在移动中的稳定。

4. 航空器搬移有关问题

（1）从国内外航空器搬移的现实情况分析，在现阶段甚至很长一段时间内，机场为航空公司提供航空器搬移服务的现状还不会有明显改观。事实上，由于机场长期形成的观念，特别是发生事故后，出于急于开放机场、恢复生产减少损失和提振信心等方面的要求，目前，在航空公司还不具备相应的搬移能力的情况下，国内机场还要承担搬移航空器的服务，为此，机场管理部门应当适时举办残损航空器搬移的模拟演练，并邀请相关航空公司参加，改进相应的职责，进行相关设备操作的培训、搬移程序培训，如放油、航空器重心计算、行李和货物等有效载荷的移除、各机型的站位点、设备使用的前后次序等，确保残损航空器搬移预案的落实。针对我国民航的实际情况，拥有航空公司基地的机场，航空运输企业可以履行搬移残损航空器的职责，机场配合或者直接委托机场承担此项工作；在没有设基地的机场，航空公司一般要委托机场承担残损航空器的搬移，航空运输企业派代表参与具体搬移工作，并提供相关专业技术指导。

（2）随着我国民航机场属地化管理的完成，应该按照行业规章的要求出台法规，对使用本地机场的航空公司以及机场方面提出有关要求。航空器搬移方面的责任将会更加明确。

（3）有关航空器搬移收费标准问题、收费问题，主要靠企业间的协议与惯例来解决，没有统一的标准。这个问题有待进一步探讨，如果不能从根本上解决，企业之间的矛盾很难从根本上消除。

（4）可参照国际上搬移航空器的成功方案，有可能出现少量配备专用设备和人员的航空器救援或者搬移服务中心，在发生航空器事故后，他们能够及时赶赴机场，实施航空器搬移。

（5）随着民航事业的快速发展，可以预见，在未来一段时间内，我国有可能出现专业的航空器搬移、救援公司。从国内航空运输业务量的不断提高看，成立专业的救援公司，既减轻了机场在设备配备、人员培训等方面的成本，又能大幅提高航空器搬移的效率。

八、自然灾害的应急救援

自然灾害是指自然界中失去某种平衡后产生的异常现象。这些异常现象，通常会给周围的生态环境及生物造成不良的甚至是灾难性的后果。自然界的这种后果，相对于人类社会而言，即构成了自然性灾难。自然灾害对人类社会所造成的危害往往是触目惊心的，如风、雨、雪、雷、闪电及鸟击灾害均对飞行安全构成严重威胁，因此，在机场应急管理的工作中，应针对自然灾害的危害等级，制定相应的应急管理措施，以保障机场的安全运行。

（一）自然灾害危害方式与种类

1. 自然灾害的危害方式

自然灾害是地球生态系统的一个组成部分，是由气象灾害系统、海洋灾害系统、地质灾害系统和生物灾害系统组成。人类及各种社会经济活动，虽然对其产生的因素采取了很多的综合性减控措施，力求对自然环境变化及自然灾害活动产生影响，但是，人类的各种措施只能起到预防和减轻作用，并不能完全控制自然灾害的发生。因此，在未来的一段很长很长时期内，人类作为受灾的重要对象，将承受着多种自然灾害的危害。

从自然灾害发生的类型看，在全球范围内，自然灾害对人的危害主要包括以下几个方面：

（1）对生命及生存的危害——造成人员直接伤亡，造成严重歉收甚至绝收，造成灾民生活困难，危害人类生命、健康和正常生存。

（2）对财产及经济活动的危害——毁坏各种工程设施及物资、物品，造成财产损失，并破坏工业、农业、交通运输等基础设施，甚至直接毁灭交通工具，从而造成重大的经济损失。

（3）对社会发展的危害——自然灾害阻碍社会发展，一些大的自然灾害甚至影响社会稳定。

（4）对资源与生态环境的危害——破坏国土资源与生态环境。

2. 机场自然灾害的种类

机场自然灾害主要包括台风、强风、雷暴、洪水、地震、大雾、大雪及鸟击等。上述这些自然灾害袭击机场，都可能对航空器运行、机场建筑物及人员造成影响或伤害，甚至会对机场正常运行及安全保障带来灾难性事件。

多年来，机场防治自然灾害的实践证明，对于机场来说，自然灾害的应急管理，其主要内容是采取必要的行动减少损失，尽快恢复航空器正常运行。在机场应急管理中，要重视灾害应急处置预案的制订，及时有效地开展抗灾、救灾保障，减少自然灾害损失，强化自然灾害应急管理手段，提升自然灾害管理水平，提高对自然灾害的处置管理能力。

（二）机场自然灾害应急处置

1. 机场自然灾害应急处置的目的

机场自然灾害应急处置的目的，一是全力避免或减少自然灾害对机场运营造成的直接和间接损失；二是通过减灾综合措施，保证空中和地面的航空器及人员的安全；三是灾后尽快恢复机场的正常运行秩序。

2. 应急处置

（1）灾害来临前的预报与信息传递：①机场气象部门，负责将台风、强风、雷暴、洪水等预警信息向机场指挥中心通报，并详细说明其影响范围、持续时间及危害程度等，以及随时提供气象变化的预测资料；②机场场务保障部门，负责将鸟情及可能发生的鸟击信息，向机场指挥中心通报，预报鸟击可能产生的区域、高度、时段及危害程度等，并向相关部门提供鸟情变化的预测预报资料及防范措施等；③机场指挥中心，在接到气象部门或其他有关部门关于将出现自然灾害的告警后，及时通知有关部门采取防范措施，并做好救援准备工作；④接收到地震预报信息后，机场指挥中心应迅速地将地震相关信息向各保障单位通报，并召开领导小组会议，布置抗震抢险工作。

（2）自然灾害的应急处置：①空中交通管制部门，应迅速将自然灾害情况向管制区域的航空器通报。②在接到相关部门通报后，机场应急指挥中心应召集有关保障单位，具体布置抗灾抢险工作；检查各类设施、设备，做好灾害来临前的准备工作；灾害过后，应调集救灾物资、人员等，做好事后恢复处理，尽快恢复正常生产秩序。③机场消防、急救、公安等部门，在收到自然灾害信息后，应迅速处于待命状态，随时执行应急救援任务；各应急保障单位应快速做好准备，随时待命应急救援领导小组的统一调动。④有关航空公司，应做好旅客服务、疏导工作，安抚旅客情绪。⑤场务保障部门要检查各种防洪、排洪设施设备，负责抢修、恢复各类助航设施；对于鸟击灾害的预报，场务保障部门要加大防范区域内鸟类的驱赶与治理力度，确保飞行区驻场单位应在做好本职工作的基础上，积极进行防灾、救灾工作。

（3）各类灾害的救援处置注意事项：①对于台风、强风等灾害，当预报风力达到或超过8级时，机场指挥中心应建议轻型飞机、直升机等航空器及时转场，并取消飞行计划。对不能转场的轻型飞机、直升机等航空器，应将其转移进机库停放，防止轻型飞机及航空器被吹翻。另外，还应采取以下防范措施：一是必须用地锚对飞机进行拴系固定，并用轮挡固定飞机每一组机轮；二是尽量加大飞机的停放距离，并将飞机附近的登机桥、登机梯、工作梯等设备撤离；三是将停放在机坪上的设备撤离并进行固定，将客梯车、高空作业车等设备的高度降到最低；四是关闭登机桥闸门。②对于雷暴、洪水等灾害，应采取以下准备措施：一是全面检查机场的各种防洪、排洪设施、设备；二是在雷暴天气来临时，应立刻停止给飞机加油；三是为了安全，机务工作人员应禁止使用耳机与机组人员对话，并确认飞机已挡好轮挡。③对于鸟击灾害，应采取应急防范措施，全面控制机场内场区鸟类的集群、过境等；特别是地处鸟类迁徙过境路线的机场，要在鸟类迁徙季节定期定时进行驱赶与综合治理。④对于地震灾害，应采取以下准备措施：一是尽快疏散室内人员；二是加强对重点区域、重要部门的保卫工作；三是转移各种设备等。⑤大雾、大雪等天气会造成大量航班延误，导致大量旅客滞留机场。机场管理部门应配合航空公司维持机场秩序，防止发生旅客骚乱以及旅客冲进机场跑道的事件；各航空公司应做好旅客的安抚工作等。

（4）现场恢复：①在自然灾害过后，机场应急指挥中心应及时组织灾害后的恢复工作，组织清理遭受灾害破坏的现场。②各航空公司要及时安排航班，尽快将滞留旅客送往目的地；对离港的旅客，除做好航班安排外，还须进行妥善安排。③场务保障部门应迅速检查跑道、滑行道，恢复各类助航设施设备，确保飞行安全。④各救援保障单位应听从应急指挥中心的统一指挥，各尽其能，尽快做好灾后恢复工作。

（三）机场自然灾害应急处置程序

当发生台风、强风、强降水、暴雪、雷暴、地震和鸟击等自然灾害时，机场应急救援工作应按照机场自然灾害应急处置程序开展。

1. 信息传递程序及内容

（1）气象预报：①空管部门气象中心负责将强风、强降水、雷暴、台风及鸟击等预警信息，向应急指挥中心通报，并随时提供气象变化或鸟类过境的预测资料；②塔台、报告室向航空公司、机组通报天气预报信息；③应急指挥中心向国防动员办公室（以下简称国防动员办）通报预警信息；④国防动员办迅速与政府国防动员办公室和三防指挥部等部门联系，向上级汇报抢险救灾准备工作和情况，并及时传达上级部门的指示。

（2）地震预报：①国防动员办在接到地震预测部门预报后，及时向应急指挥中心及驻场单位通报，并与省、市抗震救灾指挥部保持联系，向上级汇报抢险救灾工作，同时及时传达上级部门的指示；②机场根据紧急事态的发展趋势，由报告室、塔台负责发布航行通告。

（3）信息传递内容：①机场气象中心在向应急指挥中心传递信息时，应详细说明特殊天气的影响范围、持续时间及危害程度等信息；②应急指挥中心在向各驻场单位传递鸟击灾害及地震信息时，根据机场场务保障部门及地震监测部门的预报说明鸟击区域和高度。

（4）台风、强风、强降雨等自然灾害的救援处置程序如下。

首先，塔台、报告室：根据本场情况，及时通知管制区域内航空器备降外地机场；根据应急指挥中心提供的《航行通告》资料，及时对外发布《航行通告》。

其次，领导小组、总指挥：接到报告后，立即召开驻场各有关单位会议，具体布置抗灾抢险工作，并责成相应职能部门检查各单位的准备落实情况；全面组织、指挥机场的防灾、救灾工作。

其三，总指挥：当日值班经理必须亲自赶赴现场，担任现场总指挥。现场总指挥到达现场后，则协助救援总指挥的工作；参与应急救援的指挥、协调。

其四，应急指挥中心：获知信息后应立即报告领导小组，协助领导小组、总指挥召开驻场各有关单位会议，具体布置抗灾抢险工作；检查各单位的准备落实情况，向领导小组、总指挥报告救援准备情况，并向各保障单位通报信息和发布行动指令；当本场受自然灾害影响发生航班大量延误时，按《机场大量航班延误的处理方案》进行处置；在总指挥的统一领导下，组织、协调场内防灾、救灾及后勤保障工作；根据领导小组、总指挥指令，向救援保障部门下达救援结束的指令。

其五，机场国防动员办公室：保持与省、市政府国防动员办公室和政府三防指挥部等

部门的联系，负责汇报抢险工作，传达上级部门的指示；必要时，请求物资与人员支援；参与抢险救灾工作的检查和指挥；负责了解和总结抢险救灾工作。

其六，机场公安局：应在驻场武警部队的配合下，做好紧急状态下机场地区安全与交通疏导。

其七，后勤修缮部门：机场修缮部门主要负责场内能源供应设备的维护与抢修。

其八，场道部门：负责场道设施设备的维护与抢修。

其九，航空器营运人、代理人：妥善安排滞留旅客的食宿，做好旅客服务、疏导工作，安抚旅客情绪。

其十，驻场其他单位：在接到应急指挥中心的指令后，积极进行防灾、救灾工作，并保持与应急指挥中心的通信联系。

救援处置的行动步骤及注意事项主要有：①当预报风力达到或者超过8级时，应急指挥中心应立即向应急救援领导小组报告，并启动应急程序，组织各救援单位做好抗灾抢险准备。②应急救援领导小组得到报告后，召开驻场各有关单位会议，具体布置抗灾抢险工作，并责成相应职能部门检查各单位的准备落实情况。③当预报风力达到或者超过8级时，应急指挥中心应建议停放在本场的轻型飞机、直升机转场；取消轻型飞机、直升机到本场的飞行计划；当预报有台风正面袭击时，应建议停放在本场的飞机转场。④对确实不能转场的轻型飞机、直升机，应建议其承运人、代理人与地勤保障部门协商，将飞机转移进机库内停放。⑤强风、台风来临前应采取以下防范措施：一是在飞机每一组机轮前后用轮挡固定，并用地锚拴系固定飞机；二是将飞机附近的登机桥、登机梯、工作梯等设备撤离；三是将停放在机坪上的设备撤离；四是尽量拉大飞机的停放间距；五是将客梯车、高空作业车等设备的高度降至最低；六是设法固定各种车辆、设备、设施，以防意外；七是关闭登机桥闸门。⑥后勤修缮部门应制订本部门具体的应急救灾方案，提前检查电力系统，并准备备用供电设备；检查排洪系统的工作状况，防止航站楼地下出现洪涝灾害；负责做好航站楼等建筑物受台风或暴雨损坏后的抢修工作。⑦场道保障部门负责检查和准备各种防洪、排洪设施设备；负责检查、抢修、恢复各类助航设施；负责机场雨后鸟类集群驱赶及治理，机场建设管理部负责提供协助。⑧广告公司应组织人员对户外广告牌进行加固，或摘除面积大的空中广告。⑨航空护卫部门要做好航站楼的安全保卫工作。⑩园林绿化公司在灾害发生前应迅速组织人员将室外盆景、花卉、观赏植物等搬移到室内，并做好高大树木的防风工作。⑪机场车辆保障部门应做好车辆的安全停放工作。⑫场内施工单位应撤离施工现场，并做好设施、设备的防风工作，防止施工材料与施工现场沙砾吹到停机坪。⑬应急指挥中心应在领导小组的统一领导下，对飞行区包括航站楼的应急救援工作实施检查、指挥、协调。⑭当强风、强降水、雷暴、台风来临时，机场公安局、消防支队、急救中心等相关部门应处于待命状态，随时执行应急救援任务。⑮根据应急救援领导小组的统一部署，行政部门、物资设备部门须统一调配各单位的车辆及其他资源，确保救灾物资、人员运送。在自然灾害发生前后期间，各单位须事先建立24小时值班制度。

（5）地震灾害的救援处置程序为：① 鉴于地震有突发性和强破坏性，一般应在几个不同的位置设置抗震指挥部，以保证在地震时至少有一个指挥部能迅速开展工作。② 抗震指挥部的第一位置，在震前搭建或临时搭建的帐篷。地震可预见时，电话号码由抗震指挥部提前公布，并可使用应急无线电频道进行联系。③ 根据实情，结合机场各部门的情况，为满足灾后需要，应组织力量搭建临时帐篷。④ 各单位须实现 24 小时值班制度。⑤ 根据情况，迅速转移各种设备；打开各物资仓库，确保灾情发生时各种物资、设备能被迅速调动、使用。⑥ 为探测灾后可能发生的火灾，应视情况关闭煤气、油料阀门，并必须保证总阀门须有双员值班，切实保障安全。⑦ 安保部门应明确疏散通道，做好疏散标志张贴，熟悉应急疏散程序。⑧ 加强对重点区域、重要部门的保卫工作。⑨ 加强与上级防震指挥部门的通信联系，随时取得最新信息。⑩ 加强宣传工作，统一宣传口径，严防谣言传播，防止出现混乱。⑪ 根据灾情发展情况，结合机构的实际状况，应急救援领导小组择机宣布进入紧急状态。⑫ 灾情发生时，消防部门负责拯救人员和灭火工作。⑬ 卫生急救部门负责救治伤病员。⑭ 机场公安局负责指挥消防抢救工作，并维护秩序、加强保卫，防止人为破坏或抢劫。⑮ 驻场武警部队及驻场等单位迅速组成抢险救援队，在抗震指挥部统一指挥下，协助消防支队和急救中心的救援工作。⑯ 行政部门、国防动员办负责向政府抗震救灾指挥部汇报情况，必要时请求支援。⑰ 机场建设管理部门负责检查、评估地震发生后飞行区和航站区的受损情况；重点抢修各类助航设施、供电供水设备、遭地震破坏的航站楼，为恢复机场运行、保障救灾飞行任务创造条件。⑱ 一旦灾害发生，应急指挥中心要全面指挥、协调飞行区内的抢险工作，全面掌握飞行区的受灾情况，组织、指挥各有关保障部门，全力以赴保障好执行运送救灾物资、人员的航空器的安全起降工作，确保畅通无阻。⑲ 通信保障部门、机场计算机信息中心，负责迅速恢复各应急单位，特别是指挥部的通信联系及弱电系统。⑳ 各后勤单位应全力为旅客和救援人员提供服务，保证不出现混乱情况。㉑ 地震发生后，根据应急指挥中心指令，各单位（部门）负责人应迅速向指挥部报到并接受各自的任务。㉒ 地震发生时，各种通信系统均有可能遭到破坏。因此，各单位应采取多种方法与上级部门联系，实施应急救援工作。通信方式主要可采用内通电话、固定电话、无线电话、800 兆对讲机集群通信系统、人工传递。为防止特大地震造成的通信破坏，在地震前，应做好人工传递的培训和摩托车、电动车、自行车等传递交通工具的准备工作。

（6）雷暴灾害的救援处置程序为：① 总指挥。在应急救援领导小组的授权下，全面组织、指挥机场的防灾、救灾工作。接到雷击报告后，根据受损程度及影响范围，及时召开驻场各有关单位会议，具体部署抢险救灾工作。接到雷击报告后，当日值班经理应赶赴现场，担任现场总指挥，负责应急救援的现场指挥及协调工作。② 应急指挥中心。接到雷暴信息后，立即向机场各有关保障单位进行通报，并要求各单位做好防护措施。接到雷击报告后，应立即启动应急救援程序，及时向有关单位下达行动指令，根据事件类型及行动等级通知各有关单位。在应急指挥的统一领导下，组织和协调场内防灾、救灾及后勤保障工作。③ 消防支队。接到雷暴信息后，应处于待命状态。一旦发生火情，应立即组织消防力量迅速赶赴救援现场，实施救援灭火行动。④ 急救中心。接到应急指挥中心指令后，须在第一时间里立即组织医疗救护力量，迅速赶赴救援现场，实施医疗救护工作。⑤ 机场公安局。划定事件现场警戒范围，及时疏散人群、车辆及其他设备，做好现场的交通疏导与治安保卫工作，严防现场出现混乱情况。⑥ 修缮部门。采取有效措施负责保障高压供电、航站楼供电、机坪供电等工作；负责做好航站楼气象台、塔台等建筑物受雷

击损坏后的抢修工作。⑦ 场道部门。负责组织道面、助航灯光、围界的抢修，助航灯光系统运行的应急保障工作。及时向应急指挥中心报告道面、助航灯光设施等的损坏情况，以及该情况是否影响机坪、跑道、滑行道的正常运行；根据实际情况，对跑道、滑行道进行检查，并对跑道摩擦系数进行实测；负责检查排洪沟、渠，及时清除沟、渠内的杂物，确保洪水尽快排出场外。⑧ 信息技术、通信保障中心。负责检查、抢修、恢复受影响的机场弱电系统，保障通信畅通。⑨ 油料部门。接到雷暴信息后，应立刻停止给航空器加油，对油库区的防雷设施进行全面检查。若油库库区遭雷击造成燃油溢漏或起火时，应立即停止油料输送，切断所有供电，并报告应急指挥中心或通知消防支队，协助总指挥开展救援工作。⑩ 地勤保障部门。接到雷暴信息后，应立即通知所有的工作人员，停止使用耳机，确认飞机已挡好轮挡。⑪ 航空器营运人及代理人。当代理航班延误时，应妥善安排受影响旅客的食宿，做好旅客疏导、服务工作，安抚旅客情绪，确保旅客情绪的稳定；当所代理的飞机遭到雷击时，应派人立即赶赴现场，协助现场总指挥开展救援工作。⑫ 驻场其他部门。在接到应急指挥中心的指令后，第一时间内积极进行防灾、救灾工作，并保持与应急指挥中心的通信联系。⑬ 注意事项。当建筑物或通信设施的外部天线等遭雷击起火时，各单位救援行动按照"建筑物失火"的处置要求进行处置。建筑物或通信设施的外部天线等遭雷击造成坍塌时，应立即疏散建筑内部及周边的人群；供水、供电、供气部门，应迅速切断倒塌建筑的水、电、气供应；各单位在救援行动中注意次生灾害的发生，防止建筑物或通信设施的外部天线等发生再次倒塌。

当车辆等设施设备遭雷击造成起火时，知情者应立即报告应急指挥中心，并迅速报告消防部门。消防部门应在应急中心的统一指挥下，立即派出消防车赶赴现场进行救人灭火工作。如事发地点在停车场，则应立即疏散该区域的人群和车辆。

当地面上的飞机遭雷击时，各单位救援行动按照"航空器地面事故"处置要求迅速进行处置。当飞机在空中遭雷击时，各单位救援行动按照"航空器空中故障"处置要求迅速进行处置。

九、航空器事故水上救援

机场在制订应急计划的过程中，首先要考虑机场的实际情况，飞机与周围环境之间的关系，全面分析潜在的危险因素，然后制订针对各种风险的应急预案。对于沿海海岛或者靠近湿地地区的机场，在制订应急预案时，应针对其周边地区的生态特点，制订航空器事故的水上救援应急预案。

（一）航空器水上应急救援

依据机场应急救援工作的基本要求，靠近海边的机场或机场周边地区有大面积湿地、河流，在制订应急预案时，应有针对性地制订水上救援预案。这类预案直接关系到在水面发生航空器事故时，能否迅速施救，减轻人员伤亡。

国际民航组织在《机场勤务手册——消防与救援》中规定，如果机场的大部分起飞和降落的飞机都要飞跃临近机场的水域，机场应当配备相应的设备设施，制订详细的水上救援计划。

美国各个民用机场的应急救援体系一般较为完善，FAA 早在 1972 年就颁布了关于水上救援计划、设备和设施的咨询通告。FAR139 部规定，如果运输机场相邻区域或者跑道起飞和着陆方向上存在大面积水域，机场应当具备救援这些水域上可能发生的航空器紧急事件的能力。在最新的 150/5210－13A 咨询通告中，FAA 要求如果跑道两端 3.2km 以内有超过 0.6km² 的水域或者沼泽地，并且传统地面交通工具不能跨越这些区域的，机场管理部门就应当制订水上救援计划。

水上救援的主要目的是最大限度地减少人员伤亡和财产的损失，按照 FAA 的研究结果，航空器在水面上失事以后，人员成活的主要影响因素包括水温、水面烟雾、泄露的燃油以及水中的生物、施救以后的保温措施等。因此，机场在制订水上应急预案时，应依据上述研究结果采取相应的措施，以获得最佳的救援效果。

（二）机场周边地区的水上救援

对于靠近大面积水域的机场，从国内外水上应急救援的实践看，必须配备必要的水上救援设备，以满足水上救援的需要。通常配备能够迅速疏散的两栖救援车辆，该车辆还应携带漂浮设备及其他救援设备，同时还必须有有效的救援措施及方法。这些对挽救旅客生命、减少财产损失，将起到重要的作用。但是在实际工作中，机场一般缺少水上救援设备和各种专用交通工具，所以，应当充分同各种水上救援力量达成互助协议，将机场的应急救援系统有效地纳入当地的救援体系中去。

对于机场周边地区（一般指机场基准点周围 8000m 范围内）发生的航空器水上紧急事件，机场在应急计划当中，应当有针对性地制订救援预案，并且主动与当地驻军、消防、医疗急救和海上救援组织签订合作协议。在发生飞机水上紧急事件之后，机场负责组织各个救援单位完成快速施救。包括航空器在内的各种生产事故，各级政府和部门都应当积极救援，密切合作，尽量降低人员伤亡和财产损失。从国内外多起水上飞机应急救援的实践分析，机场水上的救援工作越迅速损失越小。

机场周边地区内发生的水上航空器事故，机场管理部门应当承担应急救援工作，由机场、地区管理局、航空公司、地方政府和空管局等机构组成的领导小组，就一些影响到人员伤亡和财产损失的救援措施作出决策。现场总指挥负责组织指挥，各个救援机构开展有效的救援工作。

机场在开展应急救援时，应当认真分析失事地点的风向、水流等信息，尽可能地在下游开展搜救工作；同时，在进入仍在漂浮的机体救援时，应当格外小心，不能盲目对机体实施破拆，因为外力有可能使机体在几十秒钟内迅速沉没。

在应急救援过程中，还应当时刻注意保证救援人员的人身安全。潜水员下潜的位置必须做好明显标志，同时，警告在附近航行的其他船只主动避让。救援船只严格禁止进入燃油覆盖的水面，在有大面积燃油泄漏的现场，禁止使用照明弹、烟火浮标或者其他烟火信号等，严防发生次生性灾害。

实践证明，通信在航空器救援过程中起着十分重要的作用，国外较大型枢纽机场一般都配备有通信指挥车，承担各个专业救援小组的通信中继、录音、录像等功能。对于水上救援，机场应当每月核对互助协议单位的联系人和联系电话以及其他通信联络方式，将水上救援计划相关的无线通信频率通知相关救援单位；同时，机场管理部门还应邀请协议单位相关人员参加日常演习和培训，保证紧急状态下的联络畅通。

水上救援民用航空器事故需要专业的救援设备和专业人员，能否迅速有效地救援关系到人员的伤亡和财产损失。目前，我国民航与机场应急救援相关的规章，对于机场周边地区水上救援计划还没有明确的要求，因此，各机场应当根据本机场的地理条件，配备合理的装备和人员，制订水上应急的快速反应预案，以便在发生紧急事件时能够快速有效地实施救援。

（三）周边地区外的水上搜救

在机场周边地区外发生的航空器水上应急事件，机场要协助水上组织，派出有经验的人员，提供应急救援的方法等完成应急救援的相关工作。

对于机场周边地区以外发生的航空器水上紧急事件，应当实施航空器的搜寻救援行动。从我国目前的海上救援体系来看，国家海上搜寻救援组织负责批准沿海省、自治区和直辖市的利用船舶、航空器进行海上搜救的方案，对于机场周边地区由机场管理部门负责救援的水域，机场在制订救援计划时应主动与地方海上搜救组织协商，并达成合作协议，充分利用社会力量进行救援，这是各国机场制订应急计划时所采取的措施之一。

机场周边地区外发生的水上航空器事故，机场应及时与相关航空公司联系，及时向地方政府和海上救援组织提供有关航空器的准确信息，包括航空器型号、乘员数量、货邮清单等，为失事航空器搜寻救援工作提供便利。

（四）机场水上救援装备

对于周边地区具有大面积水域的机场，按我国现有的水上救援体系，机场方面应配备必要的水上救援设备，以满足水上救援的需要。水上失事的航空器可能会很快沉没，从而引起溺水或低温。一些飞机没有配备救生衣、救生艇或充气滑板，这将给受灾人员的救援工作带来困难。配备能够迅速疏散人员的两栖救援车辆，应携带漂浮设备，其数量应满足最大型航空器所有旅客使用的最基本要求。

实施航空器事故水上救援工作所需的装备，应当适应水域上的各种不利条件。机场在选用各种装备时，应当考虑到水域的浪高、季风、水流方向、水深、结冰和日照时间等；同时，救援船只的配备，应满足大型航空器上的所有乘员。

参照FAA颁布的咨询通告，机场水上救援装备可以包括以下主要内容：

（1）一般水上交通运输的传统船只。这类船只主要用来运送伤员、物资，同时承担消防、警戒等任务。

（2）两栖消防船。该船在地面上行驶速度为$40\sim48km/h$，水上时速为$13km/h$。

（3）快速救援船只。一般采用玻璃钢船身的快艇，要求能够达到时速$90km/h$左右；另外，这类船只应具备伤员的一般防护和救助设备。

（4）充气漂浮平台。这一设备在水上救援上很有效，主要为乘员提供临时避难手段，利用其他动力牵引到岸上。

（5）动力充气快艇。这种快艇是一种便捷的救援工具，最多可以供乘员15人。

（6）气垫船和直升机等。这类型现代化救援装备，一般为专业救援部门拥有，可作为协议合作单位用于救援。

在机场水上应急救援工作中，除了上述交通工具以外，还应当配备水下搜寻装备，如潜水服（图2-16）、信标定位（图2-17）等设备。

图 2-16　潜水服

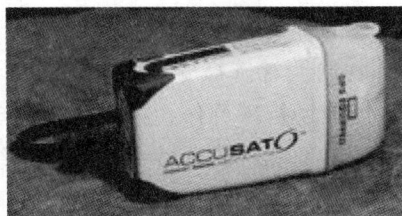

图 2-17　信标定位

十、应急救援的现场指挥与管理

机场应急救援工作由许多环节构成，其中，现场指挥与管理既是一个重要的环节，也是应急管理工作中内容最复杂、任务最繁重的部分。现场指挥与管理工作，在一定程度上决定了应急处置的效率与质量。科学合理的指挥与控制，不仅能大大降低危机事件造成的损失，而且对后期减控直接和间接损失都具有重要的意义。有效的现场指挥与管理工作，更是一个机场应急处置能力的重要体现。

（一）应急救援的指挥

在机场应急事件中的指挥与控制，一般指应急事件发生后的人员管理、信息分析和决策。在实施应急救援过程中，始终必须有人负责全面指挥。对机场内部以及周边区域发生的紧急事件中，组织实施良好的应急反应可以有效地减少人员和财产损失。同任何其他管理工作一样，指挥是应急管理的核心内容之一。应急反应的指挥根据具体紧急事件的特点，采取不同的方法。

1. 应急救援的指挥权

多年来，我国各级政府和行业管理部门十分重视重大安全事故的防范和救援工作，国务院、各省（市）、自治区相继颁布了关于重大安全事故防范和救援的各种规定，这些规定要求各级政府领导要重视安全事故的救援工作，最大限度地减少人员和财产损失。这些规定为机场应急指挥提供了比较清晰的思路。

机场或周边区域发生的紧急事件，应当由机场应急救援机构承担指挥工作。机场重大应急事件，特别是航空器紧急事件的救援，通常地方政府、民航行业管理机构都十分重视，并会派员到场。机场管理部门应当阐明有关规定和政策，在有可能涉及人员和财产损失的重大问题上，邀请相关部门参与决策。

机场应急救援领导小组通常是机场应急救援工作的最高决策机构，由当地人民政府、民航地区管理机构或其派出机构、机场管理机构、空中交通管理部门、有关航空器营运人

和其他驻场单位共同组成。

应急救援领导小组下设机场应急救援指挥中心（以下简称指挥中心），必须具备通信、预警、灾情评估和监视、确定行动程序、协调及分配救援力量、管理公众信息与新闻媒介等多方面的功能，同时，制定应急预案，宣传、普及防灾知识等。指挥中心负责日常应急救援工作的组织和协调，根据机场应急救援领导小组的授权，负责组织实施机场应急救援工作。通常情况下，指挥中心总指挥由机场管理机构最高领导或者由被授权人担任，负责指挥中心的全面指挥工作。

2. 现场指挥员的责任和权力

机场现场指挥员作为援救工作的现场领导，应当能够有效地指挥各职能部门迅速对紧急事件做出反应，协调各专业救援小组的救援进度。

（1）现场指挥

事实上，国内外机场发生的紧急事件类别繁多，对于超出机场专业范围的紧急事件，按照国际上民航业和一般城市灾害救援的通常做法，现场指挥员可以委托专业人员，如消防、公安等小组组长行使最高指挥权，以提高现场的指挥水平，提升处置事件的效率，减控灾害造成的损失。

在应急救援现场，现场指挥员具有最高指挥权，有权对参加救援的人员、设备和工作程序等进行控制，凡是参加救援的单位，必须服从其统一指挥，积极配合机场组织的各项救援行动。

（2）现场指挥与应急指挥中心的关系

在应急救援系统中，应急指挥中心的功能主要有：在事故应急行动中，分析大量信息，提供应急对策，处理应急后方支持及其他管理职责，这些是进行应急行动全面统筹的中心，能保证整个应急救援行动有条不紊地进行，减少因事故救援不及时或救援组织工作不力而造成的额外人员伤亡和财产损失。具体说其职责大致包括以下几方面：

① 组织制订和修改所在地机场的应急救援计划及实施方案。

② 指挥、协调和调动参加应急救援的单位，针对已经发生的应急救援发布指令。

③ 定期检查各有关单位的应急救援预案，同时检查应急预案的落实情况，并按本应急预案的要求组织应急救援演练。

④ 负责参与应急救援单位负责人姓名、电话号码及救援队员花名册的变化与修订工作。

⑤ 定期检查应急救援设备器材的等级编号、存储保管、维护保养设备更换等工作情况，保证应急救援设备完好。

⑥ 组织协调残损航空器的搬移工作。

⑦ 制定应急救援项目检查单。

⑧ 与事故现场的应急人员保持联系，并进行必要的协调。

应急现场指挥中心，是应急救援系统中与应急指挥中心相应的现场指挥机构。该中心与应急指挥中心的不同之处，在于它偏重于事故现场的应急救援指挥和管理工作。其职责主要是：在事故应急行动过程中，负责在事故现场制订和实施事故现场应急对策，确保应急救援任务正确、有效地完成。应急现场指挥中心是整个现场应急救援工作的指挥者和管理者。应急现场指挥中心机构成员的数量可根据具体情况采取相对应的构成，主要的职责是进行应急救援行动时，负责检查现场应急资源，并按照应急计划合理部署应急行动，确保紧急情况下人员的安全，保持信息管理、现场指挥和媒体发布的协调运作，并根据现场的具体情况和应急行动的进展状况做出应急策略的有效应变。在应急救援现场，应急现场指挥中心的位置应该设在安全区内，但是，不能离危险区太远，具体位置应视当时的事故情况、气象条件及交通状况确定，有条件的还应设置备用位置。

在应急现场指挥中心成立以后，为了使救援工作更加高效、无误，并保证应急救援行动的顺利完成，需要开展以下几个方面的工作：

① 确保应急计划的实行，监督应急行动的快速有效性，并全面启动所有适当的程序和应急措施。

② 检查并有效控制事故现场范围内的应急人员的调动和资源供应等，确保有充足的物质投入到应急救援工作中。

③ 在事故现场与事故指挥员和支持保障部门、信息管理部门，建立并保持必要的通信联系，做好突发情况的应急准备。

为了发挥驻场各部门和互助单位的主观能动性，充分发挥他们在各自专业知识方面的优势，在指挥中心的统一领导下，由机场管理机构和其他驻场单位分别在自己的职责范围内行使分指挥权；在特殊情况下，指挥中心也可授权互助单位行使部分甚至全部的分指挥权。

（3）应急指挥中心的配置

应急指挥中心作为事故应急救援行动的最高管理机构，必须有一定的配置和装备作支持，并保证配置的有效性和及时更新，一旦发生事故，所有配置能立刻投入使用。配置可分为两大类型：软配置，如各类文件资料类；硬配置，如各种装备等。

软配置：从国内外应急救援的实践看，机场应急指挥中心的必备软配置包括：针对不同事故类型而制订的各类应急计划、预案；以往事故的报告和检查表；应急救援的方格网图；社会协作部门及参与救援力量的信息资料。

硬配置：主要是指在事故应急行动中，应急指挥中心所必需的各种装备；具体的装备应根据所承担的不同救援任务进行选择。通常情况下，其硬配置一般包括：计算机管理系统；应急指挥、救援车辆；冲锋舟；车载通信设备或移动电话；传真机；照相机、摄像机、录音设备；地空监听设备；其他必备的应急指挥、救援设备等。

（4）现场应急指挥中心配备

现场应急指挥中心的设计，包括机构人数和工作职责；必需的装备配备、指挥中心的位置选择；指挥中心的布局安排等。

（5）现代化的应急指挥中心应配有装备齐全的应急指挥车（冲锋舟）

应急指挥车（冲锋舟）使用方便、可移动性高，在发生事故需要进行应急救援行动时，能较好地适应应急救援工作的需要；但是，对其他方面也有一定要求，这类要求主要包括能提供足够宽敞的空间；安置有必需的办公设备和信息显示设备；配备有通风装置、紧急报警装置、消防装置、应急动力装置等。

（二）机场紧急事件中的通信

在机场应急事件处置过程中，通信保障是关键，它贯穿于应急行动的全过程，因此，

在应急事件处置工作中，通信工作十分关键。通信联络主要用于：报告紧急事件情况；警告危险；保障应急指令的畅通。

1. 通信设备工作

（1）通信设施的配置，应考虑的是功能和支持这些功能的通信，一般包括语音和数据。

（2）确定所有设施通信的优先顺序，并决定紧急事件期间哪个通信设施首先恢复。

（3）建立恢复通信系统的程序。

（4）建立与通信设备的备份及通信应急响应能力，建立恢复服务的程序。

2. 应急通信工作

机场应急救援工作离不开应急通信，特别是发生重大应急事件时，其显得尤为重要。因此，应有针对性地考虑紧急事件中，需要进行的各项工作和支持这些工作的通信系统。通常情况下，应考虑下列通信：

（1）应急响应者之间的通信。

（2）应急响应者与现场指挥员之间的通信。

（3）现场指挥员与指挥中心之间的通信。

（4）指挥中心与外部协同救援组织和相关机构之间的通信。

（5）指挥中心与各类新闻媒体之间的通信。

（6）应急期间的应急部门与旅客家属之间的通信。

（7）通信记录与这些记录资料的保存。

3. 通信方法

（1）固定电话或移动电话。

（2）无线对讲机。

（3）传真机。

（4）通信广播。

（5）车载式卫星通信。

（6）网络手段。

（三）现场控制与安排

实践证明，应急救援现场秩序一旦出现混乱就会直接影响救援人员和设备发挥应有的效力，甚至有可能造成更大的损失。因此，有效的现场控制与合理的安排直接关系到紧急事件发生后的有效救援，对避免和减少人员伤亡和财产损失有直接的影响。在机场应急救援现场必须做到准确的现场控制、科学的现场安排，从而保证应急救援工作的顺利进行。

1. 现场控制基本原则

（1）快速反应原则

无论是航空器应急事件、非航空器应急事件等突发事件，还是恐怖袭击事件与自然灾害等，它们都具有突发性、连带性和不确定性等特点。这些特点决定了在现场处置过程中任何时间上的延误，都有可能加大应急处置工作的难度，以至于使灾难的损失扩大，引发更为严重的后果。因此，在应急处置过程中，必须坚持做到快速反应，力争在最短的时间内，相关的人员迅速到达现场、控制事态、减少损失，以最高的效率、最快的速度，救助受害人和财产，并为尽快恢复正常的工作秩序、社会秩序、生活秩序创造条件。

从应急事件的特点看，有些应急事件在发生之后，瞬间就已结束，没有继续蔓延的条件。但是，大多数事件在救援和处置过程中，可能还会继续蔓延扩大，如果处置不及时，很可能带来灾难性的后果，甚至还会引发其他灾害性事故。事故现场控制的作用，首先体现在防止事故的蔓延扩大方面，在事发的第一时间内，做出快速的反应，以最快的速度和最高的效率进行现场控制。快速反应原则是事故应急处置中的首要原则。

（2）救助原则

应急事件的发生，往往会造成数量、范围不确定的受害者。受害者的范围不仅包括直接受害人，甚至还包括直接受害人的亲属、朋友以及周围其他利益相关的人员。受害人所需要的救助往往是多方面的，这不仅体现在生理上，而且也体现在人的心理和精神层面上。如，火灾、爆炸和恐怖袭击等灾难性事件的现场往往会有大量的伤亡人员，受害人会在生理和心理上承受着双重打击；同时，灾难性事件的幸存者和亲历者，虽然这些人没有明显的心理创伤，但是也会产生各种各样的负面心理反应。因此，应急处置的部门和人员在进行现场控制的同时，应立即展开对受害者的救助，及时抢救护送危重伤员、救援受困人员、妥善安置死亡人员遗体、安抚在精神与心理上受到严重冲击的受害人。如果对受害者的救助不及时或不妥当，参与应急处置部门、有关人员和组织有可能面临公众舆论的巨大压力，甚至造成与受害者及其亲属的对立，影响善后阶段工作的开展。相反，对受害人的及时救助，可以减少人员伤亡，避免事态恶化，消除恐慌心理，缓解应急处置工作的压力，防止产生过多的负面影响，进而使应急处置得以顺利完成。

必须指出的是，救助原则应当和快速反应原则有机地结合起来。从另一个意义上说，应急处置的首要目标是人员的安全，救助原则与快速反应原则的本质要求就是减少人员伤亡。大量的灾难性事故与事件的案例表明，造成严重后果的原因，就是反应不及时，受害人不能得到及时有效的救助。

（3）人员疏散原则

在大多数应急处置的现场控制与安排过程中，把处于危险境地的受害人员，尽快疏散到安全地带，避免出现更大伤亡和次生灾害，是一项极其重要的工作。

（4）保护现场原则

按照一般的程序，在应急处置工作结束之后，或在应急处置过程中，现场调查工作就开始介入，以分析事件的原因与性质，发现、收集有关的证据，澄清相关责任。也就是说，除非灾难性事故与事件的发生原因是自然灾害、意外等因素引起，不涉及任何人为的因素或责任，否则，在应急处置过程中，特别是对现场的控制做出安排时，一定要考虑到对现场进行有效的保护，以便于日后开展调查工作。在实践中，容易出现的问题，通常是应急人员的注意力都集中在救助伤亡人员上，或防止事件影响的蔓延扩大上，而忽略了对现场与证据的保护，结果在事后发现现场已遭到破坏，给调查工作带来被动。因此，必须在进行现场控制的整个过程中，把保护现场工作放到重要的位置上。虽然，应急处置与调查处理是不同的环节与过程，但是，在实际工作中，绝没有明确的界限，不能把两者截然分开。应急人员在采取紧急措施时，一定要提高现场保护意识，不能保护的现场应进行详

细的记录或做出必要的标志。

（5）观察与记录原则

所谓观察，就是对现场从宏观到微观的勘查、把握，及时发现现场应急处置和危险源，防止危害范围蔓延扩大。

记录和现场物品的清理，通常是指在应急处置过程中，通过观察一些情况，对证据、物品进行登记和保存的过程。记录不仅要把现场的动态变化如实地反映出来，而且要把事后调查与善后处理可能用到的物品进行记录。如，2002年我国国航的一架飞机在韩国釜山发生空难事故后，韩国警方、志愿者等应急处置力量在现场采取控制的同时，安排大量的人员对事故现场做了大量的、细致的记录和清理工作，其中包括遇难者的遗体、飞机的残骸、受害者的物品以及与事故相关的证物等物品，都被细心地收集起来。通过细致的现场记录和清理，不仅可以收集大量的人证和物证，而且有利于随后的事故调查工作；同时，也可以尽可能多地收集事故遇难者的残骸和遗物，在一定程度上，降低了受害者亲人的负面影响，为善后工作创造了有利条件。

（6）保护应急参与人员安全的原则

实践证明，通常应急救援现场情况都比较复杂，而且还会存在一些潜在的危险因素。因此，现场一般会处在变化过程之中，这就要求应急处置人员在控制现场时，要充分考虑应急参与人员的生命安全。美国"9·11"恐怖袭击事件的应急处置工作，有很多值得总结的经验，但是，同时也给人们留下了许多值得思考的问题。其中一个问题就是在现场参与应急处置的300多名警察与消防人员的牺牲所产生的次生灾害。造成人员大量伤亡的原因有很多，从现在的资料分析有现场指挥的失误，也有在紧急情况下信息不畅通的问题。要保证应急参与人员的安全，现场的应急指挥人员在指导思想上也应当充分地权衡各种利弊，避免付出不必要的牺牲和代价。

2. 现场控制一般方法

在机场应急事件的现场处置过程中，对现场实施有效的控制是必不可少的，同时，还要做出一系列的应急安排。其目的就是防止危机事件的进一步蔓延扩大，使人员伤亡与财产损失减少到最低程度。但是，由于发生的时间、环境、地点不同，所采取的控制方法也不相同。这些差别决定了在不同的事故现场、不同的应急资源状况情况下，有针对性地采取不同的控制方法。灾难性事故与事件现场控制的一般方法，可分为以下几种类型。

（1）警戒线控制法

在应急救援现场，防止非应急处置人员与其他无关人员随意进出、干扰应急救援行动，应使用特别保护方法。在救援现场或其他相关场所，根据不同情况或需要，应安排公安、保卫人员或武警士兵等应急参与人员实施警戒保护。对应急现场，应从其核心现场开始，向外设置多层警戒。现场设置警戒线，是为了保证处置工作在顺利进出上有一种安全感，同时，避免外来的人员对现场安全构成威胁，避免现场可能存在的各种危险源危及周围无关人员的安全。从实践上看，设置应急警戒范围，应坚持宜大不宜小，保留必要的警戒冗余度，以阻止现场大规模无序流动。在应急现场控制实践中，各国普遍的做法是设置两层警戒线，由高密度向低密度布置警戒人员。这种警戒线表面上是虚设的，但是这种虚设的警戒线很大程度上可以让处置人员产生一种安全感，从而高效地投入救援工作。警戒线的设立也可以使大部分外部人员或围观群众自觉远离救援现场，从而为应急处置创造一个较好的外部环境。

（2）区域控制法

在一些特殊现场应急处置过程中，可能点多面广，需要处置的问题较多，处置工作必然存在优先安排的顺序问题；也可能由于环境等因素的影响，对某些局部区域有针对性地采取不同的控制措施，以控制进入现场的人员数量。区域控制在不破坏现场的前提下，在现场外围对整个应急现场环境进行总体观察，确定重点区域、重点地带、危险区域、危险地带。一般遵循的原则是：先重点区域，后一般区域；先危险区域，后安全区域；先外部区域，后中心区域。

（3）遮盖控制法

遮盖控制法实际上是保护现场与现场证据的一种方法。在应急处置现场，有些物证的时效性要求往往比较高，天气因素的变化可能会影响取证的真实性；有时由于现场比较复杂，破坏比较严重，再加上应急处置人员不足，不能立即对现场进行勘查、处置，因此，需要用其他物品对重要现场、重要证据、重要区域进行遮盖，以利于后续工作的开展。遮盖物一般多采用干净的塑料布、帆布、草席等物品，起到防风、防雨、防日晒以及防止无关人员随意触动的作用。应当注意的是，除非万不得已，一般尽量不要使用遮盖控制法，以防止遮盖物污染某些微量物证，影响取证以及后续的化学物理分析结果。

（4）以物体围圈控制法

为了维持现场处置的正常秩序，防止应急现场重要物证被破坏或产生危害扩大等，可以用其他物体对现场中心地带周围进行围圈。一般而言，可以使用一些不污染环境的阻燃阻爆物体。如果现场比较复杂，还可以采用分区域、分地段的方式进行围圈。

（5）定位控制法

有些应急事件现场，由于有人员伤亡，残留物体变动较大，物证分布范围广，采取上述几种现场控制方法，可能会给事发地的正常生活和工作秩序带来一定负面影响，这就需要对现场采取定点标注的控制方法，使现场处置有关人员对整个事件现场能够一目了然，做到定量和定性相结合，有利于下一步工作的开展。定位控制一般可以根据现场大小、破坏程度等情况，首先按区域、方位对现场进行区域划分，可以进行有形划分，也可进行无形划分，如长条形、矩形、圆形、螺旋形等形状。然后，每一划分区域指派现场处置人员，分别用色彩鲜艳的小旗进行标注。

（6）危险辨识评价及评价方法

任何应急现场的处置工作，都必须以对现场形势的准确评估为前提。快速反应的原则，不仅单纯强调速度快，而且要保证处置工作的高效率。处置人员在到达现场后，如果不了解现场基本情况就盲目进行处置是不行的，这样做无法防止事态蔓延扩大，而且还会造成应急救援人员的伤亡或更严重的损失。为了有效地进行现场控制，应急处置人员的重要职责是获取准确的信息，对所发生的事件进行及时、准确的认识与把握。这些信息可帮助决策部门做出正确的决策。

机场应急处置现场可能会存在各种潜在危险，会随时发生后续危险、蔓延和扩大，导致危害加剧，并对应急处置人员的安全构成一定的威胁。在进行应急处置时，必须对现场

潜在的危害进行实时监测和评估。

(四) 现场危险源识别与情境评估

机场应急救援现场安全管理的前提，首先是危险源辨识与评价，目的就是通过对系统的综合分析，确定系统中的危险源。

通常情况下，危险源的危险程度决定于三个要素：即潜在危险性、存在条件和触发因素。

从国内外危险源辨识的实践看，危险源辨识的主要内容包括以下几个方面：

（1）机场应急区域。机场应急区可分为救援队伍、协同力量、伤员、指挥中心等布置，有毒、有害、危险物品分布，建筑物、构筑物分布；风向、安全距离、卫生防护距离，运输路线等区域。

（2）机场应急环境条件。有周围环境、气象条件、抢险救灾的条件和外界对抢险救灾的支持等方面。

（3）机场应急区域的危险源分布，如危险源的分布状况、种类、数量、危险程度以及危险源的所属单位或管理单位等。

（4）现场救援过程。主要涉及被救援人数，飞机上测量，危险品的毒性、腐蚀性、燃爆性，温度、速度、作业及控制条件、事故及失控状态。

（5）救援设备及材料情况，包括用于救援设备性能、设备本质安全化水平，设备的固有缺陷，所使用的材料种类、性质、危害，使用的能量类型及强度。

（6）作业环境情况，包括救援作业环境中地形、水域等生态环境因素等。

（7）操作情况，包括操作过程中的危险、救援人员接触危险的频度等。

（8）现场应急中出现过的情况，包括过去曾经发生的救援过程中的事故及危害状况、应急过程中出现的突发事件以及事故处理应急方法、相应的处理措施。

（9）安全防护，包括应急场所安全防护措施、安全标志、管理措施。

一般情况下，辨识后果可分为对人的伤害、对环境的破坏及财产损失三大类。在此基础上，可细分成各种具体的伤害或破坏类型。可能的事件或事故确定后，可进一步辨识可能产生这些后果的材料、系统、过程。在危险辨识的基础上，可确定需要进一步评价的危险因素。

机场现场危险源的辨识方法主要有：① 分析材料性质的方法；② 分析操作工序和条件的方法；③ 相互作用矩阵分析法；④ 利用情景构建法；⑤ 利用安全评价和分析方法；⑥ 利用经验。

为使大家比较准确地理解机场危险源的辨别方法，下面对以上几种基本方法进行简单介绍。

（1）材料性质

现场应急救援人员详细了解生产或使用的材料性质，是危险辨识的基础。危险源辨识中，常用的材料性质应分为：急毒性、慢毒性、致癌性、诱变性、致畸性、反应性、暴露极限、生物退化性、水毒性、环境中的持续性、气味阈值、物理性质、自燃材料、稳定性、燃烧、爆炸性。初始的危险辨识，可通过简单比较材料性质来进行辨认，然后再进行危险评价工作。

（2）操作工序和分析

有时物质的操作工艺和条件，也会产生危险或使生产过程中出现危险性。如水仅就其性质来说没有爆炸危险，然而，如果生产中产生的温度和压力超过了水的沸点，那么，水的存在就具有蒸汽爆炸的危险。因此，在危险辨识时，仅考虑参考材料还是不够的，还要考虑操作中的条件等。

（3）相互作用矩阵分析法

相互作用矩阵，实际上是一种结构性的危险辨识方法，它是辨识各种因素，如材料、生产条件、能量源等之间相互影响或反应的简便工具。在实际使用时，这种方法通常限制为两个因素，做成二维矩阵；分析时也可加入第三个因素，做成三维矩阵；如果多种因素作用都重要，且有能力详细分析，则可建立 n 维矩阵来分析（表 2-5）。

（4）利用情景构建法

情景构建法也叫情景分析方法，它是一种面向未来的决策分析与规划方法，这是在 20 世纪 70 年代末兴起的一种有效的规划预测技术。情景分析法的最大特点是，它不是简单地将现有情况直线式地顺延或外推，而是显示不同的因素如何相互作用而导致多种可能的变化；不是预测未来的某一种可能，而是根据对未来的描述预测各种可能，并在充分的基础上制定不同的情景。比如，它关注的是如果发生情况 A 怎么做，如果发生情况 B 怎么做，在最好的情况下怎么做，在最坏的情况下怎么做。因此，能强迫管理人员制订出适应不同变化因素的计划，能使管理者对未来的机会和威胁达成共识。同时，它还能使管理人员认识到，他们对关键问题的分歧，常常是因为彼此对未来有不同的假设。

（5）利用安全分析和评价方法

许多安全评价和分析方法既可评价风险，也可以识别风险，如安全检查表、检查表分析、危险与可操作性分析、预先危险性分析、故障树分析、事件树分析等。

表 2-5　矩阵分析评估表

频率＼后果	1 轻微	2 显著	3 严重	4 极为严重	5 灾难性
6 经常发生	B	A	A	A	A
5 极有可能发生	B	B	A	A	A
4 有可能发生	C	B	B	A	A
3 发生的机会极微	C	C	B	B	A
2 发生的机会微乎其微	C	C	C	B	B
1 差不多就没有发生的机会	C	C	C	C	B

在机场应急灭火中，为了用辅助剂代替产生泡沫的水，可以采用相当的代用品：

一是用 1000g 干粉 1.0L 产生符合性能水平。

二是或者用 1000g 卤代烷＝A 的泡沫的水。

三是或者用 2000g 二氧化碳。

四是用 1000g 化学干粉 0.66L 产生符合性能水平。

五是或者用 1000g 卤代烷＝B 的泡沫的水。

安全检查表分析法提供一个需要回答问题的清单，对于特定的组织和场合，检查表可通用，并保证分析的一致性。只要分析人员充分使用，安全检查表可成为危险辨识非常有用的工具。

"如果—怎么办"和危险与可操作性分析方法，允许分析人员更创造性地利用其经验。每一种分析方法探索问题的方式不同，但是，都要求分析小组提出和回答一系列问题，从而提示可能产生的、不期望的后果。因此，更有可能发现生产中的危险因素。

（6）利用经验

除了以上的方法以外，还可以利用企业或一些部门的经验来完善危险辨识工作。如果企业或部门的经验已经标准化或规范化，也可以像其他资料一样用于危险辨识。但是，危险辨识不能仅仅基于企业的经验，因为企业的经验来源于已经发生的事故。事实上确实存在着某方面没有发生事故却有危险的情况。因此，一些企业或部门的经验，只能作为其他方法的补充。

（五）应急救援现场处置

机场应急人员赶到现场后，首先要确定应急基本对策，即机场应急实施方案。正确的应急行动和科学对策，不仅能使行动达到所预期的目的，保证应急行动的有效性，而且可以避免和减少应急人员的自身伤害。实践表明，在应急救援过程中，应急救援人员的风险很大。1989年8月12日，中国石油天然气总公司管道局胜利油田公司所属黄岛油库，因雷击发生火灾，在火灾扑救过程中，发生重大次生灾害，有14名武警官兵牺牲，66人受伤；油库职工5人牺牲，12人受伤。因此，在事故救援过程中，也要考虑救援现场的安全管理。

1. 现场评估

（1）初始评估

机场应急救援的第一步工作，首先是对现场情况的初始评估。初始评估应描述最初应急人员，在事件发生后几分钟里观察到的现场情况，包括应急范围和扩展的潜在可能性、人员伤亡、财产损失情况，特别要说明是否需要持续援助。对于面临的飞机紧急事件，往往伴随起火。

在紧随飞机发生事故或事件以后，在救援过程中，很可能随时会有发生并需要灭火的情况。在一次能得救的飞机事故中，有效救援的最重要的因素是：所受的训练、设备的有效性、指定的救援与消防人员和设备能够投入的速度。在火灾救援行动现场，应急救援人员必须先做出判断，如放置水带的位置，人员疏散时间、地点，必须根据有效的信息，快速做出正确的决定。

另外，在应急初期，还必须考虑危险物泄露的问题，严防次生灾害的发生。处理危险物质泄漏引发的事件之关键，主要是确定事故物质。没有确定物质之前，没法采取正确的措施。初始评估的事故应急指挥人员要和操作人员交流，以确定所包含的物质，识别事件或事故发生的原因。这些都有助于应急人员减轻或控制事故。在必要时候，请相关协同机构来处理。危险物品的探测方法，一般由两个人组成小组，在远离现场的逆风较高位置测定，并且保证不会接触危险物质。另外，就是要求两名应急人员到事故应急区域进行状况评估。这种方法可能更危险些，应急人员要穿上防护服。

（2）应急力量的评估

机场应急事件处置工作十分繁杂，时间紧，任务重，而且是在非常紧急的情况下进行的，因此，稍有不慎就会造成更大的损失。其中，现场情景与应急资源是否匹配，是决定应急处置工作能否取得成功的重要因素之一。有时，因应急资源不足，可能会造成对现场的控制不力，导致损失扩大。及时组织足够的应急资源参与现场处置，是保证处置工作顺利进行的基础；但是，动用过多的应急资源，也可能造成不必要的浪费。通过对现场情景以及处置难度的评估分析，及时合理地采取各种措施、调动相应的人力资源和物质资源参与现场处置，是保证应急处置快速、有效应对的重要保证。在应急救援实践中，无论最终需要组织多少应急资源，都应特别强调第一出动力量的重要性。有力的第一出动可以在处置之初有效控制事态。如果第一出动不足，再调集其他力量增援，则可能失去应急的最佳时机。值得注意的是，由于事件的性质和特点不同，其难度和处置所需的处置力量也不尽相同。评估的意义就在于因时因地因事制宜，通过评估可以合理调集应急处置力量，从而达到及时快速、妥善处置的最佳效果。

（3）人员伤亡的评估

在应急事件中，人员伤亡情况不仅决定着事件的规模与性质，而且也是安排现场救护主要考虑的因素。在我国突发公共事件的报告制度中，人员伤亡情况决定着事件报告的期限、反应级别。在应急事件中，当人员伤亡的数量超出机场的反应能力时，必须及时请求协同应急资源的支持。应急处置现场对人员伤亡情况的评估，主要包括确定伤亡人数及种类、伤员主要的伤情、需要采取的措施及需要投入的医疗资源。

在事件刚刚发生时估计人员伤亡的情况，一般应以事发时可能在现场的人数作为评估的基准，根据事件的严重程度，分析人员伤亡的大致情况。根据应急管理的适度反应原则，对人员伤亡的情况评估，应尽量实事求是。如果估计过大，不仅会造成应急资源使用的浪费，而且会加重应急事件，对社会心理的冲击；反之，如果报告不及时，应急反应不足而错失应急救援的良机。在现场医疗救护中，对于已经死亡的人员，要妥善保存和安置尸体，尽可能收集相关证物和遗物，为善后和调查工作提供有利条件。

（4）周围环境与条件的评估

飞机发生的一些灾难性事故与事件，在应急处置过程中，依然处于积极运动期，随时可能造成新的危害后果，而周围环境和条件可能就是其再次爆发的主要因素，因此，在应急处置时必须随时注意周围环境和条件对处置工作可能产生的影响。对事发现场的周围环境与条件的评估，包括对空间、气象、处置工作可用资源特点的了解与评估。不同类型事件的现场，对环境特点的把握应有不同的侧重点。如果空难发生在不同的空间位置，其蔓延的可能性、处置工作中可利用的资源也不同。一般来说，靠近湿地、湖泊地区或海面上的机场一旦发生事故，事故向其他区域蔓延的可能性较小，这就是由其特定的现场环境所决定的。

周围环境评估的重要性就在于，可以让灾难性事件的应急处置部门，比较清晰地了解处置的具体条件，根据不同的空间、气象等环境条件，科学地配置和使用不同的处置资源，提高事件的处置效率和效果，从而达到最佳的预期效果。

2. 建立现场工作区域

在应急现场还有一项重要任务，就是建立现场工作区域。在这个区域明确应急人员可

以进行的各项工作，这样有利于应急行动开展与有效控制各种设备进出，并且能统计进出事故现场的人员。在确定工作区域时，主要根据事故的灾害、天气条件和位置，如要考虑风向、工作区域和人员位置要高于事故地点等。工作区域要确保有足够的活动空间，开始时，区域要大些，必要时可以缩小。危险品应急区域，要设有三类工作区，即危险区域、缓冲区域、安全区域（图2-19），切勿一个区域多用途，以免构成新的次生灾害的发生。

图2-19 危险品应急现场区域的划分

3. 现场救援组织

机场应急救援现场处置，需要依据应急事件的类型、特点及规模，然后做出紧急安排。尽管不同应急事件救援需求不同，但是，在大多数事件的现场处置时，都必须包括设置警戒线、应急反应人力资源组织与协调、应急物资设备的调集、人员安全疏散、现场交通管制、现场及周边场所的治安秩序维护、对信息和新闻媒介的现场管理、对受害人做出分类处理等方面的内容。

（1）现场警戒线设置

为保证应急处置工作的顺利开展，确保事故现场调查不受外界干扰，几乎所有的现场处置，都必须设立不同范围的警戒线。由于事件的规模比较大，影响范围广，人员伤亡严重，往往要依据现场的实际情况，设立多层警戒线，以满足不同层次处置工作的要求。一般情况下，内围警戒线圈定事故或事件的核心区，依据现场的具体要求，划定事件发生和产生破坏影响的集中区域，在核心区内一般只允许医疗救护人员、警察、消防人员、应急专家或专业的应急人员进入，并成立现场控制小组，组织开展各项控制和救助工作。内围警戒线的范围确定，通常要考虑两个因素：一是现场危险源的威胁范围；二是与事故或事件原因调查的相关证据散落的范围。现场可能会发生二次灾害，通过内围警戒线的设立，尽量减少处于危险范围中的人员，以降低事件的二次伤害。外围警戒线的划定，一般以满足救援处置工作的需求为主要考虑因素，为保证现场人员、物资的安全，大量的应急救援工作通常是在内围警戒线之外开展的。在救援现场，参与处置的人员很多，而且他们大多来自数个不同的部门和组织，参与处置的各种车辆、设备也需要安排必要的停放位置，并要保证有足够的活动空间，因此，外围警戒线是处置工作顺利开展的必要空间，无关人员，包括媒体工作人员，一般不应进入这一区域内。在某些事故或事件的处置中，还要设立三层警戒线，即在核心区和处置区之间设置缓冲区，作为二线处置力量的集结区域，也可以为现场指挥部所在地。

（2）应急反应人力资源组织与协调

通过对现场情况的初步评估，避免过渡反应，应以应急处置预案为基础，对应急反应的人力资源进行组织与协调，从而可有效地减少组织与协调工作的混乱。根据应急预案，不同事件由不同的部门牵头负责，并由相关部门协调和支持。各个部门在处置中分工协作，各部门有都较为明确的任务和职责。由牵头部门组织各部分应急处置人员，快速赶赴现场，并开展相应的应急救援工作；同时，应在现场通道设置引导和联络人员安排处置后续人员。应急指挥部统一协调指挥现场的应急人员与其他应急资源。在应急人员集结过程中，虽然，没有固定的模式，但是，有一些基本原则大家都必须遵循。首先，所有的人员应方便应急处置工作，核心处置力量和现场急需的专业处置力量要接近现场；其次，应急人员集结要有序可循，不能造成混乱；再次，应急人员集结的位置、规模等不能对现场内造成拥堵；严防影响正常应急救援的人员和物资的进出。

（3）应急物资设备的调集

应急处置需要大量的专业设备和工具。各有关专业部门应根据自身救援业务的需求，采取平战结合的原则，配备现场救援、工程抢险装备和应急器材等；同时，要做好设备的维护、保养和调用等制度，以保障救援的使用。

（4）人员安全疏散

根据应急现场人员疏散原则，在处置现场必须组织及时有效的人员安全疏散，这项工作是避免大量人员伤亡的重要措施。根据疏散的时间要求、距离远近，可将人员安全疏散划分为临时疏散和远距离疏散两种。临时紧急疏散，一般是紧急疏散火灾和爆炸应急事件的处置过程。临时紧急疏散的最大特点在于其紧急性，一旦发现紧急情况，如果在短时间内无法及时疏散，就有可能造成严重的人员伤亡。但是，在紧急疏散过程中，决不能片面强调疏散的速度，如果在疏散过程中，一旦秩序混乱，很有可能造成人群的相互拥挤、踩踏的阻塞现象，甚至造成群死群伤的次生灾害。在机场非航空器事件应急中，如航站楼起火时的应急疏散，机场必须提前做好这方面的疏散预案，并在应急过程中有效地组织与配合，保证疏散工作顺利开展。

在紧急疏散中要做好群集行为的控制。人员的疏散过程，实际上是一个移动的过程。大量的实践证明，人群在移动过程中的行进速度，并不取决于疏散个体的平均前进速度，而是取决于人群的密度。人群密度越大，群体的前进速度越低；当人群密度达到一定极限时，就会由于拥挤过度而不能行进，这时的疏散速度接近于零。

在组织人员疏散时，特别是在建筑物内组织疏散时，起码应采取以下措施：一是有正确的疏散路线，并有明确的疏散路线标志。二是安排专门人员对疏散人员进行快速有效的引导，并负责疏散秩序的维护，避免出现拥挤现象。三是为被疏散人群及时提供准确的信息，避免不准确的消息在人群中传播，使被疏散人群的心理保持稳定；如果被疏散人群进入恐慌状态，要尽量缩短恐慌状态的时间，使被疏散人群的情绪恢复到正常状态。

（5）对信息和新闻媒介的现场管理

应急救援事件发生后，各种新闻媒体在短时间内就成为现场处置与社会各方沟通的主要渠道。面对蜂拥而至的新闻采访人员，既不能听任其在处置现场进行无限制的采访，也不能简单地对其进行封堵。前者会导致对正常的处置工作的干扰，甚至破坏应急现场证据；后者易与媒体形成对立局面，甚至导致谣言的传播。因此，在现场处置中，应重视对信息和新闻媒体的管理，通过在警戒线外设立新闻联络点、安排专门的发言人、适时召开新闻发布会等方式，处理好与媒体的关系，利用和引导媒体与社会公众、政府有关部门及专家学者之间的良好沟通，以降低事件造成的不良社会影响。

（6）及时对受害人进行分类处理

在机场应急现场紧急安排中的另一重要内容，就是及时对受害人进行分类处理。按照

受害人学的研究，灾难性事件中的受害人，既包括直接受害人，如死亡人员、受伤人员以及灾难中的幸存者，又包括间接受害人，以及其他的利益相关者。在现场做出紧急安排时，不同类型的受害人均必须做出妥善处理。如在航空器事故现场的卫生急救中，应该对伤员进行分类处理，避免现场没有稳定时盲目进行伤员转运。对死亡人员需要做出的安排有：对死亡人员进行确认；编辑死亡鉴定证据；通知死亡人员家属；接待伤亡人员家属；确定接待场所并维护其秩序与安全；安排对死亡人员的悼念活动，并满足因宗教、民族等不同而提出的不同要求。对事故中的幸存者需要做出的安排有：满足其提出的基本需求，如对食物、饮料、日常生活必需品的需求；与其家人、亲友取得联系；解决回家的交通问题与经费方面的困难；生理方面的伤害及时得到医治；组织心理安慰人员进行心理干预；发放慰问品。

4. 救援过程中的安全管理

应急救援的现场安全管理工作，主要是保障救援人员的安全，这一工作贯穿于整个现场救援的工作过程。现场安全管理主要提供合适的防护用品、制定科学合理的工作流程、严格的着装等多方面的内容。

（1）应急救援行动的优先原则

员工和应急救援人员的安全优先原则；防止事件或事故扩展优先原则；环境优先原则。

（2）救援工作中安全管理

在不同的应急事件救援过程中，起火、危险品等救援现场，存在着各种窒息性气体、放射性物质、毒气，进入现场的救援人员，如果不进行必要的防护很可能会中毒、窒息、灼伤，甚至危及生命安全。在这种情况下，不但不能起到救援作用，还会使事故扩大，因此，进入事故现场的救援人员，必须按规定佩带好个体防护用品。

应根据事故发生的具体情况，选用合适的防护用品。必须选用经国家有关部门指定的防护用品，并经质量监督部门临检，其产品必须有产品生产许可证和产品合格证，检查产品是否明确标有生产厂名、厂址、产品名称、商标、型号规格、生产日期等；绝对不能使用不合格的伪劣产品，以防因产品质量问题对救援人员产生危害。

① 应急救援的主要防护用品，包括防护服、防护帽、消防头盔、防护靴、防护手套、安全带、防护眼镜、呼吸器、防毒面具等。

防护帽：用于防止意外重物坠落或飞击物损伤头部，防止有害物质对头部的污染等。

防护服：主要用于防静电、防止化学污染物损伤皮肤或经皮肤进入体内、防止热辐射（防火阻燃）等作用。

呼吸防护器：净化空气中有毒气体，保证应急救援人员不受有害气体的伤害。

耳塞：防止轻噪音对耳的损害。

安全带：用于救护人员登高灭火、救人时的安全保护，可进行自救和救援。

② 其他防护用品：用来防护眼睛和面部受电磁波辐射，防止粉尘、烟屑和化学溶液溅射等损伤，包括反射性防护镜片、吸收性防护镜片。

③ 辅助工具：应急照明装置、应急移动照明装置、扩音话筒。

④ 是其他工具：帐篷雨具等。

（3）现场人员着装及标志

当机场发生紧急事件时，为便于识别参与救援的各类人员，以便应急处置时的指挥，为此，各部门救援人员的着装应有明显的区别：

一是应急救援总指挥应当戴橙色头盔，身穿橙色外衣或背心，前后印有"总指挥"的反射性字样。

二是指挥人员应身穿橙色外衣或背心，头戴橙色头盔。

三是医疗指挥员应当戴白色头盔，身穿白色外衣或背心，前后印有"医疗指挥员"的反射性字样；医护人员应穿戴医疗工作服。

四是消防指挥员应当戴红色头盔，身穿红色外衣或背心，前后印有"消防指挥员"的反射性字样；消防员应穿戴消防战斗服和消防头盔。

五是公安指挥员应当戴蓝色头盔，身穿蓝色外衣或背心，前后印有"公安指挥员"的反射性字样；公安人员应穿戴警服、警帽、佩戴公安标志。

进出紧急事件警戒现场的救援人员、车辆（消防和医疗急救两部门除外）必须持有机场公安部门统一制发的临时通行证（牌）。

5. 应急现场的恢复与管理

机场应急现场的恢复意味着对特殊情况的管理，自从发生紧急事件，并进入应急状态，系统不可能立即恢复到平常的水平。在应急管理的最后阶段，通常是恢复正常运行的组织。现场主要恢复的活动有：保持机场运行系统持续工作；保护未受损失的财产；协助相关部门调查；建立正常管理的恢复程序；保持各类详细工作记录。

当应急阶段结束后，机场所有的工作，从紧急情况恢复到正常状态的管理，此时的工作具有独特性和挑战性，同时也是应急救援工作的重要内容之一。

十一、新闻媒介与信息的管理

随着科学技术的发展，现代社会中的信息传播手段高度发达，切实做好新闻媒体与有关信息的管理工作有利于应急处置工作的顺利进行。社会各机构与媒体进行合作，产生良性互动关系，这是应急处置工作达到良好的社会效果的重要保障。

（一）应急事件与新闻传播

据记载，2002年我国某航空公司在大连发生"5·7"空难以后，5月8日凌晨3点多，当国务院调查组人员到达大连机场时，大连港务局的会议室里已经聚集了大批的记者，主流与非主流媒体之间为争抢新闻，其竞争表现得非常激烈。

在航空器应急事件与非航空器应急事件的处置过程中，在应急管理者与新闻工作者之间，可能存在着不同的认识，甚至相互冲突的观念，这主要是由于不同职业、不同的意识与工作追求目标的差异所决定的。从应急处置的角度讲，对新闻媒体与信息的管理，应遵循有利于应急处置工作顺利进行的原则、有利于社会稳定的原则、有利于对受害人的精神与心理安抚和善后处理的原则，同时一定要保持信息渠道畅通，这样才能充分满足公众对事件的知情权。

机场应急事件的领导小组及当地政府部门，应当按照有关规定，以新闻发言人的形式统一、准确、及时地向社会发布有关突发事件、应急处置工作的情况和事态发展的信息，

并对新闻媒体的相关报道进行管理；对重要信息的发布应按规定履行报批手续。

（二）应急处置现场媒体管理的主要措施

在机场应急事件的处置过程中，管理部门要主动寻求媒体的帮助，发挥媒体在舆论方面的引导、信息提供与发布和稳定社会方面的积极作用；同时，也要采取有效措施，对新闻媒体进行必要的管理和控制，避免由于管理缺位或管理措施不当而带来的消极影响。

从机场应急事件的管理过程来看，应急处置需要从法律上、制度上加以完善；从应急处置的过程看，对新闻媒介的管理责任问题最终要落实到现场应急处置的人员身上，因此，在国家现有的法律、政策、制度框架下，应急管理人员应根据应急现场的实际情况，采取有效的管理措施。

实践证明，机场应急事件，特别是航空器紧急事件的特点，往往涉及面广、影响较大，因此，有关的信息发布必须经民航行业主管部门及相关部门批准后，由机场应急救援的新闻发言人统一对外发布。经应急救援总指挥批准，新闻记者在公安人员的引导下，方可进入紧急事件现场指定区域进行采访和拍摄，但是不得妨碍救援工作。

在应急事件报道中，如不能合理采取有关的措施，在主流媒体与非主流媒体一时间都涌向现场的情况下，可能带来的不利后果包括以下几方面：

（1）新闻采访人员干扰和影响现场的应急处置工作，如现场证据的破坏、影响正常应急救援工作的开展。

（2）由于种种原因，少数新闻人员，特别是非主流媒体的新闻人员，感到自己受到不公正的待遇，而对事件进行不利于应急处置工作进行或不负责任的报道，将使应急工作处于非常被动与尴尬的境地。

（3）报道口径不一致。事实上，出现报道口径不一致的现象是最常见的一种不利后果之一，其原因往往一是由于信息渠道不畅通；二是信息的来源渠道较多，但是缺乏统一的要求。正确地应对媒体，一方面要正确地对待媒体的舆论监督，尊重媒体舆论监督的权力；另一方面要增强公共关系意识，主动加强沟通，争取理解和支持。尽管媒体与应急管理部门在对待灾难性事件的态度上有不同的思路，也有不同的责任，但是在总体目标相同的前提下，要尽量减少或避免冲突，力求取得一致。在公共传媒高度发达与普及的现代社会，还需要针对网络媒体受众广泛、互动性强的特点，注重与网络媒体的沟通，以便有效引导社会舆论。

在应急救援处置过程中，管理者一方面要主动地寻求媒体的帮助，发挥媒体在舆论引导、信息提供和稳定社会方面的积极功能；同时，也要采取有效措施，对新闻媒体进行合理的管理与控制，以避免由于管理缺位或管理措施不当而带来的消极影响。

应急处置过程对新闻信息的管理涉及许多方面，需要在不同层次上进行规范。从危机的管理过程看，机场管理者必须明确，在紧急情况下或在不同的危机类型与危机情景中，对新闻媒介管理的主题、政府对新闻媒体管制的合法途径与手段、新闻媒体采访权的保护、社会公众对灾难性事故与事件知情权的保护、对于大众传播媒体不负责任的报道，以及公众不负责任的言论，特别是传播流言与谣言的行为的管制与处罚等。根据英国灾害处置专家的观点，新闻媒体管理的关键步骤与环节主要有：一是确认谁是媒体，特别是主流媒体；二是准备举办新闻发布会的场所及设施；三是根据应急事件情况，每日或定期举行新闻发布会；四是设定一个专门的新闻发言人；五是使用新闻公报的形式发布新闻；六是保证每一个人知道谁是新闻发言人；七是直接处理有关报道灾难性事故与事件情况的报告。

依据国内外的应急处置实践，通常情况下现场对新闻媒介与信息管理的措施主要包括以下内容：

（1）设立新闻联络点。在灾难性事故与事件的应急处置现场即警戒线外围，设立新闻联络点是各国应急事件处置通用的方法，也是一种最有效的简便做法。如果应急救援现场范围过大，在现场设有双层警戒线的情况下，这时的新闻联络点的位置必须设在外围警戒线之外。

（2）设立信息中心。新闻媒体与信息的管理作用，不仅是通过媒体向社会发布各种信息，同时还需要收集应急事件发生后，社会各方面所产生的一系列事关管理决策的信息。因此，对于重大的、情况复杂的应急事件，需要根据具体情况，设立信息发布中心。信息发布中心应当作为发布公共信息的主体，其作用包括协调公共信息、收集来自各个方面有关应急处置的信息、向决策管理机构提供准确的信息、纠正在新闻媒体报道中出现的错误信息。信息中心设立的位置，必须选择在交通方面保证各类新闻媒体可能集中的地方。如果应急处置指挥机构距离应急事件现场较远，则需要处理好信息中心与现场媒体管理之间的关系。

（3）举行新闻发布会。新闻发布会的举行与新闻发言人的推荐和确定是紧密联系的整体。应急事件发生后，在信息严重不足的情况之下，及时举行新闻发布会，把准确的信息传递给新闻媒体，可以最大限度地避免社会公众的各种猜测，并避免未经证实的小道消息的传播，有效地掌握正确的舆论导向。2002年5月7日某航空公司在大连发生空难后，国务院"5·7"空难处理小组于5月8日就在大连市市委召开首次新闻发布会，会上通报了应急救援与善后工作的有关情况。在场的新华社记者评价道："对于我们这些追着处理小新闻的记者来讲，这个发布会实在太及时、太重要了。"

无论是举行新闻发布会还是新闻发言人以其他方式向媒体、社会公众公开事件的信息，在实践中必须注意的问题是：不应该把有分歧的、未经证实的见解，未经有关部门同意而自由地散布或传播出去。特别是事故与事件的性质、原因、责任以及可能造成的危害后果等，需要经过认真调查研究、分析、评估之后才可做出结论的问题，要在有充分证据并形成结论的情况下，才可正式向社会公开公布。

（4）签发采访许可证。如果在应急处置过程中，现场从事新闻媒体的人员比较多，或现场条件不允许过多的采访人员存在，或为了避免对应急处置工作带来影响，或需要权威媒体进入应急处置的核心区域，就需要考虑以签发采访许可证的方式来加以控制。这类管理措施在发达国家也是普遍采用的方法之一。英国内政部在关于灾难性事件处理的官方文件中，专门就此问题作了明文规定。

我国在应急处置过程中，实际上也采用以上的类似的措施。如在处理大连空难的过程中，由于在事故的打捞现场不可能允许大量的新闻人员出现，因此，只能允许少数主流媒体单位的记者随应急领导小组的人员到海上打捞现场进行拍照、摄像和采访，而且规定此次事件的报道都以新华社的通稿为准。

（5）开设公众咨询电话。开设公众咨询电话的目的，在于满足受害人的家属、亲友、同事以及其他相关人员对事件情况的了解与咨询。新闻媒体是社会公众了解情况的一条重要渠道，但不是唯一的渠道，而且在应急处置过程中任何媒体都不可能对任何事件的细节都进行详细的报道，有时受害人的家属需要与应急处理单位进行单独沟通。新闻媒体有时也通过电话采访事故发生的单位，对应急情况进行比较详细的采访，特别是在应急事件发生的最初阶段，许多情况还来不及通过新闻媒体发布，或能够提供的信息非常有限，而受害人家属与亲友又急于了解事件的人员伤亡的情况，这就需要有一个沟通的渠道，即在现场或新闻中心开设咨询电话、向社会公布电话号码，这一做法经实践证明是一种比较好的沟通途径之一。2002年4月15日，我国某航空公司发生空难后，就对外公布了值班电话，以回答家属、新闻媒体和其他各种问题。咨询的主要内容与类型集中在以下几个方面：

一是亲属询问，以及如何前往事故发生地，包括乘车路线及接待点等等。

二是各类新闻媒体询问飞机失事的原因、事件处置情况及相关的赔偿的方式，甚至是否影响股票上市等。

三是相关的保险公司询问需要提供赔偿的名单。

四是SOS救援组织提供具体帮助等。

由此可见，咨询的范围是比较广泛的。事实上，在应急事件处置过程中开设公众咨询电话，与新闻媒体有同样的作用。

（三）应急处置媒体管理应注意的问题

在机场救援管理过程中，对新闻媒体与信息管理，应严格把握管理分寸，适度宽松，但是，应该注意以下几个方面的内容。

1. 避免刺激公众心理

对新闻媒体的报道，必须要先审后发布，以免在新闻发布中有些用词刺激公众的心理而产生负面影响。如某网站在对2000年10月31日发生在台北的新航空难报道时，引用了该应急人员的话："这次停放在灵堂的79具遗体，比起大园空难的那一次好看多了。其中，第79号的遗体只有3块，是小孩子的双脚和一只手。"类似这样的报道没有考虑到如果被受害人的亲属看到会在其心理上产生何种感受，特别是在电视画面的报道中，现场那种惨不忍睹的场面会严重刺激公众心理。美国发生"9·11"恐怖袭击事件之后，几乎所有的媒体在报道人员的伤亡情况时，除报道死亡人数外，其他未确定的伤亡情况，要么是以失踪报道，要么对公众解释死亡与失踪人数还未最后确定。实际上，那些报道中的所谓失踪的人员，其遗体大部分已经在高度燃烧过程中蒸发，或燃烧后所剩余的残骸混杂在废墟中，已经没有继续找到的可能。新闻媒体之所以这么报道，主要原因就是为了不使公众的心理受到过大的刺激，从而避免产生巨大的心理压力。

2. 依法保护受害人的隐私

在对应急事件的新闻报道过程中，如果有记者一味追求满足公众寻求某种刺激、猎奇的心理，这种情况很可能会或多或少地侵害受害人的隐私，或把受害人复杂的情感问题简单化。鉴于这些在现实中经常出现的现象，有的学者认为，在对受害人进行采访或进行对外报道时，"要服从于新闻的真实性、对灾难所具有的同情心、依法保护受害人的个人隐私不受侵犯，并力求在上述三个方面求得平衡"。一些灾难中的幸存者，也往往对个人隐私的被侵犯感到生气。媒体侵犯受害人隐私的表现，通常有下面几种情况：一是对受害人不愿谈论的话题抓住不放。如在对死亡人员的尸体辨认过程中，需要亲属配合进行 DNA 检验时，有的家属因有个人私生活方面的隐情，不愿被人知道而不愿做或不愿公开，而有的媒体却对此颇感兴趣，千方百计地要追寻原因。二是有的受害人亲属（特别是配偶）在失去亲人之后悲痛欲绝，有的媒体却通过各种渠道采访报道当事人的感情体会。在灾难发生的情况下，受害人的感情本来就非常脆弱，如果媒体的报道不注意保护受害人的隐私，不关心受害人亲属的感受，则不利于受害人精神方面的恢复。

3. 鼓舞应急处置人员的士气

新闻媒体对灾难性事故与事件的报道，要有利于整个应急处置工作的顺利进行，有利于政府、单位组织、受害人以及其他相关人员顺利地度过危机。事实上，机场应急处置过程充满艰辛，应急参与人员无疑在生理和心理上面临考验。长时间繁重的体力劳作，如清理废墟、拉网式的搜索；直面灾难性情景，如残缺不全的尸体、悲痛欲绝的受害人及其亲属；应急处置过程的危险，如火灾的蔓延、有毒气体的扩散、建筑物的倒塌，这些都会或多或少令参与人员产生压力感、烦躁、紧张或其他多方面的不适应反应。对此，新闻报道应有利于增强应急处置参与人员的工作信心、勇气与积极性，多报道正面的新闻，帮助应急处置人员提高士气，保证应急救援工作的顺利开展。

4. 重要人物对应急处置现场的视察与访问

对机场应急救援事件现场进行视察、访问是应急过程中经常遇到的情况。一些重大的应急事件，领导或重要人物常亲自到达现场，这样可使受害人和应急人员感受到更多的关心。一是领导或者重要人物的到场表明领导在关注事件，这是社会公众心理上的需要；二是为了便于实地考察或为了向更高层的领导人汇报工作；三是为了鼓舞受害人和救援人员的士气。

5. 注意掌握不同阶段的报道重点

根据应急处置的不同阶段，新闻媒体对灾难性事故与事件的报道一般分为前期、中期和后期，在这三个阶段中，每一个阶段的报道重点都应有所侧重。在应急处置的初始阶段，媒体应集中报道发生了什么事情、对事件的情况了解到什么程度、对现场情况的客观评价，准确发布事件的相关信息，以避免出现偏见、误解等情况；在应急处置的中期阶段，随着事件处置的深入，新闻媒体关注的焦点应转移到医疗救护部门，或避难场所，或采访受害人等方面；在灾难性事故与事件的处置后期，一般为善后或恢复阶段，作为新闻报道的一个连续过程，在这个阶段新闻报道主要应从正面进行宣传恢复的进程、社会公众对此次应急事件的评价等；同时，还可以报道应急事件恢复阶段遇到的困难，这样做能让更多的人理解，并争取获得社会的更大支持。

6. 控制谣言与流言

据应急事件方面的学者研究，通常情况下，谣言与流言的产生与传播有两个条件：首先，人们开始对社会公共事件未知，即没有人能够证明或确定所传播事件的真伪。人们怀着"宁可信其有不可信其无"甚至幸灾乐祸等复杂的心情，来接受与传递这些未经证实的消息；其次，反常态的事情，即越是与一个人一贯的行为习惯相悖、发展的规律不同的事情，越能够引起传播者与接受者的兴趣。人们的好奇心是谣言与流言传播的主要推动力。

除了人际间的口头传播以外，一些新闻媒体有时也在扮演传播的角色，成为传播谣言的工具。新闻媒体在传播过程中，有些是无意的对消息的来源没有进行认真核实，有些是出于搞"哗众取宠、耸人听闻"之类的新闻，而有的则是出于扰乱秩序、制造恐怖气氛，或其他目的而有意编造的。

大量的事实证明，在应急事件中，如果新闻媒体不能及时、准确的报道相关信息，或与公众沟通的渠道不畅通，或者隐瞒真相、提供虚假的信息，不仅会造成带有极大煽动性的谣言与流言的扩散，更重要的是使社会公众失去对政府的信任，进一步加剧危机事件的危害，为各级政府及相关部门进一步采取应对危机的措施造成更大的障碍。

（四）媒体中心的管理

随着社会的进步与发展，人们关心社会公共事件的意识不断增强，逐渐开始注重和追求更高的生存质量、更安全舒服的生活环境。各种新闻媒体的宣传，更增强了人们的这一意识，媒体的宣传、报道和曝光，也使得人们要求增加对各种社会事件透明度报道的呼声越来越高，对于涉及人民生命财产的事故更是如此。因此，对任何一个较大的应急事件，都有可能引起媒体和社会公众的注意。特别是涉及航空器的应急事件，更是受到社会各界，乃至国际社会的广泛关注。当应急事件发生后，如果没有专门的机构来处理与媒体的关系，则可能导致媒体报道失实，影响应急救援行动，产生不良的社会影响。为了避免上述情况的发生，有关部门应成立媒体中心，并由中心负责与媒体的接触及其他事务的沟通，这是十分迫切也是十分重要的工作。

1. 媒体中心的建立

建立媒体中心，目的就是通过各种新闻媒体与公众接触，使中心成为媒体与公众间的纽带。中心通过媒体将有关事件的信息，如事件的起因、已经和可能造成的影响、应急工作的进展等向大众公布，并解释事故真相，从而有效地消除公众的恐慌心理，减控对社会的不良影响等。

（1）中心成员及职责

媒体中心组织人员主要来自技术支持人员中的公共关系管理人员。这些人员必须是接受过专业培训的公关人员。在业务方面，他们必须了解各种新闻媒体和本中心的动作，有足够的专业知识和实际工作能力；同时，他们还具有与媒体接触的技巧，能敏锐地回答媒体可能提出的各种问题，以提供最新的真实信息为工作准则，向公众解释事故真相，并注意维护其公众形象。

中心成员的工作职责，包括组织赶赴现场的媒体进入媒体中心进行有序的工作，防止因媒体的干扰而引起现场应急的混乱，接受新闻媒体采访，召开新闻发布会等等。为了更好地回答媒体可能提出的问题，中心成员可以事先准备好一个信息包，储放媒体可能提出的问题的答案。信息包中的所有信息都必须是真实的，并且应该得到及时的补充和更新，要避免因信息的错误或组织工作的不利而给媒体留下不好的印象或引起公众的不满。

（2）媒体中心的设计

媒体中心的设计，通常包括中心所处的位置，中心的规模和中心的配置等。该中心设计的合理与否，会直接影响中心的工作效率，特别对单位的公众形象尤为明显，因此，设计者必须考虑众多因素。例如媒体中心与其他中心的联系是否便利，中心能否提供给新闻人员舒适的采访环境，中心所在位置和所进行的工作，是否会影响应急救援行动等。

（3）媒体中心的位置和规模

根据应急指挥人员所划分的现场区域，应将媒体中心的位置确定在安全区内，并且为了防止该中心活动干扰应急行动，媒体中心必须远离同在安全区的应急指挥中心。媒体中心的规模大小，可以根据应急事件影响的大小、媒体关注程度而进行相应的调整；但是，必须有足够的空间，能容纳所有前来采访的新闻媒体人员，并为他们提供所需的工作设备和舒适的工作环境。中心成员的人数，要随着中心的规模的改变而有所增减。

根据多年的实践，在选择媒体中心的位置时，还应注意几个方面的问题：第一，媒体中心所在位置，必须远离应急危险区，以便新闻媒体人员的出入，并能保证他们的人身安全。第二，通常情况下，媒体中心还必须远离应急设施所在区域，以保证应急工作人员的正常工作。第三，从日常需求看，一般媒体中心的配置主要包括资料信息类的软配置和各种硬件配置两个方面。媒体中心必须拥有足够的信息资料作为支持，并保证所发布的信息的真实性、时效性和准确性。媒体中心的主要信息来源包括应急指挥中心、应急现场指挥部和信息管理中心。

媒体中心的软配置主要包括几项：一是机场事故应急计划、现场应急状况的描述，来自上述各中心有关应急行动的进展，随时发布的最新消息；二是应急事故所涉及的危险品的理化性质及相关资料；三是相关的公共信息，如事故现场的背景信息、各种应急设施的简介等；四是现场采访的各类新闻媒体的背景资料；五是新闻中心对外发布的每一条新闻的记录；六是新闻中心对外召开新闻发布会的会议记录；七是新闻中心配备新闻工作人员所需要的各种办公设备和装备等。

2. 工作原则

通常情况下，媒体中心是事故单位与新闻媒体和公众之间的桥梁，如果该中心运作出现失误，就会严重影响应急事件真相的报道，从而造成不良的社会影响，因此，该中心在工作时必须遵循如下工作原则：

（1）新闻中心的工作，必须保证发布信息的准确性和信息来源的可靠性，并指派有经验的公共关系管理人员担任新闻发言人，全面负责信息的发布。

（2）应该针对媒体可能提出的问题，事先预备好回答的材料。媒体和公众最为关注的信息有：①要关注事件的性质及可能造成的社会影响；②危险品是否有毒，泄漏量的大小及可能产生的生态危害等；③事件发生地周边地区的公众，应该采取的防护和预防措施；④人员伤亡情况，如伤员数量、伤害的程度、伤员是谁等具体的信息；⑤应急救援工作的具体情形，救援将持续的时间。

如果需要召开新闻发布会，必须申报管理部门，获得批准后方可以召开。用于新闻发布会的所有相关信息，必须经主管部门审查，以确保信息的准确性，并做好必要的保密工作；新闻发布会上的信息，应与政府部门所公布的信息相一致。

为避免干扰现场的应急行动，保护媒体人员的安全，应该由专门人员护送媒体人员和外来的新闻记者进入媒体中心。

（3）媒体中心成员在与各大新闻媒介进行接触时，必须注意的几个工作细节是：①尊重事实，确保给新闻媒体提供准确无误的信息。②新闻发言人必须准备好如何回答可能被

提问的问题，并将所需的信息组织成要点备用。③新闻发言人必须规范言行，时刻提醒自己所言所行都有可能被媒体摄像、拍照或记录，避免因个人言行而破坏整个媒体中心的形象，乃至影响整个应急行动。④发言人应根据时间信息，准确解释清楚每一个被提问的问题。发言人回答的问题应有重点地阐述自己所掌握的信息，并保证回答内容的客观性，切不可妄加主观诊断。⑤对于一些媒体记者提出的问题，如果回答不够充分，则应该注意在回答中不要出现大的纰漏。⑥在接受记者采访时，应适当地赞扬在应急行动中表现突出的单位和队员，应尽可能对媒体采取开放友好的态度，耐心解答他们的提问。⑦切不可在回答记者提问时发布与事实不符的信息，甚至开玩笑、使用带威胁性的语句，阻止记者进行记录或阻止他们提出一些令人窘迫的问题等。⑧尽量避免在回答问题时，过多地强调消极影响，以及过多地使用专业术语。⑨避免过分强调任何个人的错误或疏忽。⑩避免在得到确切信息之前，随意估计事件造成的经济损失，以及可能造成其他方面的影响等，切勿将这种估计结果向新闻媒体发布。

十二、应急救援培训与演练

机场应急基本培训，通常是指对参与机场应急行动的所有相关人员所进行的综合技术培训。这类培训工作，要求应急人员了解和掌握如何辨识危险、对各种危险如何采取相应的应急措施、如何启动紧急情况警报系统、如何进行安全救护、如何进行人群的疏散等基本操作。应急救援演练的目的，在于验证应急预案的可行性、可操作性和符合实际情况的程度。

（一）培训与演练的作用

1. 应急培训

应急组织的有关部门应让所有相关人员接受应急救援知识的培训，掌握必要的防灾和应急知识，以减少事故的损失。通过应急救援培训，可以发现应急救援预案的不足和缺陷，并在实践中加以补充和改进；可以使应急人员了解到，机场一旦发生事故，他们应该做什么，能够做什么，如何去做，如何协调各应急部门人员的工作等。应急管理机构在培训之前，应充分分析应急培训实际需求、制订培训方案、建立培训程序，并做好培训效果测试。

当机场应急救援预案编制发布后，并不能确保各应急救援部门、个人，就能对所发生的应急事件有效地做出响应。要使应急预案在应急行动中得到有效的运用，充分发挥其指导作用，还必须对组织内员工和所有相关人员进行宣传和专业技术培训，对预案进行模拟现场演练，让他们掌握应急知识和技能。如果不进行培训和演练，就很难保证在发生事件时不出现手忙脚乱的现象。因此，不仅要培训学员理论知识，还必须培训学员的实际操作能力，只有这样才能更好地做好灾害发生时的应急救援工作。

2. 应急演练

机场应急演练，一般是指来自多个机构、组织或群体的人员，针对假设事件进行模拟演练，执行实际紧急事件发生时各自职责和任务的排练活动，它是检查重大应急管理工作的最好度量标准，是评价应急救援预案准确性的关键措施；演练的过程也是参演和参观人员学习和提高的过程。我国多部法律、法规及规章，都对应急演练工作有相应的明文规定。

（1）演练的目的

应急救援演练的目的，在于验证预案的可行性、可操作性，检验其是否符合实际情况，以及救援队伍的实际救援能力等，通过应急救援演练，从而达到如下目的：

① 通过模拟演练，检查专业队伍在应对可能发生的各种紧急情况时，应急救援人员之间相互支援、协调的程度，验证应急救援预案的整体或关键性局部是否可行、可操作程度如何等。

② 通过模拟演练，可以检验、测试应急设备的可靠性，使救援队伍掌握装备的正确使用方法，提高实际技能及熟练程度，培养不怕吃苦的精神；可以检验救援队伍的应急能力，包括组织指挥能力、专业技术能力和公众的应急响应能力等。

③ 通过模拟演练，可以发现预案中存在的问题，找出预案可能需要进一步完善和修正的地方，为修正预案提供坚实的依据。

④ 通过模拟演练后的评价、总结，可以发现预案中未曾考虑或考虑不细的环节，通过修改提高预案实际操作质量。

⑤ 通过模拟演练，可以检查所有应急救援组织及协作单位，是否已经熟悉各自的工作，并履行了相应的职责；同时，还要检验应急救援通信是否顺畅。

（2）演练的作用

① 综合评估组织应急准备状态，掌握其实际能力，发现并及时修改应急救援预案、执行程序、行动核查表中的缺陷和不足。

② 评估组织应对重大事件的应急实际能力，掌握应急资源需求，理顺相关机构关系，明确相关组织和人员的职责，改善不同机构、组织和人员之间的协调问题。

③ 实际检验应急响应人员，对应急救援预案、执行程序的了解程度和实际操作技能，评估应急培训效果，分析专业培训需求；同时，作为一种培训手段，通过调整演练难度，进一步提高应急响应人员的业务素质和能力。

④ 促进公众、媒体对应急预案的理解，争取他们对应急事件处理工作的了解与支持。

（3）演练可以检验的项目

①事故发生与处置期间通信是否正常；

②相关合作及协作单位发生应急事件时能否及时参与救援；

③用于应急救援的各种救援设备、器材和人员数目是否与事故规模匹配；

④全面检验应急行动中的突发事件处理能力；

⑤应急救援机场及机关部门，其现实情况是否与预案制订时相符；

⑥其他情况。

（二）演练的分类及要求

机场应急救援预案是一项复杂的系统工程，为了使演练获得预期的效果，演练的计划必须细致周密，要把各级应急救援力量、应急所需配备的器材组成统一的整体。因此，应急演练必须由专门的人员负责演练的设计、演练过程的监督和评价。

应急救援模拟演练设置，应根据真实现场的基本情况，尽量与实际相一致，并考虑突发情况，即与现场发生的事故类型、各种可能发生的后果、现场的情景设置等基本相符。

机场应急救援机构，应保证每一个参加救援的人员都有机会参加模拟演练；有重大事故潜在危险的场所，还应保证场所中的人员全部参加模拟演练。

整个模拟演练过程，应有完整的训练记录，作为训练评价和未来训练计划制订的参考资料。演练结束后应适时做出评价，这类评价一方面是由事故应急救援方面的专家参加，对演练的每一个程序进行考核、评价，演练后与演练者共同进行讲评和总结；另一方面也要由非受训部门应急人员参加，为训练过程和结果的评价提供参考意见，不断提高演练的实际效果。

1. 演练分类

实践证明，各类演练对不同应急事件的处置，都会起到不同的作用，根据预案编制后经历的时间、演练的次数、改进的情况，可以分别选取相应的演练方式，但是整体上应遵循"不留死角、不漏盲点"的原则，使应急预案在实施过程中的每一个环节都能得到实践的检验，使全部应急队伍都能得到训练。根据不同的分类标准，即演练的场所和参加人员的范围，可分为不同的类别。从演练的范围可分为：专项演练、部分演练、综合演练、桌面演练。

（1）专项演练

通常是有针对性地完成应急救援任务中的某个单项科目而进行的基本操作训练。这种训练旨在检验和提高应急单位的应急处置能力。如个人防护训练、空气检测训练、通信训练等等，一般都是局部演练。这种专项训练是全面综合演练不可分割的一个组成单元，也是局部演练、综合演练的基础。在一般情况下，只有搞好各个专项训练，才能顺利地进行下一步的综合演练。由于是单项训练，时间上可以灵活掌握，而且对专业人员素质的提高效果比较明显。

在针对某一类型应急事件的模拟专项演练中，各单位按照各自职责、在应急救援工作中担负的责任，就某一模拟紧急事件进行演练，以检查其部门在应急救援中的应急反应、协调配合和现场处置能力。

在应急事件处置后期，负责残损航空器搬移设备管理和使用的单位，应加强组织培训、演练，每年应组织不少于3次的残损航空器搬移演练。除残损航空器搬移演练外，其他专项演练至少每年举行一次，以提高应急救援人员的实际操作能力。

各单位在举行专项演练时，应请应急救援领导小组、应急救援指挥中心等上级主管部门派代表到场观摩指导，并参加演练后的讲评。

（2）部分演练

从多年的实践看，机场有关部门的部分演练，是检验应急救援任务中的某个课目、某个部分的准备内容，同时，也是检验应急单位之间的协调程度而进行的基本工作之一。例如，对应急情况通报及随后的集合的模拟演练等。

（3）综合演练

应急事件综合演练，是检验应急指挥、协调能力，救援专业人员的救援能力和相互配合情况等，各种保障系统的完善情况，各部门的协同配合能力等。综合演练至少每两年举行一次。

应急事件综合演练，应当由机场各救援保障部门，以及签有互助协议的部门共同参与，就某一类型或几种类型的模拟紧急事件的组合进行演练，用以检查参与应急救援的部门之间的通知程序、通信联络、应急反应、现场处置、协同配合和指挥协调等方面的情况，从而验证机场应急救援计划的合理性。

举行综合演练时，机场管理机构应当邀请当地人民政府、民航地区管理机构、航空营运人单位等，派代表以观察员的身份参加，并参加演练后的讲评。

（4）桌面演练

由各应急单位及协议单位参加的就某一类型或几种类型的模拟紧急事件，以语言表述的方式进行演练，旨在检验和提高各单位对应急计划的熟悉、理解，并重新确认应急计划的内容。桌面演练至少每半年或一年举行一次，以提高各部门之间的应急协调能力。

应急指挥中心应该根据机场的生产情况，定期组织签订互助协议的驻场部门参加桌面演练，指挥中心可指定某一类型或几种类型组合在一起的模拟紧急事件，要求参加部门以语言表述的方式进行演练，以检查参与应急救援的部门对紧急事件的通知程序、现场处置、协调指挥的反映情况和重新确定应急救援计划的某些内容。

2. 演练的基本要求

机场应急救援演练，是为了检验和提高机场各救援保障部门，在遇有紧急事件发生时的反应能力、指挥协调能力、综合实战能力，进而牢固树立常备不懈的观念。通过应急救援演练，锻炼队伍、总结经验、摸索规律，提高机场应急救援的综合保障能力。为使应急演练达到预期效果，同时减少对机场正常运行的影响。对机场应急救援演练的基本要求有：

（1）机场在组织应急救援演练时，应当保持机场应急救援的正常保障能力。

（2）应急救援演练应当尽可能避免影响机场的正常安全生产。

（3）应急救援演练前，应当制订详细的演练计划，主要包括机场应急事件模拟演练，主要有紧急事件的类型、演练地点、演练日期、事件等；参加应急救援的部门及协议合作的部门及各部门之间的责任内容；模拟演练应急救援的步骤；模拟演练应急救援所需设备及要求；模拟演练应急救援场地的布置，确定参加演练的人员等；模拟演练信息快速传递；模拟演练进出现场的路线；模拟演练结束的通知程序及终止演练的程序；模拟演练结束后的讲评方式、时间及地点等。

参加应急救援演练的部门和人员，应熟悉在应急救援工作中的职责。参加应急救援的各部门，应当定期对救援人员和后备人员进行医疗救护知识和其他救援知识及技能的综合培训。

（4）参加应急救援部门的装备应符合标准，根据相关规定一般主要有几个方面的内容：一是机场消防部门的消防装备应符合国际民航组织相关要求，同时，还要符合国际标准《民用航空运输机场消防站装备配备》的要求，并保证所有设备设施完好。二是机场急救中心的医疗救护设备，应当满足国际民航组织相关要求和国家标准《民用航空运输机场应急救护设备》的要求，并保证所有设备设施完好。三是保证机场应急救援通信设备及其他演练必需的应急救援设备完好。四是机场各救援保障部门，应根据本机场的实际情况，对一些常用但在社会上不易买到的设备应进行适当储备，以保证应急救援的需要。

3. 演练计划的制订

（1）机场的应急事件模拟演练计划，一般由应急指挥中心负责制订，报应急领导小组批准后，方可组织实施。有关部门的专项演练计划，通常由各单位自行制订并组织，报应急指挥中心备案。

（2）机场组织综合演练时，应当邀请当地政府有关部门、民航上级机关、航空器营运人单位等，派代表以观察员身份参加，并参加演练后的讲评，以提升应急救援的综合管理能力，为地方政府和各级部门的支持与配合制造条件。

（3）应急指挥中心负责汇集整理各单位或部门的资料、经验和教训，写出书面报告，向总指挥汇报。

（4）应急指挥中心针对演练中存在的问题，模拟负责督促有关部门限期纠正。

（5）应急指挥中心在组织应急模拟演练时，应当保持机场应急救援的保障能力不低于运行时的标准。

（6）应急指挥中心在组织综合模拟演练前，应当制订详细的模拟演练计划，这一计划的内容主要有几个方面：一是模拟演练紧急事件的类型、演练地点、演练日期、时间等；二是参加演练的部门及其各自的责任内容；三是模拟演练步骤；四是模拟演练所需设备及要求等；五是模拟演练场地的布置、确定参加演练的人员等；六是模拟演练信息的传递；七是模拟演练现场进出的路线；八是演练结束的通知程序及终止演练的程序。

（7）机场在举行应急救援模拟演练后，应当对演练进行讲评。综合模拟演练应邀请国家民航局、民航地区管理局及其派出机构、当地人民政府、航空器营运人及其代理人、驻场武警或特警部队派代表以观察员的身份参加，并邀请其参加模拟演练后的讲评。

（三）应急演练的组织实施

应急事件救援现场情景是对一些有合理性和不确定性的事件，在未来一段时间内可能出现的一种假定。现场情景既不是预测，也不是想象，它完全是一种被期望的未来。一个现场情景是对以下这一问题很有用的答案："什么可能会发生？"或"如果……会发生什么？"这样，它既不同于预测，又不同于想象，基本的问题不仅是"什么会发生"，而且是"我们应该做什么"。在应急事件救援工作中，应急管理者必须时常假定"什么会发生"，以及"应该做什么"。应急现场情景是一种符合逻辑的假定，将有可能发生的应急事件，经过现场情景设置，通过在每次演练的组织时进行构建，具有很重要的现实意义。

1. 应急救援现场情景的构建

应急救援现场情景构建，通常是根据演练的目的而设置的，即把预期要达到的目的，分列成模拟演练的课目，再转换成模拟演练方式，通过演练逐步进行检查、考核来完成。因此，如何将这些准备检查的项目，有机地融入模拟事故中去，这是现场情景构建的第一步。为使现场情景设置逼真而又可分项检查，因此，在设置时要考虑下列几方面问题：

（1）根据任务设置应急事件现场场景，依据事故等级的大小，可以分课目进行详细描述。有一部分演练一般只要做简要的事件描述。而综合演练不仅要设置一般场景，而且要设置多种应急救援的场景，并对各种场景进行综合描述。

（2）模拟演练的序列要强调时间性，做到及时、快速，演练顺序符合逻辑性。

（3）在模拟演练中，应急救援现场情景中所有的数据设置要符合实际情况，模拟演练时采集的数据要与实际基本一致。

（4）模拟演练所准备用的信号、标志和指令要统一，要让所有参加应急救援的人一眼就能识别出来。

（5）检查项目和考核内容的标准要十分清楚，且量化准确，容易评分和评价。

2. 现场情景描述

应急救援事件的发生，一般都是因其自身有潜在的安全隐患造成的，在某些特定的条件下，由某一事物出发而产生，或者是由此而形成连锁影响而造成更大、更严重的事故或产生复合反应，对此要进行简要的描述。描述的详细程度，要使演练参加者可以根据此描述执行事故应急救援任务和相应的防护行动；考核组人员可以根据现场情景的描述，对演练进行综合性的评价。如果考核人员需要针对个别情节对演练者进行进一步考核，而这个情节对整个演练又无影响，则这个情节可以不必写入总体描述之中，可由考核者提供单独的事故细节，描述发给有关演练人员。

从多年的实践看，机场应急救援一般事故的描述，主要有以下几个方面的内容：

（1）机场应急救援场所的外部特征和周边所涉及范围描述，如航空器类型，旅客人数，浓烟、酸雾或有毒品覆盖的范围、起火燃烧的情况等。

（2）机场应急事件中，对航空器损坏的部件或设备状态进行描述。

（3）机场假定应急救援现场的各种标志。

（4）应急救援过程中，消防处理。

（5）受伤人员的急救、救护演练。

（6）通信、报警演练，这种演练可以设置不同的情况，如正常情况、通信失灵等情况的演练等。

（7）机场应急事件发生后，对事故现场及周边相关地区实现交通控制的演练。

（8）在机场应急事故发生过程中，演练相关的治安保卫工作。

（9）演练各部门，特别是指挥部门对事故控制、善后工作。

3. 演练的保障与安排

（1）演练时间安排

从实践上看，其演练的时间一般应按在真实事故条件下进行，但是在特殊情况下，也不排除对时间尺度的压缩和延伸，可根据演练的实际需要安排合适的时间。演练日程安排后，一般要事先通知有关单位和参加演练的个人，使其做好充分的准备。为能更好地反映真实情况，模拟演练也可以事先不通知。

（2）安全保证

机场应急救援演练工作应在绝对安全的条件下进行，如燃烧、爆炸等必须考虑模拟剂的施放、化学事故中洗消用水的排放等安全性，消防的安全保障也必须认真仔细地考虑。另外，演练不能影响机场正常运营，应当保持机场应急救援的正常保障能力。演练前应向有关单位（部门）通报演练信息，以免产生误解。

（3）选择各种演练生境，提升救援队伍的适应性

为提高应急救援队伍的适应能力，演练可选择在不同的天气、不同的生态环境下进行，如在大风天气、雷雨天气、高温条件等；其模拟现场也可选择在丘陵、农田、湿地等

非正常的环境条件下进行演练，航空器应急的夜间演练与日间演练等交错安排。

（4）应急演练的组织与实施

事实上机场应急演练的组织与实施是一项非常复杂的任务，涉及航空公司、空中管理部门、各机场内应急保障单位，以及各社会力量。因此，首先要建立应急演练策划小组，由该小组完成应急准备阶段，包括编写演练方案、制订现场规则等在内的各项任务。

① 分类组织：从实践上看，机场应急演练类型有多种。通常情况下，不同类型的应急演练在演练内容、演练场景、演练频次、演练评价方法等方面都有所不同，但各具其特点。

② 演练实施的基本过程：机场应急演练是由许多机构和组织共同参与的一个大的整体活动。应急演练实施过程，一般分为三个方面，即演练准备、演练实施和演练总结。这三个阶段都应精心组织，在演练中，必须遵守法律、法规、标准和应急救援预案的规定。

（5）演练总结

在应急救援演练结束后对演练工作进行总结与讲评，是全面评价演练工作是否达到演练目标、应急准备工作达到什么水平、是否需要改进的一个重要步骤，同时也是演练人员进行自我评价的机会。演练总结与讲评可以通过访谈、汇报、协商、自我评价、公开会议和通报等形式完成。

通过演练后的总结，要使每个演练者都可达到再次学习和提高的目的。对于指挥者来说，通过演练的总结，可以发现事故应急救援预案中存在的问题，并可以从中找出改进的措施，完善预案，把预案提高到一个新的水平。因此，演练后的总结，是演练不可缺少的一个组成部分，应对发现的有价值的部分汇总并做好记录。演练后的总结，应适时报送上级主管部门。

应急救援预案演练结束后，组织实施部门应对如下内容做重点总结：

一是通过演练发现的主要问题；

二是组织实施部门对演练设置情况的评价；

三是组织实施部门对原有关程序、作业指导书内容的改进意见。

应急机构应在演练结束规定期限内，根据评价人员在演练过程中收集和整理的资料，以及演练人员和公开会议中获得的信息，形成总结报告提交给有关部门。

（6）追踪

所谓追踪，一般是指应急机构在演练总结与讲评过程结束之后，安排人员督促相关应急组织继续解决其中尚待解决的问题或事项的活动。为确保参演应急组织能从演练中取得最大益处，策划小组应对演练发现的问题进行充分研究，确定导致问题产生的原因、纠正方法、纠正措施及完成时间，并指定专人负责；对演练中发现的不足事项和整改事项的纠正过程实施追踪，监督检查纠正措施的进展情况。

后　记

　　编写一本适合机场鸟击防范管理人员及本专业学生教学使用教材，一直是我们的夙愿。为此，我们在多年的教学实践活动中，潜心进行这门课的总结和研究，结合机场鸟击防范和鸟击灾害现场勘查及应急救援的特点，努力在体系上和内容上有所突破。呈现在读者手中的这本书，就是这样一个努力的结果。

　　本书在编写过程中，得到了全国多家民用、军用机场一线人员的大力支持，并获得中国民用航空管理局的资助，使其成为民航大专鸟击现场勘查方面的简明教材。

　　本书的"机场鸟击现场勘查"部分由张亮、白文娟撰写，"鸟击应急救援"部分由王宇婷、卢健利撰写，最后由施泽荣统一修改成稿。

　　在本书的编写出版过程中，我们得到了有关领导和部门的大力支持，并吸收了同行、专家的最新研究成果；同时，选用了网上的部分图片，在此我们表示深切的感谢！本书所使用的资料、图片，凡涉及单位或个人，请与本书编著者联系，以便寄书及奉上相应的酬劳。

　　由于时间仓促，书中难免有遗漏或不足之处，敬请广大读者批评指正。

2014 年 8 月 6 日